国家级建筑材料工程技术专业教学资源库配套教材
全国建材行业创新规划教材

U0291803

混凝土外加剂制备与应用技术

主　编　蒋　勇　贾陆军
副主编　乔欢欢　唐凯靖　刘文斌　董丽卿

中国建设科技出版社 有限责任公司
China Construction Science and Technology Press Co., Ltd.
北　京

图书在版编目（CIP）数据

混凝土外加剂制备与应用技术/蒋勇，贾陆军主编.
北京：中国建设科技出版社有限责任公司，2025.3.
（国家级建筑材料工程技术专业教学资源库配套教材）
（全国建材行业创新规划教材）.
ISBN 978-7-5160-4362-2

Ⅰ.TU528.042

中国国家版本馆 CIP 数据核字第 2025V5G563 号

混凝土外加剂制备与应用技术
HUNNINGTU WAIJIAJI ZHIBEI YU YINGYONG JISHU
主　编　蒋　勇　贾陆军
副主编　乔欢欢　唐凯靖　刘文斌　董丽卿

出版发行：中国建设科技出版社有限责任公司
地　　址：北京市西城区白纸坊东街 2 号院 6 号楼
邮　　编：100054
经　　销：全国各地新华书店
印　　刷：北京印刷集团有限责任公司
开　　本：787mm×1092mm　1/16
印　　张：17.25
字　　数：390 千字
版　　次：2025 年 3 月第 1 版
印　　次：2025 年 3 月第 1 次
定　　价：**69.00 元**

本书编委会

主　　编　蒋　勇（绵阳职业技术学院）
　　　　　贾陆军（绵阳职业技术学院）
副主编　乔欢欢（绵阳职业技术学院）
　　　　　唐凯靖（绵阳职业技术学院）
　　　　　刘文斌（常州工程职业技术学院）
　　　　　董丽卿（绵阳职业技术学院）
参　　编　陈飞屹（绵阳职业技术学院）
　　　　　聂　芹（江西现代职业技术学院）
　　　　　张慧爱（山西职业技术学院）
　　　　　陈国能（贵州建设职业技术学院）
　　　　　马洪涛（黑龙江建筑职业技术学院）
　　　　　韩长菊（昆明冶金高等专科学校）
主　　审　孙振平（同济大学）
　　　　　王玉乾（四川砼道科技有限公司）

　　混凝土是当今社会产量与用量最大的建筑材料。混凝土外加剂作为调节混凝土性能必不可少的原料，具有掺量低、效果显著、使用便捷等优点。外加剂还可以促进建筑材料的节能、降碳和利废。例如：科学地使用减水剂可以有效提高混凝土的力学性能，从而减少水泥用量，更多地消纳粉煤灰、矿渣等工业固废；早强剂的使用可以缩短混凝土构件的蒸汽养护时间，减少化石燃料的消耗，达到节碳的目的；合理地使用引气剂可以改善机制砂混凝土的工作性，并大幅度提高硬化混凝土的抗冻性。所以，外加剂对于混凝土乃至建筑领域都发挥着关键作用。

　　"混凝土外加剂制备与应用技术"是建筑材料工程技术专业的一门重要的专业课程，其主要介绍常用外加剂的种类、作用、组成、制备过程、使用方法等知识。本教材由一线教师与外加剂企业管理和工程技术人员共同编写，更好地对接了职业岗位和工作任务。编写过程中，编者坚持"工学结合、知行合一、德技并修"的原则，删繁就简、注重基础、突出技能。以落实立德树人为根本，重点培养学生的标准意识、质量意识和团队协作能力，同时还融入了"节能降碳""安全环保""绿色生产""工匠精神"等不同的主题内容。按照"项目引领、任务驱动"模式，教材归类为三大模块，共12个项目。每个项目下设置2～3个任务，任务分为学习目标、任务描述、知识准备、任务实施、结果评价、知识巩固、拓展学习，更加符合职业院校学生的认知过程。本教材以二维码的形式嵌入视频、动画、文本等数字资源，从而拓展了教材的广度和深度。

　　本教材由绵阳职业技术学院蒋勇、贾陆军担任主编（项目1、项目3、项目7、项目8），绵阳职业技术学院乔欢欢（项目6、项目9、项目10）、唐凯靖（项目2、项目4）、董丽卿（项目12）和常州工程职业技术学院刘文斌

（项目 5、项目 11）担任副主编。参编人员有绵阳职业技术学院陈飞屹、江西现代职业技术学院聂芹、山西职业技术学院张慧爱、贵州建设职业技术学院陈国能、黑龙江建筑职业技术学院马洪涛、昆明冶金高等专科学校韩长菊。主审工作由同济大学孙振平教授和四川砼道科技有限公司王玉乾高级工程师完成。孙振平教授对教材的编写提出了诸多宝贵意见，提供了大量外加剂相关研究资料。此外，许多企业人员完善了本教材的工程案例、生产工艺、性能检测等方面内容，一些兄弟院校的教师参与了教材的编写和校核工作，在此表示衷心的感谢！

限于编者水平，书中难免存在不足之处，欢迎广大读者批评指正。

编　者

2025 年 1 月

模块 2　调节硬化混凝土性能的外加剂

模块 3 　调节混凝土特殊性能的外加剂

模块 1
调节新拌混凝土性能的外加剂

项目 1 合成与应用减水剂

项目概述

　　减水剂是目前水泥基材料中使用最广泛的一种外加剂，它在降低混凝土用水量、改善新拌混凝土的和易性、提高混凝土的力学性能等方面发挥着不可替代的作用。本项目内容涵盖了减水剂的发展历程、主要品种、作用机理、常见减水剂的合成方法、减水剂对混凝土性能的影响及减水剂的性能指标等。通过学习，要求学生了解减水剂的基础知识和作用机理，掌握各种常见减水剂的合成方法和使用方法。在完成任务的同时培养学生分析问题和解决问题的能力，以及精益求精的科学素养和勇于探究的创新精神。为后续在工作岗位中科学地合成减水剂、规范地使用减水剂、合理地解决由于减水剂适应性不良而造成的各类问题奠定基础。

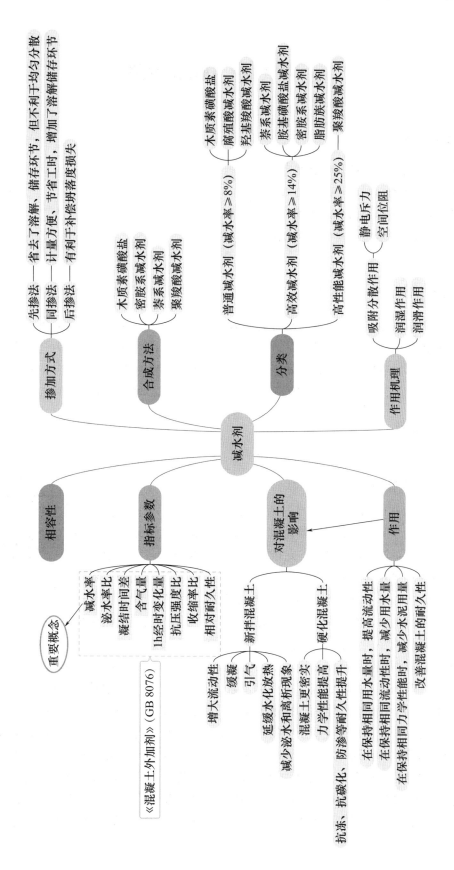

任务 1.1　认识减水剂

学习目标

- ❖ 能阐述减水剂的基本作用
- ❖ 能列举减水剂的常见种类
- ❖ 能阐述减水剂的作用原理
- ❖ 能阐述减水剂的研究发展现状

任务描述

减水剂是一种在保持混凝土坍落度基本不变的情况下能显著降低拌合用水量的外加剂，也是商品混凝土中最常用的一种化学添加剂。学生在完成学习任务的过程中需要认识到减水剂的重要性，重点掌握减水剂的基本作用和原理。主动查阅资料，充分了解减水剂的发展历史、研究现状、常见种类等，为进一步合成和应用减水剂奠定基础。

知识准备

1. 减水剂发展历史

1935 年出现的以木质素磺酸盐为主要成分的塑化剂，揭开了减水剂发展的序幕。但是木质素磺酸盐减水剂无论在减水率，还是在增强效果方面都相对较差，且具有一定的缓凝作用，当掺量较大时会产生严重的缓凝现象并具有一定的引气性。20 世纪 50 年代，我国曾用亚硫酸盐木浆废液和芦苇废液作为混凝土塑化剂，由于二者含糖量较高，产生缓凝现象，使混凝土强度明显下降，后来用石灰沉淀池法处理脱糖，效果较好。由于没有正式进入工厂生产，未大量推广应用，直至生产厂用生物发酵方法提取酒精后，降低了废液中的糖含量，才为应用推广创造了条件。

码 1-1　减水剂的
基本作用及原理

目前，我国生产的木钙减水剂，以木浆为原料，经酒精提取后，采用石灰乳中和，经过滤和喷雾干燥而成。木钙的掺量为水泥质量的 0.2%～0.3%，减水率为 10% 左右。值得注意的是，外加剂在混凝土中的质量百分比通常是指占胶凝材料质量的百分比。减水率为坍落度基本相同时，基准混凝土和掺外加剂混凝土单位用水量之差与基准混凝土单位用水量之比，用百分比表示。由于木钙具有一定的缓凝性，所以掺加木钙的混凝土早期强度发展缓慢，但是后期能够赶上并超过基准混凝土强度。20 世纪 80 年代末，我国也曾生产棉浆粕的黑液，采用离心喷雾技术，充分利用 150℃ 的锅炉废气作热源将含水率为 95％～98％的黑液增浓至含水率 65％～70％，接着再将已增浓的黑液离心喷雾成干粉，复合配制成混凝土减水剂使用。尽管木质素磺酸盐减水剂存在减水率低、缓凝和引气等缺点，但是，木质素磺酸盐减水剂的生产和应用可以充分利用生产木浆和造纸等工业的液体废料，对减轻工业污染、保护环境和实施可持续发展战略十分有益，所以尚应加大其生产和在普通混凝土中的应用力度。

1962 年，以 β-萘磺酸甲醛缩合物钠盐（萘系）为主要成分的高效减水剂的研制成功和使用，实现了混凝土减水剂性能上的重大突破，开启了人工合成减水剂的时代。这类减水剂具有减水率高、对混凝土的凝结时间影响较小、引气量低等特点，适合于制备高强度混凝土或大流动度混凝土，逐渐成为我国主要的减水剂品种之一。磺化三聚氰胺甲醛缩合物（密胺系）减水剂同样具有减水率高、早强效果好和引气量低等特点，但是生产成本相对较高。此后，还出现了多环芳烃磺酸盐甲醛缩合物减水剂和脂肪族减水剂等新品种。

日本和德国从 20 世纪 80 年代就开始研制聚羧酸减水剂，20 世纪 90 年代成功地生产并在实际工程中推广应用。我国聚羧酸减水剂的推广应用尽管一开始受到了很大阻力，但目前这种高性能减水剂已经逐渐被工程界所认识，发展势头良好。过去认为聚羧酸减水剂成本高，只适用于高强混凝土、自密实混凝土、清水混凝土、混凝土预制构件等领域。经过广大从业人员对聚羧酸减水剂的技术经济性的研究及生产工艺的优化，甚至可以实现常温合成，使生产成本大大降低。加之这类减水剂具有良好的适应性，并且生产过程无"三废"产生，所以聚羧酸减水剂已经成为市场占有率最大的一类减水剂。在特种混凝土和普通混凝土中都得到了广泛应用。

目前，聚羧酸减水剂已经成为大多数商品混凝土企业的首选减水剂。随着我国商品混凝土的全面推广应用，混凝土减水剂的应用比例将不断提高，而大流动性、高强、高耐久性、高性能混凝土的配制和应用，将极大地促进聚羧酸减水剂的发展。图 1-1-1 为某市售聚羧酸系和萘系减水剂外观。

(a) 某市售聚羧酸减水剂　　　　　　　(b) 某市售萘系减水剂

图 1-1-1　某市售聚羧酸和萘系减水剂外观

以上提及的减水剂品种在我国都曾得到较广泛的生产和使用，尤其是木质素磺酸盐、萘（或苯、蒽）磺酸甲醛缩合物高效减水剂和磺化三聚氰胺甲醛缩合物高效减水剂，但目前，市场上产量与用量最大的减水剂种类为聚羧酸减水剂，其典型特点是合成过程环保无污染、分子可设计性强、减水率高、与水泥适应性好等。

最近十几年，国内的聚羧酸技术已经得到了长足发展，大单体的制备、常温合成工艺等方面的技术，以及产能和产量均已达到国际领先水平，但是基础理论方面的研究还较缺乏，需要广大相关技术研究人员以严谨科学的态度，大胆推陈出新，完善科学理论体系，以更好地指导减水剂的生产和应用。

我国混凝土减水剂年产量已超过 1300 万 t，但是生产厂家分布尚不均匀，高效和高性能减水剂生产厂主要分布在北京、上海、天津、河北、山西、山东、浙江、江苏、湖北和广东等省市。统计资料显示，混凝土外加剂产量与当地搅拌站数量和生产规模相关。外加剂的生产和供应为商品混凝土的发展创造了必要条件，商品混凝土的发展又反过来促进了外加剂的生产。

2. 减水剂的作用、分类及作用原理

（1）减水剂的作用

码 1-2　减水剂分类及技术要求

减水剂，又称塑化剂或分散剂，是指在保持坍落度基本不变的情况下，能减少拌合用水量的外加剂。减水剂的本质作用是削弱水泥颗粒在与水拌合时出现的团聚现象，从而释放出自由水，使混凝土表现出更大的流动性。从宏观层面看，减水剂的作用可以总结为以下几个方面。

① 在保持与对照组相同流动性的情况下，可以减少混凝土的用水量，从而有利于提高力学性能。

② 在保持与对照组相同用水量的情况下，可以增大混凝土的流动性。

③ 在保持与对照组相同强度的情况下，可以节约水泥用量。

④ 能够提升混凝土的耐久性。

除了以上四点以外，减水剂对混凝土的离析泌水、含气量、体积收缩等都有一定的影响。

（2）减水剂的分类

减水剂按照合成减水剂的主要原料可以分为以下几种。

① 木质素磺酸盐（钙或钠）普通减水剂。

② β-萘磺酸甲醛缩合物高效减水剂。

③ 多环芳烃磺酸盐甲醛缩合物高效减水剂。

④ 三聚氰胺磺酸盐甲醛缩合物高效减水剂。

⑤ 脂肪族高效减水剂。

⑥ 氨基磺酸盐系高效减水剂。

⑦ 聚羧酸高性能减水剂。

减水剂按照减水率大小可以分为以下几种。

① 普通减水剂（减水率不低于 8%），如木质素磺酸盐减水剂。

② 高效减水剂（减水率不低于 14%），如萘系减水剂和脂肪族减水剂。

③ 高性能减水剂（减水率不低于 25%），如聚羧酸减水剂。

减水剂按照功能可以分为以下几种。

① 标准型减水剂，具有减水功能且对混凝土其他性能没有显著影响的减水剂。

② 缓凝型减水剂，同时具有减水和缓凝功能的减水剂。

③ 减缩型减水剂，同时具有减水和降低混凝土收缩功能的减水剂。

④ 保坍型减水剂，同时具有减水和降低混凝土坍落度损失的减水剂。

⑤ 引气型减水剂，同时具有减水和引气作用的减水剂。

⑥ 早强型减水剂，同时具有减水和提高早期强度作用的减水剂。

（3）减水剂的作用原理

混凝土减水剂的主要成分是表面活性剂，如木质素磺酸盐、β-萘磺酸甲醛缩合物、三聚氰胺磺酸盐甲醛缩合物等，这些表面活性剂都属于阴离子表面活性剂。阴离子表面活性剂的生产和应用相对比较广泛，成本也较低，且对水泥具有较好的塑化减水效果。

混凝土减水剂并不与水泥发生化学反应，主要是通过对新拌混凝土的塑化作用，使混凝土在保持相同用水量情况下，可以增大流动性，或者在坍落度不变的情况下，可以降低混凝土的水灰比，从而改善混凝土硬化体的性能，如提高强度和耐久性等。也就是说，使用混凝土减水剂所产生的良好效果，主要是通过其对新拌混凝土性能的影响而达到的。所以了解减水剂对新拌混凝土的塑化机理就显得非常重要了。

① 吸附分散作用。

水泥在加水搅拌后，会产生絮凝状结构，如图 1-1-2（a）所示。由于大量拌合水被絮凝状结构体包裹在内部，不能为浆体的流动性做贡献，导致普通混凝土为获得一定流动性必须加较多水拌合，这无疑会造成混凝土硬化后的一系列物理力学性能和耐久性能降低，包括强度降低、收缩开裂的危害增多、抗渗性变差、耐久性下降等。

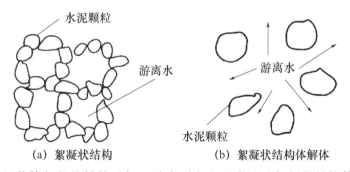

（a）絮凝状结构　　　（b）絮凝状结构体解体

图 1-1-2　水泥浆体絮凝状结构及加入减水剂产生吸附后的絮凝状结构体解体示意图

掺入一定量减水剂后，减水剂的憎水基团会定向吸附在水泥颗粒表面，而亲水基团指向水溶液，构成单分子或多分子吸附膜。由于减水剂（表面活性剂）在水泥颗粒表面的定向吸附，水泥颗粒表面带有相同符号的电荷。一方面，在电性斥力的作用下，水泥颗粒体系能处于相对稳定的悬浮状态；另一方面，减水剂的加入可以使水泥颗粒空间位阻作用增强而呈分散状态，如图 1-1-2（b）所示。总之，减水剂的加入可以大大增强水泥颗粒之间的排斥力，从而阻止水泥颗粒凝聚，将絮凝状结构体内的游离水释放出来，达到塑化或减水的目的。

减水剂降低固-液界面表面能的作用，也使水泥浆体系的热力学不稳定性降低，所以水泥浆体系能保持较稳定的状态。在水泥颗粒表面形成的溶剂化水膜对水泥浆体系所起的空间立体保护效应，也是保证水泥浆体系稳定存在而不易聚沉的原因之一。试验测定表明，不掺减水剂的水泥浆体系中水泥颗粒直径大部分在 $50\mu m$ 以上，而掺入 2％ 高效减水剂后，由于高效减水剂的分散作用，水泥颗粒的直径降低到 $40\mu m$ 以下。

② 润湿作用。

水泥加水搅拌后，其颗粒表面被水润湿，而润湿的状况对新拌混凝土的性质影响很大。水泥颗粒表面存在许多毛细孔，根据拉普拉斯（Laplace）方程，水分向毛细孔内部渗透的程度取决于毛细孔半径和水对水泥表面的润湿角。在加入减水剂的水泥浆体系中，由于水溶液对水泥的润湿角减小，因此能增强水向水泥颗粒表面毛细孔内的渗透作用，这样会增大水泥颗粒初始的水化面积，这一现象对促进水泥的水化反应、提升力学性能是有益的。

③ 润滑作用。

在水泥浆体系中加入减水剂，会提高水泥颗粒之间的润滑性，因而有助于改善混凝土的流动性。在加入减水剂的水泥浆体系中润滑性的提高主要有以下两方面的原因。

一是水泥颗粒表面溶剂化水膜的形成。减水剂分子在水泥浆体系中解离后定向吸附于水泥颗粒表面，呈极性的亲水基指向水溶液，易和水分子以氢键形式缔合，从而形成一层稳定的溶剂化水膜，不仅对水泥颗粒起到空间立体保护作用，而且增强了水泥颗粒间相互滑动的能力，也就是起到了润滑作用。

二是微气泡的引入。由于减水剂属于阴离子表面活性剂，掺入水泥浆体系后使体系的表面自由能降低，也同时降低了水溶液与空气界面的界面张力，因而在混凝土搅拌过程中往往会引入一定量微小的气泡。减水剂分子被定向吸附在气泡膜上，形成憎水基一端指向空气、亲水基一端指向水溶液的单分子或多分子吸附膜。由于减水剂分子的亲水基一端电离后带有一定量的相同电荷，相当于气泡膜上也带有相同电荷，这与水泥颗粒表面所带的电荷电性相同。这样，在掺有减水剂的混凝土浆体体系中，水泥与水泥、水泥与微气泡、微气泡与微气泡之间都因同性电荷相斥作用而表现出较好的分散性。而且，对于水泥颗粒来说，微气泡的存在，相当于滚珠轴承，增强了其相互滑动的能力，如图 1-1-3 所示。

由于减水剂所起的吸附分散、润湿和润滑作用，只要使用较少量的水就可以很容易地将混凝土拌合均匀，使新拌混凝土的和易性得到明显改善，这就是减水剂对新拌混凝土的塑化、减水机理。

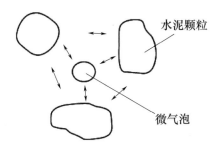

图 1-1-3　掺加减水剂的浆体中水泥颗粒与微气泡之间的相互滑动作用

④ 空间位阻效应。

近年来的研究发现，聚羧酸减水剂的作用机理不仅仅表现在吸附分散和润湿方面，由于其独特的分子结构，还存在较强的空间位阻效应。

码 1-3　聚羧酸减水剂作用机理

聚羧酸减水剂在水泥颗粒表面以接枝共聚物的齿形吸附形态达到稳定的分散效果，主要取决于被吸附聚羧酸分子的静电排斥力作用和立体排斥力作用。根据 DLVO 理论，水泥颗粒表面的 ξ 电位大小与水泥颗粒的分散性密切相关。通常加入减水剂后 ξ 电位会增大，从而提高水泥颗粒的分散性。静电排斥力的分散稳定性取决于水泥颗粒相互接近时产生的静电排斥力与范德华力之和。聚羧酸减水剂主链中的活性基团链段通过离子键、共价键、氢键以及范德华力等相互作用，紧紧地吸附在强极性的水泥颗粒表面，并改变其表面电位；带活性基团的侧链嵌挂在主链上，当吸附于固体颗粒表面时，形成具有一定厚度的溶剂化层，同时传递一定的静电斥力。

这种空间位阻的立体效应排斥力取决于表面活性剂的结构和吸附形态或者吸附层厚度等。聚羧酸减水剂对水泥颗粒产生梳状吸附，并且其分子中含有多个醚键，由于与水分子形成氢键，从而形成亲水性立体保护膜。通常情况下，其侧链长度越长分散性越好，形成的立体保护膜厚度就越厚。但在一般的混凝土配合比条件下，长侧链聚合物并未显示出减水率提高的效果。相反，在水灰比极小的超高强混凝土配合比中，只要调整聚合物主链和接枝侧链长度的聚合物结构平衡，就可显著提高减水率。因此，水灰比越小，聚羧酸减水剂的减水效果越显著。羧基丙烯酸与丙烯酸酯的共聚物（CAE）聚丙烯酸系减水剂的化学结构中具有羧基阴离子间的静电排斥力和立体排斥力的双重作用，使水泥颗粒达到很好的分散和减水效果。通过计算，聚丙烯酸系减水剂在水泥颗粒表面的吸附量明显高于萘系减水剂，其减水效果优于萘系减水剂；而相对于萘系、密胺系等减水剂中的负电荷基团（SO_3^{2-}），CAE 中的阴离子（COO^-）数量少得多，ξ 电位值在 5mV 左右，水泥颗粒表现为近中性。因此，侧链带有长聚醚链的接枝聚合物，其立体效应占主导地位，静电排斥力受立体排斥力的支配。

不同种类减水剂分子在水泥颗粒表面的吸附状态不同。萘系和三聚氰胺系高效减水剂分子呈刚直棒状，在被水泥颗粒表面吸附后呈刚性链横卧吸附状态，如图 1-1-4（a）

所示，而聚羧酸系高性能减水剂在水泥颗粒表面的吸附状态呈接枝共聚物的齿形吸附状态（又称梳形吸附结构），如图 1-1-4（b）所示。这种吸附形式使得水泥颗粒之间产生"空间立体"排斥作用，具有更好的分散效果。

（a）刚性链横卧吸附状态　　　　　（b）接枝共聚物的齿形吸附状态

图 1-1-4　不同减水剂分子在水泥颗粒表面的吸附状态

3. 减水剂的研究发展现状

减水剂目前已经成为水泥基建筑材料中应用最广的一种化学外加剂。从最早的木质素类到后来的萘系、密胺系、脂肪族，再到现在使用最广的聚羧酸系，每一种减水剂都在混凝土的发展过程中发挥了重要作用，减水剂相关的技术也随着混凝土技术的发展得到了长足发展，并且还在不断更新。

目前，我国混凝土外加剂行业已经从 20 世纪末以简单物理复配为特征的小型混凝土外加剂生产，逐步走上规模化、专业化的发展道路，以拥有自主研发技术力量为特征的新一代规模化生产企业逐步形成，行业合成工艺也逐步实现了自动化、清洁化和绿色化。同时，我国混凝土外加剂总体制造技术水平与国外先进国家相比有一定差距，但在应用技术研究方面与发达国家的差距很小，甚至部分研究已达到或超过国际先进水平，特别是我国聚羧酸大单体的技术水平和生产总量在世界范围内均处于领先水平。

从合成技术上来讲，曾经萘系减水剂的合成需要使用甲醛、萘、浓硫酸，并在 160℃ 的条件下反应，产品有效浓度低，减水率不高。而目前最先进的聚羧酸合成工艺几乎没有"三废"产生，可以实现常温合成，减水率高达 30% 以上，生产成本也远低于萘系减水剂。减水剂技术的进步与混凝土技术的发展是相辅相成的，同时也得益于高分子合成技术的进步。由于聚羧酸分子具有较高的可设计性，通过对分子结构的优化设计，可以制备出具有特殊结构和功能的减水剂，如星形结构的减水剂、抗泥型减水剂、增强型减水剂、保坍型减水剂等。

从生产和应用规模上来讲，目前国内已经有 1000 余家减水剂相关企业，具有合成减水剂生产能力的企业有 350 多家，具有合成聚羧酸减水剂生产能力的企业有 100 多家。减水剂总产量已经超过 1300 万 t，聚羧酸减水剂的产量占到了减水剂总产量的 80% 以上。一些规模较小的外加剂企业，通过购买母液复配的方式，将产品直销给终端客户，占据了大部分终端市场。预计未来几年，行业集中度将大幅提高，在产品研发能力、制造能力和技术服务能力等方面领先的企业将占据大部分市场份额。

国家统计局 2018 年 11 月发布的《战略性新兴产业分类（2018）》，混凝土外加剂所处行业为"3 新材料产业"中"3.3 先进石化化工新材料"项下的"3.3.6 专用化学品及材料制造"行业，对应的国民经济行业名称为"专项化学用品制造"。根据《中华人民共和国循环经济促进法》（2018 年修正），国家"鼓励使用散装水泥，推广使用预拌混凝土和预拌砂浆"。根据《产业结构调整指导目录（2019 年本）》，"海洋工程用混凝土、轻质高强混凝土、超高性能混凝土、混凝土自修复材料的开发和应用""水泥外加剂的开发与应用"等均被明确列入国家鼓励类产业。根据工业和信息化部等部委发布的《关于推进机制砂石行业高质量发展的若干意见》（工信部联原〔2019〕239 号），国家鼓励机制砂行业发展及使用。

《国务院关于印发 2030 年前碳达峰行动方案的通知》（国发〔2021〕23 号）要求"加快推进绿色建材产品认证和应用推广，加强新型胶凝材料、低碳混凝土"等低碳材料的研发。减水剂的使用可以降低水泥用量，提高粉煤灰、矿渣等工业固废的利用率，有助于低碳建筑材料的研发和应用。

以上国家政策鼓励推广使用预拌混凝土和预拌砂浆，鼓励海洋工程用混凝土、轻质高强混凝土、超高性能混凝土、混凝土自修复材料和低碳混凝土的开发和应用，鼓励机制砂行业发展及使用，所有这些材料的开发应用均提升到了国家战略层面，均离不开聚羧酸系高性能减水剂等混凝土外加剂的关键技术的支撑，必然为混凝土外加剂的推广应用带来广阔的发展空间。

🗒 任务实施

学生制订学习计划，系统学习相关知识，重点掌握减水剂的种类、作用、微观机理等内容。学习过程中结合思维导图、微课等资源，开展辅助学习，多渠道学习以加深知识印象。学习过程中要将外加剂的相关标准作为重要拓展资源，特别是定量指标和重要概念的定义要严格参照标准，加深记忆，树立标准意识和质量意识。根据所学知识补充表 1-1-1。

表 1-1-1　重要知识点

序号	知识点	内容
1	减水率	混凝土_____基本相同时，基准混凝土单位用水量与掺外加剂混凝土单位用水量之差与_____的比值，用百分比表示
2	含固量	_____
3	高性能减水剂	减水率不低于_____%的减水剂
4	引气减水剂	使用该种减水剂，混凝土的含气量不低于____%
5	减水剂的作用	提高混凝土的_____、减少_____、提高_____
6	减水剂作用原理	分散作用、_____、_____、_____

☑ 结果评价

根据学生在完成任务过程中的表现，给予客观评价，学生亦可开展自评。任务评价参考标准见表 1-1-2。

表 1-1-2 任务评价参考标准

一级指标	分值	二级指标	分值	得分
自主学习能力	20	明确学习任务和计划	6	
		自主查阅《混凝土外加剂》（GB 8076）和《混凝土外加剂术语》（GB /T 8075）等标准	8	
		自主查阅外加剂相关技术资料和政策	6	
对减水剂的认知	60	掌握减水剂的常见种类	15	
		掌握减水剂的作用	15	
		掌握减水剂的微观机理	10	
		了解减水剂的研究现状	10	
		了解减水剂的行业背景	10	
标准意识与质量意识	20	熟记普通、高效和高性能减水剂的减水率要求	10	
		掌握减水剂、减水率等重要定义	10	
总分		100		

▤ 知识巩固

1. 正确连线"减水剂种类""减水率""特点"三栏。

减水剂种类	减水率（%）	特点
木质素磺酸盐	9	可设计性强，生产绿色环保，减水率高
萘系	20	需要使用三聚氰胺
密胺系	36	原料来自造纸废液，有缓凝作用和引气性
聚羧酸系	18	合成需要用工业萘，反应温度 160℃

2. 某 C30 混凝土的配合比为水泥 280kg/m³、粉煤灰 60kg/m³、砂子 807kg/m³、碎石 1100kg/m³、水 153kg/m³，减水剂掺量为 1.2%，减水剂的具体用量是_____kg/m³。

3. 密胺系和萘系减水剂的主要功能基团是_____，聚羧酸减水剂的主要功能基团是_____。

4. 木质素磺酸盐减水剂的缺点是_____。

5. 列举聚羧酸减水剂的优点：＿＿＿＿＿＿＿＿＿＿＿＿＿＿＿＿＿＿＿。

6. 减水剂的本质作用是削弱水泥颗粒在与水拌合时出现的＿＿＿＿＿现象，从而释放出＿＿＿＿＿，使混凝土表现出更大的流动性。

7. 与木质素磺酸盐减水剂相比，萘系减水剂的特点是减水率高、不影响凝结时间、引气量＿＿＿＿＿。

8. 根据聚羧酸减水剂的分子结构特点判断，对于水泥颗粒，它除了具有较强的静电斥力以外，还具有较强的＿＿＿＿＿作用。

9. 查阅资料，列举三家外加剂生产企业，并阐述公司的基本情况。

10. 查阅资料，列举与减水剂和混凝土相关的政策文件。

📖 拓展学习

陶瓷和石膏减水剂

除了水泥基材料外，其他很多材料的生产过程都会使用减水剂，但减水剂的物理状态、成分与混凝土用的减水剂有所区别。

在陶瓷的生产过程中，为了降低泥浆和釉料的含水量，也会使用少量减水剂，不仅可以提高泥浆和釉料的流动性和稳定性，还能降低烧成过程中的能耗。陶瓷减水剂分为无机减水剂和有机减水剂两大类：常用的无机减水剂有水玻璃、硅酸钠、三聚磷酸钠等，这些物质对于混凝土而言是没有明显减水作用的；常用的有机减水剂有聚丙烯酸钠、聚乙烯醇、柠檬酸钠、腐殖酸钠、羧甲基纤维素钠等，聚羧酸系和萘系减水剂也能充当陶瓷减水剂。

在石膏材料的生产过程中也需要使用减水剂，如石膏基干混砂浆、纸面石膏板、石膏隔墙板等。常用的石膏减水剂是密胺系和聚羧酸减水剂。出于节能利废和环境保护的原因，目前国家政策鼓励使用工业副产石膏。我国是世界上最大的磷化工国家，体现了我国在该领域的实力。但湿法磷酸工艺产生的大量工业副产磷石膏长期没有得到有效利用，不仅污染环境，还浪费土地资源，成为制约磷化工行业发展的瓶颈。据统计，磷石膏年产量已经超过 8000 万 t，并且主要集中在长江经济带，给环境造成了巨大污染。目前，磷石膏的资源化应用研究受到了行业、企业、高校的高度重视。在相关政策的大力支持下，大量相关人员开展了资源化利用研究，其中对配套减水剂的研发就是一个重要的研究方向。目前，开发出了磷石膏干混砂浆、磷石膏自流平砂浆、磷石膏隔墙板等新型建筑材料。减水剂在这些磷石膏产品的生产中发挥着降低制品用水量、提高浆体流动性、提高力学性能等作用，是保证产品质量的重要原料。某磷石膏堆场和利用磷石膏生产的隔墙板如图 1-1-5 所示。

(a) 磷石膏堆场　　　　　　　　　(b) 磷石膏隔墙板

图 1-1-5　某磷石膏堆场和利用磷石膏生产的隔墙板

 合成减水剂

学习目标

❖ 能列举至少三种常见减水剂的原料种类和合成方法
❖ 能正确选取聚羧酸减水剂的原料，并阐述基本合成原理
❖ 能阐述减水剂的关键性能指标
❖ 能检测减水剂的关键性能

任务描述

　　学生分为若干小组，教师分配合成减水剂题目，学生完成原材料的选取和合成工艺的制定，并制定性能检测方案。

　　减水剂的合成过程涉及化学反应，学生需要具备一定的化学基础知识。在完成任务时，结合相关的化学反应方程或者化学式深入理解合成原理，正确选取合成原料，合理设置反应条件，依据标准对减水剂的性能开展检测。同时要主动查阅资料，了解最新的合成技术和行业发展动态。在完成任务的过程中，要注重培养学生科学严谨的试验态度和安全意识，加强团队协作。参考任务题目见表 1-2-1。

表 1-2-1　参考任务题目

序号	减水剂种类	要求
1	木质素磺酸盐	以造纸废液为主要原料，制备木钙
2	物理复合改性木质素磺酸盐	将木钙与高效或高性能减水剂复合，使减水率达到 18%
3	萘系减水剂	以工业萘为主要原料，合成液体萘系减水剂

序号	减水剂种类	要求
4	聚羧酸减水剂	以丙烯酸、聚乙二醇 2400 为主要原料，其他原料自选
5	聚羧酸减水剂	正确选取原料及催化剂，并设计低温合成工艺

◈ **知识准备**

1. 减水剂的生产方法

减水剂的生产大都涉及化学合成，具体方法因所生产的外加剂品种而有所区别。下面简要介绍较常见的几种减水剂的生产工艺。

（1）木质素磺酸盐减水剂

木质素磺酸盐减水剂是原料来源最丰富、价格最低廉的一类减水剂，也是在混凝土中得到广泛推广的减水剂。木质素磺酸盐减水剂按照其所带阳离子的不同，有木质素磺酸钙（木钙）、木质素磺酸钠（木钠）和木质素磺酸镁（木镁）等品种。目前国内使用较为广泛的木质素磺酸盐减水剂为木钙，简称 M 剂，其次是木钠。木钙减水剂属于阴离子表面活性剂，其中木质素磺酸钙占 60% 以上，同时含有 10%～30% 的还原糖，硫酸盐占 2% 左右，另含有少量杂质，pH 值为 4～6。木质素磺酸盐的分子结构比较复杂，基本组分是苯甲基丙烷衍生物，其相对分子质量分布较广，介于 2000～100000 之间。

木质素磺酸盐减水剂的主要原料为亚硫酸盐法生产纸浆或纤维浆的废液。其生产方法如下。

① 废液的来源。将木材与亚硫酸盐一起在高温高压下蒸煮后，将纤维素与木质素分离，前者用于造纸、生产人造丝等，后者就是所谓的纸浆废液。将木质素磺酸盐废液收集起来就可以作为生产木质素磺酸盐减水剂的原料。

② 脱糖。使木质素磺酸盐废液发酵脱糖，并从中提取酒精。

③ 中和、过滤并干燥。将提取酒精后的废液用碱中和，过滤后经喷雾干燥就得到棕黄色的干粉状产品。使用不同的碱〔CaO 或 Ca(OH)$_2$，NaOH，Mg(OH)$_2$〕进行中和，可以得到对应的木质素磺酸盐（木钙、木钠、木镁）。

木质素磺酸盐减水剂的分子结构因造纸原料——木材的不同，也会有差异。一般来说，作为生产减水剂的木质素废液以针叶木原料为最好，以阔叶木原料次之，草类（如芦苇、稻草等）最差。

木钙减水剂在混凝土中的掺量一般为水泥质量的 0.5%～1%，其主要技术经济效果如下。

在保持混凝土和易性不变的情况下，可减少拌合用水量 10% 左右，可使混凝土 28d 抗压强度提高 10%～20%。在保持混凝土和易性和 28d 抗压强度不变的情况下，可节省一定的水泥用量。在水泥浆中掺加 0.5% 的木钙后，水泥浆的凝结时间将延缓 1～3h，且随着掺量增大，其延缓凝结时间的作用增强。掺加木质素磺酸盐减水剂会使混凝土的含气量增加 1‰～3‰，且随掺量的增加，其引气量明显增大。由于掺加木钙所引入的气泡性状不良，所以过量掺加木钙减水剂，将导致混凝土强度严重降低。

（2）β-萘磺酸甲醛缩合物减水剂

β-萘磺酸甲醛缩合物高效减水剂简称萘系高效减水剂，它属于芳香族磺酸盐醛类缩合物。此类减水剂是目前最常用的高效减水剂品种之一。

萘系高效减水剂的主要生产原料为萘、浓硫酸、甲醛和氢氧化钠等，其合成步骤包括磺化、水解、缩聚、中和及喷雾干燥，具体如下。

① 磺化。用浓硫酸作为磺化剂对萘进行磺化，磺化温度为 160～165℃。磺化的目的是用磺酸基（－SO₃H）取代萘分子上的 β-氢，生成 β-萘磺酸，反应式如式 1-2-1 所示。

$$\text{（萘）} + H_2SO_4 \longrightarrow \text{（β-萘磺酸 SO}_3\text{H）} + H_2O \quad (1\text{-}2\text{-}1)$$

由于萘分子中 α 位的电子云密度大一些，也比较活泼，所以在较低温度（60℃）下主要生成 α-萘磺酸和 α-二萘磺酸，而在较高温度（160～165℃）下主要生成 β-萘磺酸。β-萘磺酸较稳定，所以希望萘磺化后尽量全部生成 β-萘磺酸。副反应如式（1-2-2）和式（1-2-3）所示。

$$\text{（萘）} + H_2SO_4 \longrightarrow \text{（α-萘磺酸 SO}_3\text{H）} + H_2O \quad (1\text{-}2\text{-}2)$$

$$\text{（萘）} + 2H_2SO_4 \longrightarrow \text{（α-二萘磺酸 SO}_3\text{H）} + 2H_2O \quad (1\text{-}2\text{-}3)$$

② 水解。对磺化后的产物加水，使其在 120℃温度下水解。水解的目的是除去磺化时生成的 α-萘磺酸和 α-二萘磺酸，如式（1-2-4）和式（1-2-5）所示，而 β-萘磺酸是稳定的，不易水解，以利于接下来的缩聚反应。

$$\text{（α-萘磺酸 SO}_3\text{H）} + H_2O \longrightarrow \text{（萘）} + H_2SO_4 \quad (1\text{-}2\text{-}4)$$

③ 缩聚。缩聚的目的是使低分子的 β-萘磺酸相互作用生成具有一定聚合度的高聚物。在缩聚过程中要加入甲醛，并提高反应温度。缩聚过程受配比、酸度、温度、压力

和反应时间等因素的影响。

$$+ \quad H_2O \quad \longrightarrow \quad \qquad + \quad H_2SO_4 \qquad (1\text{-}2\text{-}5)$$

萘磺酸与甲醛的反应分两步进行：首先，在强酸介质中，甲醛转化成反应性强的羟甲醛阳离子，如式（1-2-6）所示。随后，羟离子再与 β-萘磺酸作用，将它们连接起来，生成多聚物，如式（1-2-7）所示。

$$CH_2O + H_3O^+ \Longrightarrow C^+HOH + H_2O \qquad (1\text{-}2\text{-}6)$$

$$(1\text{-}2\text{-}7)$$

④ 中和。在磺化和缩聚过程中，在反应体系内均有过量的硫酸未反应完全，中和的目的就是采用碱将这些过剩的酸中和成盐类物质并尽量除去，同时聚合产物分子中的磺酸基将其转换为磺酸盐，如式（1-2-8）所示。

$$(1\text{-}2\text{-}8)$$

通常用 NaOH 作为中和碱，使反应体系中过剩的 H_2SO_4 转化为 Na_2SO_4。如果这些硫酸盐保留在产品中，则一般产品中硫酸钠的含量为 20% 左右，这种产品通常被称为"低浓"产品，会影响萘系高效减水剂在冬季以液剂供应时的使用效果。目前已经有部分厂家开始采取一些有效措施，如低温抽滤或以石灰为中和碱，大幅降低产品中硫酸盐含量。一般把硫酸钠含量不大于 3% 的萘系减水剂产品称为"高浓"产品。

（3）多环芳烃磺酸盐甲醛缩合物高效减水剂

苯由一个苯环组成，萘可看作由两个苯环组成，蒽和菲则由三个苯环组成。萘可以通过磺化、缩聚等方法制成混凝土高效减水剂产品。理论上，单环、双环和多环芳香烃经过磺化，并与甲醛缩合后都可以制成高效减水剂。其制备工艺和步骤比较类似，只是原材料的配比和工艺参数等不同，这里就不再详述。

（4）三聚氰胺磺酸盐甲醛缩合物高效减水剂

三聚氰胺磺酸盐甲醛缩合物高效减水剂又称磺化三聚氰胺甲醛树脂高效减水剂，也简单称为密胺系高效减水剂。它是一种阴离子表面活性剂，具有早强、引气量小的特点。

密胺系高效减水剂的生产原料为三聚氰胺、甲醛和亚硫酸钠。其生产也经过磺化、缩聚等过程，具体步骤如下。

① 单体合成。使三聚氰胺与甲醛反应生成三羟甲基三聚氰胺，反应在弱碱性环境下进行。反应式如式（1-2-9）所示。

$$
\text{(三聚氰胺)} + 3HCHO \xrightarrow{NaOH} \text{(三羟甲基三聚氰胺)} \tag{1-2-9}
$$

② 单体磺化。对上述合成的单体三羟甲基三聚氰胺进行磺化。磺化采用亚硫酸钠、亚硫酸氢钠或焦亚硫酸钠作为磺化剂，磺化反应在碱性环境中进行，反应式如式（1-2-10）所示。

$$
\text{(三羟甲基三聚氰胺)} + NaHSO_3 \longrightarrow \text{(磺化产物)} \tag{1-2-10}
$$

③ 单体缩聚。在磺化后的单体中加入甲醛，使其在弱酸性介质中进行缩聚反应。缩聚后的聚合物分子量为 3000～30000，分子结构如式（1-2-11）所示。

$$
HO \left[H_2CHN \cdots NHCH_2O \right]_n H \tag{1-2-11}
$$

④ 喷雾干燥。对单体缩聚后的溶液，用稀碱溶液调节 pH 值至 7～9，即可成为一定浓度的产品。为了运输和储存方便，可以将液体产品脱水浓缩并经喷雾干燥得到粉状产品。其他液体减水剂亦可通过喷雾干燥法得到粉状产品。

（5）改性木质素磺酸钙（或钠）高效减水剂

尽管木质素磺酸盐减水剂取材广泛，价格便宜，是一种环保型产品，但木质素磺酸盐减水剂减水率较低，增强效果也不理想。如果增加这类减水剂的掺量，会造成缓凝作用明显增强、引气量大的现象，导致混凝土强度严重下降等不良后果。目前已经研究出一些对木质素磺酸盐进行改性的有效方法，可以使其减水率达 15% 以上，且没有其他副作用。

对木质素磺酸盐进行改性的方法主要有化学方法、物理分离方法和复合改性方法三种，下面分别进行简述。

① 化学方法。用稀硝酸或重铬酸、双氧水对木质素磺酸盐进行氧化，可以达到既降低木质素磺酸盐分子量，又能消除其缓凝作用的效果，相当于改善了其塑化效果，而且使缓凝作用减弱。经改性后的产品其掺量可以提高到 0.5%，产品性能满足高效减水剂指标。

编者采用双氧水对木钙进行氧化改性处理，测试了在不同掺量下，木钙改性前后的减水率和对凝结时间的影响，如表 1-2-2 所示。数据表明，经改性后，木钙的减水率有明显提高，并且缓凝效果也得到了改善。

表 1-2-2　水泥净浆测试结果

减水剂掺量（%）	减水率（%）		终凝时间（min）		初凝时间（min）		净浆流动度（mm）	
	CL	MCL	CL	MCL	CL	MCL	CL	MCL
0	—	—	83	83	189	189	251	251
0.2	1.5	3.3	95	120	195	191	260	252
0.4	3.8	6.8	114	165	201	197	271	269
0.6	7.9	11.6	123	206	220	209	285	273
0.8	8.2	14.7	130	215	231	220	301	280
1.0	8.4	15.2	132	220	252	246	310	306
1.2	8.5	15.9	136	226	300	261	375	328

注：CL 为原状木钙减水剂；MCL 为改性后的木钙减水剂。

还有一种化学改性方法是，利用木质素磺酸盐中的化学活性基团苯羟基，使其与甲醛、β-萘磺酸盐或三聚氰胺磺酸盐进行缩聚反应制备成高效减水剂。

② 物理分离方法。木质素磺酸盐的成分复杂，其分子量为 2000～100000，范围很宽，同时还含有还原糖、树脂等。可以用物理方法将木质素磺酸盐中分子量较大和分子量较小的组成除去，只留下分子量适中而对水泥的分散作用较强的那部分，其缓凝作用也较弱，这样就可以制备出改性木质素磺酸盐高效减水剂。

③ 复合改性方法。采用木质素磺酸盐减水剂与萘系、密胺系、聚羧酸系等减水剂进行合理复配，可以制备出复合型的高效减水剂。

（6）氨基磺酸盐高效减水剂

氨基磺酸盐高效减水剂主要以苯酚、对氨基苯磺酸、甲醛和尿素为原料，以水为介质，在加热条件下通过磺化、缩聚和中和等工序合成。其主要产物的通式如式（1-2-12）

所示。

$$(1\text{-}2\text{-}12)$$

式中，R 为氢、低级烷基或芳基。

有时，还在合成过程中加入尿素 $CO(NH_2)_2$，可以节约成本，更重要的是加入尿素后，可以有效降低最终产品的游离甲醛含量。此时产物的分子结构如式（1-2-13）所示。

$$(1\text{-}2\text{-}13)$$

式中，R 为氢、低级烷基或芳基。

（7）聚羧酸系高性能减水剂

聚羧酸系高性能减水剂的合成方法较多，根据合成步骤可以分为一步合成法和分步合成法，根据反应温度可以分为高温合成法、低温合成法和常温合成法，根据聚合原料的种类多少可以分为均聚反应和共聚反应。由于合成方法较多，现仅列举一二。

【例 1】一步合成法

主要原料：蒸馏水、丙烯酸、苯乙烯、甲基丙烯酸乙酯、丙酮、过二硫酸铵、甲基烯丙基聚氧乙烯醚（HPEG）、巯基乙醇、氢氧化钠。

（1）制备甲组分

蒸馏水
丙烯酸
苯乙烯
甲基丙烯酸乙酯
丙酮
过二硫酸铵

混合均匀（甲组分）

（2）合成

$$
\left.\begin{array}{l}
\text{蒸馏水} \\
\text{甲基烯丙基聚氧乙烯醚（HPEG）} \\
\text{过二硫酸铵} \\
\text{丙酮} \\
\text{巯基乙醇}
\end{array}\right\}
\xrightarrow[\text{升温至}85℃]{\text{依次加入反应釜，}}
\text{先加入1/3甲组分} \longrightarrow
$$

$$
\begin{array}{l}\text{90min内滴加完} \\ \text{剩余甲组分}\end{array} \longrightarrow \text{补加过二硫酸铵} \longrightarrow \text{保温反应 2h} \longrightarrow \text{自然冷却} \longrightarrow \text{无皂乳液}
$$

（3）中和

$$
\text{无皂乳液（50℃）} \xrightarrow{\text{搅拌20min}} \text{降温到30℃} \longrightarrow \text{溶液} \longrightarrow \text{产品}
$$
$$
\underset{\text{5\%NaOH溶液中和}}{\uparrow}
$$

其主要反应式如式（1-2-14）所示。

（苯乙烯）　　　　（丙烯酸）　　　（甲基丙烯酸乙酯）　　　（HPEG）

$$
\underset{n_1}{\underset{\bigcirc}{CH{=}CH_2}} + n_2 CH_2{=}CH{-}COOH + n_3 \underset{\underset{CH_2{-}CH_3}{\overset{|}{O}}}{\overset{CH_3\ O}{\underset{|}{CH_2{=}C{-}C}}} + n_4\ \underset{CH_2O(CH_2CH_2O)_nH}{\overset{CH_3}{H_2C{=}C}} \longrightarrow
$$

$$
{-}(CH{-}CH_2)_{n_1}(CH_2{-}CH)_{n_2}(CH_2{-}\overset{CH_3}{\underset{\underset{OCH_2CH_3}{\overset{|}{C{=}O}}}{C}})_{n_3}(CH_2{-}\overset{CH_3}{\underset{CH_2O(CH_2CH_2O)_nH}{C}})_{n_4} \tag{1-2-14}
$$

由于合成过程简单，分子可设计性好，可根据需要选择合适的原材料在分子结构中引入有用的基团，所以目前大多数聚羧酸减水剂的合成采用这种方法。

【例 2】分步合成法

该方法一般是先制备具有活性的大单体，然后将一定配比的单体混合在一起直接采用溶液聚合而得成品。合成的目的仍然是在大分子长链上引进对水泥颗粒产生高分散和流动性能的极性单体，如羧基、羟基、磺酸基，以及聚氧烷基烯类基团（作为支链）等。其主要合成步骤为：

（1）合成具有一定侧链长度的聚合物单体，然后以其作为新的单体参与同羧酸、磺酸类单体的共聚反应，如式（1-2-15）所示。

$$
R_1{-}CH{=}CH{-}COOH + R_2{-}(CH_2CH_2)_m{-}OH \longrightarrow R_1{-}CH{=}CH{-}COO{-}(CH_2CH_2)_m{-}R_2
$$
$$
\tag{1-2-15}
$$

式中，R_1 和 R_2 为氢或烷基。

（2）聚合。采用水溶液聚合法，用过硫酸镁作为引发剂，聚合成二元或多元聚合物。采用的主要原料为马来酸酐（顺丁烯二酸酐）、丙烯酸、丙烯酸羧乙酯、烯丙基磺酸钠和聚氧烷乙烯等。试验表明，—COOH 与—SO_3H 的最优比例大致为 4：1。典型的分子结构如式（1-2-16）所示。

$$(1\text{-}2\text{-}16)$$

这种合成工艺看似简单，但前提是要合成大单体，中间的分离提纯过程比较烦琐，成本较高。酯化反应是可逆反应，酯化率的波动直接影响到最终减水剂产品的质量稳定性，同时聚合物的分子量不易控制。但由于其产物分子结构的可设计性好，其主链和侧链的长度可通过活性大单体的制备和共聚反应的单体的比例及反应条件控制。加上大单体的制备目前已经由上游化工企业来负责完成，外加剂合成企业只需要购买所需的大单体即可开展生产，所以很多聚羧酸减水剂，特别是丙烯酸系减水剂的合成常采用此方法。

除了以上方法外，也可以对现有减水剂进行改性处理来制备聚羧酸减水剂，该方法主要是利用现有的聚合物进行改性，一般采用已知分子量的聚羧酸减水剂，在催化剂的作用下与聚醚在较高温度下通过酯化反应进行接枝。此外，用烷氧基胺〔H_2N—（BO）$_n$—R〕反应物与聚羧酸接枝（BO 代表氧化乙烯，n 为整数，R 为 C1～C4 烷基）。由于聚羧酸在烷氧基胺中是可溶的酰亚胺化比较彻底，所以反应时，胺反应物加量一般为—COOM 摩尔数的 10％～20％，反应分两步进行，先将反应混合物加热到高于 150℃，反应 1.5～3h，然后降温到 100～130℃加催化剂反应 1.5～3h，即可得所需产品。

这种方法存在很大缺点：现成的聚羧酸产品种类和规格有限，市面上购回的减水剂多是混合物，改性困难，调整其组成和分子量也比较困难。

除了以上所述的方法外，目前很多聚羧酸合成工艺已经实现了常温合成，从节能利废和降本增效的方面考虑，这将是必然趋势。编者采用乙二醇单乙烯基聚氧乙烯醚（EPEG）、丙烯酸（AA）、丙烯酸羟乙酯（HEA）为聚合单体，在低温氧化还原引发体系下合成了聚羧酸减水剂，并系统研究了反应温度、$FeSO_4$ 用量、酸醚比、还原剂及链转移剂用量等对减水剂性能的影响。通过系统研究确定了最佳的合成工艺，已经实现了工业化生产。

2. 减水剂的性能指标及检测方法

根据国家标准《混凝土外加剂》（GB 8076），各种混凝土减水剂

码 1-4　GB/T
8075 和 GB 8076

应符合相应的性能指标。标准还规定了严格统一的检验方法。

（1）减水剂的性能指标

按照减水剂的技术指标，减水剂分为高性能减水剂、高效减水剂、普通减水剂，每种减水剂又可分为早强型、标准型和缓凝型三个类型。其性能指标见表 1-2-3。除了性能指标外，该标准还规定检验外加剂的匀质性指标，见表 1-2-4。

表 1-2-3　混凝土减水剂性能指标

项目		外加剂品种								
		高性能减水剂（HPWR）			高效减水剂（HWR）		普通减水剂（WR）			引气减水剂（AEWR）
		早强型（HPWR-A）	标准型（HPWR-S）	缓凝型（HPWR-R）	标准型（HWR-S）	缓凝型（HWR-R）	早强型（WR-A）	标准型（WR-S）	缓凝型（WR-R）	
减水率（%）		≥25	≥25	≥25	≥14	≥14	≥8	≥8	≥8	≥10
泌水率比（%）		≤50	≤60	≤70	≤90	≤100	≤95	≤100	≤100	≤70
含气量（%）		≤6.0	≤6.0	≤6.0	≤3.0	≤4.5	≤4.0	≤4.0	≤5.5	≥3.0
凝结时间之差（min）	初凝	−90～90	−90～120	≥90	−90～120	≥90	−90～90	−90～120	≥90	−90～120
	终凝									
1h 经时变化量	坍落度（mm）	—	≤80	≤60						
	含气量（%）	—	—							−1.5～1.5
抗压强度比（%）	1d	≤180	≤170	—	≤140	—	≤135	—	—	—
	3d	≤170	≤160	—	≤130	—	≤130	≤115	—	≤115
	7d	≤145	≤150	≤140	≤125	≤125	≤110	≤115	≤110	≤110
	28d	≤130	≤140	≤130	≤120	≤120	≤100	≤110	≤110	≤100
收缩率比（%）	28d	≤110	≤110	≤110	≤135	≤135	≤135	≤135	≤135	≤135
相对耐久性（200 次）（%）		—	—	—	—	—	—	—	—	≥80

资料来源：《混凝土外加剂》（GB 8076）。

表 1-2-4　匀质性指标

试验项目	指标
氯离子含量（%）	不超过生产厂控制值

续表

试验项目	指标
总减量（%）	不超过生产厂控制值
含固量（%）	$S>25\%$时，应控制在（0.95～1.05）S $S\leqslant25\%$时，应控制在（0.90～1.10）S
含水率（%）	$W>5\%$时，应控制在（0.90～1.10）S $W\leqslant5\%$时，应控制在（0.80～1.20）S
密度（g/cm³）	$D>1.1\%$时，应控制在 $D\pm0.03$ $D\leqslant1.1\%$时，应控制在 $D\pm0.02$
细度	应在生产厂控制范围内
pH 值	应在生产厂控制范围内
硫酸钠	不超过生产厂控制值

资料来源：《混凝土外加剂》（GB 8076）。

注：1. 生产厂应在相关的技术资料中明示产品匀质性指标的控制值。

2. 对相同和不同批次之间的匀质性和等效性的其他要求，可由供需双方商定。

3. 表中的 S、W 和 D 分别为含固量、含水率和密度的生产厂控制值。

对于减水剂产品，固体含量（或含水量）、pH 值、氯离子含量、总碱量、水泥净浆流动度（或水泥砂浆减水率）都是必须测定的；液体减水剂必须测定密度，粉状减水剂必须测定细度。

（2）减水剂性能检验方法

外加剂检验是一项比较严肃的工作，为了排除因其他因素的干扰而导致的试验结果误差，并且为了使检验结果具有可比性，国家标准对混凝土原材料、配合比和试验方法、数据处理等进行了严格的规定。

① 原材料。

水泥：检验外加剂性能所用的水泥为基准水泥。基准水泥为由符合规定品质指标的硅酸盐水泥熟料与二水石膏共同粉磨而成的 42.5 强度等级的 P·I 型硅酸盐水泥。基准水泥必须由经国家水泥质量监督检验中心确认具备生产条件的工厂供给。基准水泥的品质指标除了要满足 42.5 强度等级硅酸盐水泥技术要求外，尚应符合表 1-2-5 的附加规定。

表 1-2-5　基准水泥的附加规定

项目	规定值
铝酸三钙（C_3A）含量（%）	6～8
硅酸三钙（C_3S）含量（%）	55～60
游离氧化钙（f-CaO）含量（%）	≤1.2
碱含量（$Na_2O+0.658K_2O$）（%）	≤1.0
水泥比表面积（cm²/g）	3500±10

当因故无法获取基准水泥时，允许采用 C_3A 含量为 6%～8%，总碱含量（$Na_2O+0.658K_2O$）不大于 1.0% 的熟料和二水石膏、矿渣共同磨制 42.5 强度等级的普通硅酸盐水泥，但仲裁时仍需采用基准水泥。

砂：应符合《建设用砂》（GB/T 14684）中Ⅱ区要求的细度模数为 2.6～2.9 的中砂，含泥量小于 1%。

石子：应符合《建设用卵石、碎石》（GB/T 14685）要求，粒径为 5～20mm（圆孔筛），采用二级配，其中 5～10mm 占 40%，10～20mm 占 60%，满足连续级配要求，针片状物质含量小于 10%，空隙率小于 47%，含泥量小于 0.5%。如有争议，以碎石试验结果为准。

拌合水：应符合《混凝土用水标准》（JGJ 63）要求。

外加剂：需要检测的外加剂。

② 混凝土配合比。

基准混凝土配合比按《普通混凝土配合比设计规程》（JGJ 55）进行设计。掺非引气型外加剂的混凝土和基准混凝土的水泥、砂、石的比例相同。配合比应符合以下规定。

水泥用量：掺高性能减水剂或泵送剂的基准混凝土和受检混凝土的单位水泥用量为 $360kg/m^3$；掺其他外加剂的基准混凝土和受检混凝土单位水泥用量为 $330kg/m^3$。

砂率：掺高性能减水剂或泵送剂的基准混凝土和受检混凝土的砂率均为 43%～47%；掺其他外加剂的基准混凝土和受检混凝土的砂率为 36%～40%；但掺引气减水剂或引气剂的受检混凝土的砂率应较基准混凝土的砂率低 1%～3%。

外加剂掺量：按推荐掺量计算。

用水量：掺高性能减水剂或泵送剂的基准混凝土和受检混凝土的坍落度控制在（210±10）mm，用水量为坍落度在（210±10）mm 时的最小用水量；掺其他外加剂的基准混凝土和受检混凝土的坍落度控制在（80±10）mm。

③ 混凝土搅拌。

各种混凝土材料及试验环境温度均应保持在（20±3）℃。

采用符合《混凝土试验用搅拌机》（JG/T 244）要求的 60L 单卧轴式强制搅拌机，搅拌机的拌合量应不少于 20L，不宜大于 45L。外加剂为粉状时，将水泥、砂、石、外加剂一次投入搅拌机，干拌均匀，再加入拌合水，一起搅拌 2min。外加剂为液体时，将水泥、砂、石一次投入搅拌机，干拌均匀，再加入掺有外加剂的拌合水一起搅拌 2min。出料后，在铁板上人工翻拌至均匀，再进行试验。

④ 试件制作。

混凝土试件制作及养护按照《普通混凝土拌合物性能试验方法标准》（GB/T 50080）进行，但混凝土预养温度为（20±3）℃。

⑤ 新拌混凝土性能测定。

减水率：减水率为坍落度基本相同时，基准混凝土和掺外加剂混凝土单位用水量之差与基准混凝土单位用水量之比。减水率按式（1-2-17）计算：

$$W_R = \frac{W_0 - W_1}{W_0} \times 100 \tag{1-2-17}$$

式中 W_R——减水率，%；

W_0——基准混凝土单位用水量，kg/m^3；

W_1——掺外加剂混凝土单位用水量，kg/m^3。

W_R 以三批试验的算术平均值计，精确到 1%。若三批试验的最大值或最小值中有一个与中间值之差超过中间值的 15%，则把最大值与最小值一并舍去，取中间值作为该组试验的减水率。若两个测值与中间值之差均超过 15%，则该批试验结果无效，应该重做。

含气量：基本参照《普通混凝土拌合物性能试验方法标准》（GB/T 50080）进行检测，但混凝土拌合物应一次装满并稍高于容器，用振动台振实 15～20s，用高频插入式振捣器（ϕ25mm，1400 次/min）在模型中心垂直插捣 10s。

含气量以三个试样测值的算术平均值表示。若三个试样中的最大值或最小值中有一个与中间值之差超过 0.5%，则将最大值与最小值一并舍去，取中间值作为该组试验的含气量。如果两个测值与中间值之差均超过 0.5%，则应重做。

泌水率比：泌水率比为掺外加剂混凝土的泌水率与基准混凝土泌水率之比。

泌水率比按式（1-2-18）计算，精确到 1%：

$$B_R = (B_t / B_c) \times 100 \tag{1-2-18}$$

式中 B_R——泌水率比，%；

B_t——掺外加剂混凝土泌水率，%；

B_c——基准混凝土泌水率，%。

先用湿布润湿容积为 5L 的带盖圆筒（内径为 185mm，高为 200mm），将混凝土拌合物一次装入，在振动台上振动 20s，然后用抹刀轻轻抹平，加盖以防水分蒸发。试样表面应比筒口低约 20mm。

自抹面开始计算时间，在前 60min 每隔 10min 用吸液管吸出泌水一次，以后每隔 20min 吸水一次，直至连续三次无泌水为止。每次吸水前 5min，应将筒底一侧垫高约 20mm，使筒倾斜，以便吸水。吸水后，将筒轻轻放平盖好。

将每次吸出的水都注入带塞的量筒，最后计算出总的泌水量，精确至 1g。

按式（1-2-19）计算泌水率：

$$B = \frac{V_W}{(W/G)\, G_W} \times 100 \tag{1-2-19}$$

$$G_W = G_1 - G_0$$

式中 B——泌水率，%；

V_W——泌水总质量，g；

W——混凝土拌合物的用水量，g；

G——混凝土拌合物的总质量，g；

G_W——试样质量，g；

G_1——筒及试样质量，g；

G_0——筒质量，g。

泌水率取三个试样的算术平均值。如果三个试样中的最大值或最小值与中间值之差大于中间值的 15%，则把最大值与最小值一并舍去，取中间值作为该组试验的泌水率，如果最大值和最小值与中间值之差均大于中间值的 15%，则应重做。

凝结时间差：凝结时间差是指掺外加剂混凝土与基准混凝土的凝结时间之差。

凝结时间差按式（1-2-20）计算：

$$\Delta T = T_t - T_c \tag{1-2-20}$$

式中　T——凝结时间差，min；

T_t——掺外加剂混凝土的初凝或终凝时间，min；

T_c——基准混凝土的初凝或终凝时间，min。

凝结时间采用贯入阻力仪测定，仪器精度为 5N，测定方法如下。

将混凝土拌合物用 5mm 圆孔筛振动筛出砂浆，拌匀后装入上口直径为 160mm，下口直径为 150mm，净高 150mm 的刚性不渗水的金属圆筒，试样表面应低于筒口约 10mm，用振动台振实 3~5s，置于（20±2）℃的环境中，容器加盖。一般基准混凝土在成型后 3~4h，掺早强剂的在成型后 1~2h，掺缓凝剂的在成型后 4~6h 开始测定，以后每隔 0.5h 或 1h 测定一次，但在临近初、终凝时，可以缩短测定间隔时间。每次测点应避开前一次测孔，其净间距为试针直径的 2 倍，但不小于 15mm，试针与容器边缘的距离不小于 25mm。测定初凝时间用截面面积为 100mm² 的试针，测定终凝时间用 20mm² 的试针。贯入阻力按式（1-2-21）计算：

$$R = \frac{P}{A} \tag{1-2-21}$$

式中　R——贯入阻力值，MPa；

P——贯入深度达 25mm 时所需的净压力，N；

A——贯入阻力仪的截面面积，mm²。

根据计算结果，以贯入阻力值为纵坐标，测试时间为横坐标，绘制贯入阻力值-时间关系曲线，求出贯入阻力值达 3.5MPa 时，对应的时间作为初凝时间；贯入阻力值达 28MPa 时，对应的时间作为终凝时间。凝结时间从拌合加水时开始计算。

凝结时间取三个试样的平均值。若三批试验的最大值或最小值与中间值之差超过 30min，则把最大值与最小值一并舍去，取中间值作为该组试验的凝结时间。若两个测值与中间值之差均超过 30min，则该组试验结果无效，应重做。

⑥ 硬化混凝土性能测试

抗压强度比：抗压强度比是以掺外加剂混凝土与基准混凝土同龄期抗压强度之比来表示的，按式（1-2-22）计算：

$$R_f = \frac{S_t}{S_c} \times 100 \tag{1-2-22}$$

式中　R_f——抗压强度比，%；

S_t——掺外加剂混凝土的抗压强度，MPa；

S_c——基准混凝土的抗压强度，MPa。

掺外加剂混凝土与基准混凝土的抗压强度按《混凝土物理力学性能试验方法标准》（GB/T 50081）进行试验和计算。成型试件用振动台振动 15～20s，试件预养温度为（20±3）℃。试验结果以三批试验测值的平均值表示，若三批试验中有一批的最大值或最小值与中间值的差值超过中间值的 15%，则把最大值及最小值一并舍去，取中间值作为该批的试验结果，如两批测值与中间值的差均超过中间值的 15%，则试验结果无效，应重做。

收缩率比：收缩率比以 28d 龄期掺外加剂混凝土与基准混凝土收缩率比值表示，按式（1-2-23）计算：

$$R_\varepsilon = \frac{\varepsilon_t}{\varepsilon_c} \tag{1-2-23}$$

式中　R_ε——收缩率比，%；

　　　ε_t——掺外加剂混凝土的收缩率，%；

　　　ε_c——基准混凝土的收缩率，%。

掺外加剂混凝土及基准混凝土的收缩率按《混凝土长期性能和耐久性能试验方法标准》（GB/T 50082）测定和计算，试件用振动台成型，振动 15～20s。每批混凝土拌合物取一个试样，以三个试样收缩率的算术平均值表示，计算精确至 1%。

相对耐久性指标：相对耐久性指标是以掺外加剂混凝土冻融 200 次后的动弹性模量是否不小于 80% 来评定外加剂的质量。按《混凝土长期性能和耐久性能试验方法标准》（GB/T 50082）进行，试件采用振动台成型，振动 15～20s，标准养护 28d 后进行冻融循环试验（快冻法）。每批混凝土拌合物取一个试样，相对动弹性模量以三个试件测值的算术平均值表示。

任务实施

学生以小组为单位，根据所领取的减水剂的合成任务，完成相关知识的学习。查阅文献资料了解原料的性质、合成原理等，制定合成方案，写出合成的具体步骤。根据所学的各类减水剂的特点，确定关键性能指标检测方法，列出参考标准，制定性能检测方案。具体实施步骤如下。

具体实施步骤

1. 选择合成任务：□萘系　□聚羧酸系　□密胺系　其他_____。

2. 编制工艺流程图，注明关键合成条件。

3. 确定合成步骤。

（1）选择原料_____。

（2）合成步骤。

①_____。

②_____。

③_____。

④_____。

⑤_____。

（3）测试关键性能。

☐含固量 ☐减水率 ☐泌水率比 ☐凝结时间差 ☐含气量

☐收缩率比 ☐抗压强度比 其他_____

写出关键测试步骤：_____

_____。

4. 实施总结。

☑ 结果评价

教师根据学生完成任务过程中的表现对基础知识掌握、自主学习能力、团队协作能力等方面给予客观评价，任务评价参考标准见表 1-2-6。

表 1-2-6 任务评价参考标准

一级指标	分值	二级指标	分值	得分
自主学习能力	10	明确学习任务和计划	5	
		自主查阅资料，了解原料性能和合成方法	3	
		自主查阅外加剂性能的检测方法	2	
减水剂合成相关知识的掌握情况	60	了解常见减水剂的原料与合成方法	10	
		原料选取合理，熟悉原料的基本性能	15	
		合成方案制定合理	15	
		掌握减水剂的关键性能指标	10	
		掌握减水剂性能的检测方法	10	
安全意识与质量意识	10	掌握一定的实验室安全常识，比如丙烯酸、浓硫酸的安全存储	5	
		掌握外加剂性能检测标准中规定的关键指标	5	

续表

一级指标	分值	二级指标	分值	得分
文本撰写能力	10	合成方案撰写规范，文字清晰流畅，排版美观，无明显错误	10	
团队协作能力	10	分工明确，完成任务及时	10	
总分		100		

知识巩固

1. 请为下列减水剂选择主要的合成原料。

木质素磺酸钙减水剂：＿＿＿＿＿、＿＿＿＿＿。

萘系减水剂：萘、＿＿＿＿＿、＿＿＿＿＿、＿＿＿＿＿。

密胺系减水剂：三聚氰胺、＿＿＿＿＿、＿＿＿＿＿。

2. 萘系减水剂与密胺系减水剂的合成过程类似，都要经历＿＿＿＿＿、＿＿＿＿＿、和中和阶段，其中中和的目的是＿＿＿＿＿＿＿＿＿＿＿＿＿＿＿＿＿＿＿＿＿＿＿＿。

3. 木质素磺酸盐减水剂、萘系减水剂、密胺系减水剂等的主要活性基团是＿＿＿＿＿；而聚羧酸减水剂由＿＿＿＿＿基团提供静电斥力，由＿＿＿＿＿提供空间位阻作用。

4. 若你合成了一种聚羧酸减水剂，下列哪些选项会明显影响你所测得的减水率？请在方框中打√。

□减水剂含固量 □测试方法 □空气湿度 □水泥种类 □减水剂掺量

□砂石级配 □减水剂黏度 □测试用水量 □配合比

5. 从原料和合成工艺方面阐述聚羧酸减水剂相比于萘系减水剂的优势。

拓展学习

聚羧酸减水剂大单体

在聚羧酸减水剂的合成过程中，大单体是必不可少的原料，同时也是消耗量最大的原料之一。它在聚羧酸分子中充当支链，赋予了减水剂良好的空间位阻效应。它的分子结构和聚合活性对聚羧酸减水剂产品的性能影响极大。所以相关学者对大单体的研究从未间断，可以说大单体技术的进步是聚羧酸减水剂技术进步的关键。现如今，大单体已经由专业的化学公司生产，产能与产量方面较大的公司有辽宁奥克化学股份有限公司、佳化化学股份有限公司、吉林众鑫化工集团有限公司、辽宁科隆精细化工股份有限公司等。制备聚羧酸减水剂所使用的聚醚大单体有许多种，表1-2-7中列出了几种常用的聚醚大单体。

表 1-2-7　几种常用的聚醚大单体

名称	简写	化学式
甲氧基聚乙二醇醚	MPEG	$CH_3O(CH_2CH_2O)_nH$
烯丙基聚乙二醇醚	APEG	$C_3H_5O(C_2H_4O)_nH$
甲基烯丙基聚氧乙烯醚	HPEG	$CH_2{=\!=}C(CH_3)CH_2O(CH_2CH_2O)_nH$
异戊烯基聚氧乙烯醚	TPEG	$(CH_3)_2C{=\!=}CHCH_2O(CH_2CH_2O)_nH$

现代化的减水剂生产线集合了通信、温控、自动计量、计算机处理等技术，实现了生产过程的在线监测和调控，可以实现高效精确生产，单线产能可以达到 10～20 万 t/年。高效精准的生产保证了减水剂的质量，便于性能控制；同时也有利于降低生产成本，为减水剂的广泛应用提供了必要条件。在减水剂生产企业中，研发、生产管理、质量检验、销售、技术服务等岗位是必不可少的。某外加剂生产商中控室及生产线如图 1-2-1 所示。

(a) 中控室　　　　　　　　(b) 生产线

图 1-2-1　某外加剂生产商中控室及生产线

任务 1.3　应用减水剂

学习目标

❖ 能根据施工要求选择减水剂的种类和使用方法
❖ 能阐述减水剂对混凝土性能的影响
❖ 能对掺减水剂混凝土的性能进行检测
❖ 会分析减水剂与水泥的适应性问题，并提出解决方案

任务描述

减水剂的应用是重要内容，学生应当着重理解不同掺加方式对混凝土性能造成的影

响、不同减水剂的性能特点，以及减水剂与原料的适应性问题，在此基础上独立完成应用减水剂的任务。

表 1-3-1 给出了若干参考任务题目，学生参照不同的混凝土性能要求或施工要求，正确选择减水剂的种类和使用方法，制定减水剂的使用方案和混凝土性能的检测方案。要求选择的减水剂种类和编写的方案在满足性能要求的同时，要充分考虑成本因素。

表 1-3-1 参考任务题目

序号	混凝土性能要求
1	普通 C20 混凝土，坍落度 60～70mm
2	高温天气施工的 C30 商品混凝土，要求坍落度 190～200mm，1h 坍落度损失不超过 20mm
3	冬期施工的 C30 混凝土，需提高早期强度
4	高强度水泥基干混砂浆
5	混凝土预制件——叠合板，需缩短拆模时间

知识准备

1. 减水剂的掺加方法

若减水剂的掺加方法不同，则即使在相同掺量的情况下，对混凝土所产生的塑化、减水、增强效果也有一定差异。正确认识减水剂掺加方法所产生的技术效益和经济效益的不同，结合工程实际，可以使减水剂的应用达到事半功倍的效果。

关于减水剂不同掺加方法的效益，曾进行过大量试验和实践。有关研究表明，在配合比及流动性相同的情况下，采用后掺法的减水剂用量仅为减水剂在搅拌时同水泥一起加入的 60％左右。在混凝土的流动性和强度相同的情况下，后掺法的水泥用量和用水量比同掺法减少约 10％；后掺法混凝土拌合物的含气量有所减小，强度有所提高。混凝土拌合物预先搅拌后，过几分钟再加入塑化剂可得到更好的塑化效果。对于某些水泥，减水剂的掺加方法对其使用效果有明显影响；减水剂滞后于水几分钟加入时，混凝土的流动性显著提高，减水剂用量可节省 1/3 左右，但保水性能下降。归纳起来，减水剂的掺加方法有先掺法、同掺法和后掺法之分，后掺法又有滞水法和分批添加法两种。根据减水剂掺加时的状态，有干粉掺加法和溶液掺加法两种，下面分别进行解释。

（1）先掺法

先掺法是指减水剂干粉先与水泥（和掺合料）混合，然后加入骨料与水一起拌合均匀，如图 1-3-1 所示。

图 1-3-1 先掺法流程图

木钙减水剂采用先掺法时的塑化效果与配成一定浓度同水一起掺入或采用滞水法时的效果基本一致。但是高效减水剂，如萘系和聚羧酸系，采用先掺法时的塑化减水效果较滞水法差。

先掺法的优点是省去了减水剂的溶解、储存等工序，冬期施工时无须对外加剂采取防冻措施，使用方便。其缺点是当减水剂中有粗颗粒时，拌合物不易分散。所以在减水剂干粉采用先掺法时，应避免受潮结块，使用前必须筛去减水剂干粉中的粗颗粒，并注意有充足的搅拌时间。另外，一定注意的是，减水剂干粉一定要先与水泥拌合，切记不可将其直接撒在湿骨料中，否则有些种类的减水剂，尤其是复合有元明粉（Na_2SO_4）的减水剂很容易结块，搅拌过程中不易溶解，易造成混凝土硬化后开裂。

（2）同掺法

同掺法即事先将粉体减水剂或减水剂母液配制成一定浓度的溶液，然后在混凝土搅拌过程中与水一起掺入，如图 1-3-2 所示。

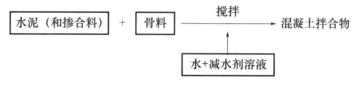

图 1-3-2 同掺法流程图

同掺法与先掺法相比，减水剂与混凝土容易拌匀，输送和计量也比较方便，且易实现自动计量。与滞水法相比，采用同掺法时混凝土搅拌时间较短，搅拌机生产效率较高，商品混凝土的生产常采用同掺法。

同掺法的缺点是增加了减水剂的溶解、储存等工序，减水剂中不溶物及溶解度较小的物质在存放过程中容易发生沉淀，导致掺量不准等。比如，由于萘系减水剂中含有一定浓度的 Na_2SO_4，在冬季气温较低时，极易发生析晶现象，影响液体减水剂的浓度。

将粉体减水剂配制成溶液时，为了加速溶解，宜将水加热到 $40\sim70℃$，一边搅拌，一边将减水剂慢慢地加入，到全部溶解为止。如果采用冷水，则至少浸泡 1d 后，减水剂才能完全溶解。采用减水剂母液（含固量 $40\%\sim60\%$）配制低浓度溶液时，也需要将母液缓慢加入水中，充分搅拌使溶液混合均匀，母液水溶性较好，配制相对容易。配制过程中要注意准确计量，控制好含固量。

在使用减水剂溶液前，一定要将减水剂溶液拌匀，并复核其浓度。减水剂溶液应密封储存，严防水分蒸发和杂物混入。冬季对萘系减水剂采用同掺法时，尤其要注意防止硫酸钠的结晶，否则既影响掺量的准确性，又容易造成管路堵塞。

（3）后掺法

后掺法是指混凝土拌合好一定时间后，才将减水剂一次或分成数次加入混凝土拌合物中进行搅拌的方法。

后掺法包括滞水法和分批添加法等。

① 滞水法，即在搅拌过程中减水剂滞后于水 1～3min 加入，流程如图 1-3-3 所示。

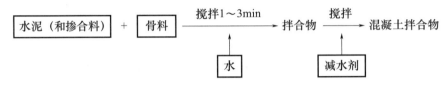

图 1-3-3　滞水法流程图

当减水剂以溶液形式加入时称为溶液滞水法；当减水剂以干粉形式加入时称为干粉滞水法。减水剂滞水法的优点是能提高减水剂在某些水泥中的使用效果，如提高流动性，提高减水率和强度，降低减水剂掺量，提高减水剂对水泥的适应性等。但是与先掺法或同掺法相比，采用滞水法所需搅拌时间较长，降低了生产效率。采用滞水法时应严格控制减水剂掺量，切忌过量掺加，否则易造成拌合物的离析泌水和缓凝现象。

② 分批添加法，即混凝土拌合物搅拌好后，分批加入减水剂，流程如图 1-3-4 所示。

图 1-3-4　分批添加法流程图

分批添加法的突出优点是能够补偿混凝土拌合物的坍落度损失和恢复坍落度，提高减水剂的使用效果。另外，还能提高减水剂对水泥的适应性。但是与先掺法或同掺法相比，采用分批添加法需要进行两次或多次搅拌。

采用分批添加法时应注意：第一次搅拌至加减水剂后进行第二次搅拌的时间间隔不宜太长，以不超过 45min 为宜，气温高时应间隔短些；应严格控制减水剂掺量，加减水剂后搅拌应充分。分批添加法适用于混凝土运输距离较远，运输时间较长和气温较高的场合。

后掺法的作用效果：与先掺法和同掺法相比，后掺法对水泥的适应性较好；在水灰比相同的情况下，可以达到更好的塑化效果；在和易性相同的情况下，减水率更大；在和易性和减水率相同的情况下，则可以减小减水剂的掺量；在减水剂掺量相同、和易性要求和强度要求相同的情况下，可以节省 5％左右的水泥；另外，分批添加法可以较好地克服混凝土拌合物在运输途中的分层离析和坍落度损失。

后掺法的作用机理：关于为什么采用后掺法所产生的塑化效果和减水效果优于先掺

法（同掺法）的问题，目前较一致的看法是：先掺法（同掺法）中，减水剂的主要作用模型是吸附-分散，水泥颗粒表面一开始带有正电荷，具有较大的吸附能，吸附大量减水剂分子（离子）后，ξ电位提高，水泥胶粒之间排斥力增强，阻止其形成凝聚结构，提高了流动性。而后掺法中，减水剂的作用模型为凝胶-吸附-分散，在掺加减水剂前，水泥颗粒已经与水接触 1～3min 或更长时间，由于水泥颗粒已开始水化，有一定凝胶形成；另外，水泥颗粒之间由于静电作用相互吸引，形成了絮凝体结构，掺加减水剂后，减水剂吸附在水泥颗粒表面，拆散了絮凝体结构，释放出自由水，提高了混凝土的流动性。在后掺法中，由于在加减水剂之前，水泥已经部分水化，正电性降低，稳定水膜的形成也降低了其表面能，所以对减水剂的吸附能力要比先掺法（同掺法）弱，所以达到相同减水效果时，后掺法所需的减水剂掺量要低一些。

导致减水剂与水泥适应性较差的原因主要是水泥矿物中某些矿物组分的选择性吸附，即 C_3A 之类的矿物对减水剂的吸附能力较强，若采用后掺法，让水泥颗粒表面先形成一层稳定的水膜，C_3A 矿物也有部分开始水化，则其对减水剂的吸附能力必然会减弱，水泥浆溶液中保持有足够的减水剂，提高了减水剂与水泥的适应性。

对于新鲜水泥，后掺法的使用效果更好。而对于存放较久，又被空气中潮气润湿过的水泥，后掺法的作用效果则不会非常明显。

2. 减水剂对混凝土性能的影响

在混凝土拌合时掺加减水剂，不仅对新拌混凝土的性能，如坍落度、黏聚性、保水性和可施工性等产生影响，还会影响混凝土凝结硬化阶段的性能。因此，它对硬化后混凝土的性能，如强度、弹性模量、收缩性、徐变、抗渗性、抗冻性、抗碳化性等均会产生影响。

码 1-5　减水剂对新拌混凝土性能的影响

（1）掺加减水剂对新拌混凝土性能的影响

新拌混凝土的性能主要为和易性。和易性又称工作性，它包括流动性、黏聚性、保水性和施工性等。

① 新拌混凝土的流变学模型。

新拌混凝土的流变性可用宾厄姆（Bingham）模型进行描述。宾厄姆公式为：

$$\tau = \tau_0 + \eta \ (\mathrm{d}v/\mathrm{d}t) \tag{1-3-1}$$

式中　τ——总剪切应力，Pa；

　　　τ_0——屈服剪切应力，Pa；

　　　η——黏度系数，Pa·s；

　　　$\mathrm{d}v/\mathrm{d}t$——剪切速率，s^{-1}。

由宾厄姆模型方程可知，屈服剪切应力 τ_0 与黏度系数 η 是决定新拌混凝土流变特性的基本参数。当在外力作用下产生的剪切应力小于屈服剪切应力时，新拌混凝土不发生流动，只有当外力作用下产生的剪切应力大于屈服剪切应力时，新拌混凝土才会发生流动，并可塑造成一定形状的制品。

② 减水剂对新拌混凝土流变性能的影响。

从流变学角度看，要制备流动性好的新拌混凝土，必须拆开浆体中水泥颗粒间阻碍流动的黏滞结构，使水泥颗粒在水介质中充分分散开来。

当新拌混凝土中加入减水剂时，减水剂分子解离后吸附在水泥颗粒表面，由于使水泥颗粒带相同电荷而产生同性电荷相斥作用，水泥颗粒表面 ξ 电位的提高以及水泥颗粒表面溶剂化水膜的形成等都将会导致新拌混凝土的屈服剪切应力 τ_0 下降，黏度系数 η 减小。这样，宏观结果表现为整个混凝土分散体系的稳定性提高，流动性得到改善。

③ 减水剂对混凝土流动性的影响。

混凝土的流动性一般是由坍落度值表示的。在混凝土用水量和水泥用量不变的情况下，掺加减水剂可以增大混凝土的坍落度。且在一定范围内，随着减水剂掺量的增加，坍落度增加值也在提高，如图 1-3-5 和图 1-3-6 所示。

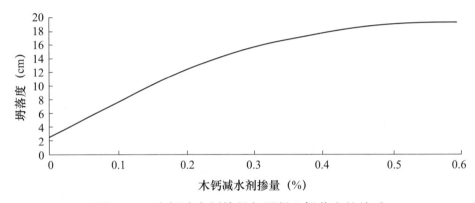

图 1-3-5　木钙减水剂掺量与混凝土坍落度的关系

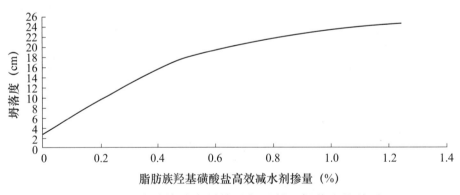

图 1-3-6　脂肪族减水剂掺量与混凝土坍落度的关系

必须注意的是，木钙减水剂的掺量超过 0.3% 时，尽管混凝土的坍落度值还将增加，但是由于木钙减水剂的缓凝作用，以及混凝土内部大量气泡的引入，混凝土强度严重降低。所以，尽管混凝土坍落度与木钙减水剂掺量之间存在如图 1-3-5 所示的关系，实际工程中应严格控制木钙减水剂的掺量在 0.2%～0.3%。

掺加高效减水剂对混凝土坍落度增加值的影响更大。如掺加 0.75% 的脂肪族羟基磺酸盐高效减水剂（SPF）可以使混凝土的坍落度从 3cm 提高到 21cm 左右，坍落度增加值为 18cm。高效减水剂也有一定的掺量范围，一般为 0.5%～1.5%。掺量太小，对混凝土坍落度的改善不明显，但若掺量太大，则可能会引起混凝土缓凝和引气，也不经济。但是值得注意的是，在混凝土的实际生产中由于砂石中泥或石粉含量过高，减水剂掺量也在逐渐增大，有时甚至达到 2%。

值得注意的是，对于相同的减水剂，其增大混凝土坍落度的效果除了受掺量影响外，还受许多其他因素的影响，如混凝土的配合比、砂石级配、水泥种类、水泥矿物成分、掺合料品种和掺量、环境温度等，工程中切记不要简单地根据产品说明书生搬硬套，一定要进行充分的试验验证，以科学严谨的态度来确定减水剂的掺量。

④ 减水剂掺量与减水率的关系。

当混凝土水泥用量和用水量均保持不变时，掺加减水剂将会增大混凝土的坍落度。但是如果保持混凝土水泥用量和坍落度不变，则掺加减水剂可以达到减少拌合用水量的目的。一般来讲，在水泥用量不变的情况下，达到相同坍落度时，掺加减水剂后混凝土单位用水量的减少值与不掺减水剂时混凝土单位用水量之比，被称为减水率。减水剂掺量与减水率的关系基本上和其与混凝土坍落度的关系相似，如图 1-3-7 和图 1-3-8 所示。

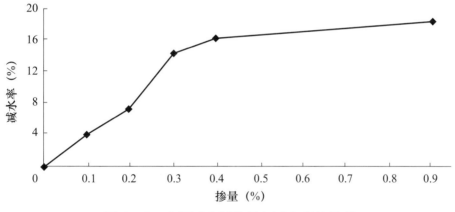

图 1-3-7　木钙减水剂掺量与减水率的关系

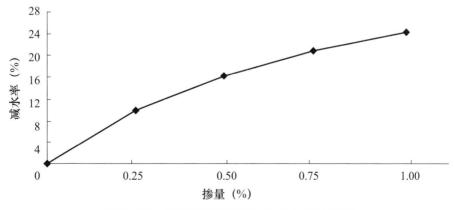

图 1-3-8　高效减水剂掺量与减水率的关系

减水率除了与减水剂的种类、掺量有关外，还与混凝土的配合比、砂石级配、水泥种类、水泥矿物成分、掺合料品种和掺量、环境温度等有关。例如，掺加木钙减水剂混凝土的减水率随混凝土的水灰比增大（水泥用量减少）而降低，反之则增大。当减水剂用量超过某一限值时，再继续增加，则减水率不再增大。

⑤ 掺加减水剂对混凝土含气量的影响。

绝大部分减水剂掺入混凝土中，会使混凝土的含气量增大。但与木钙减水剂相比，萘系高效减水剂的引气性比较小，而掺加密胺系树脂高效减水剂对混凝土含气量的影响最小。聚羧酸减水剂的引气量与是否复配引气组分有关，标准型减水剂引气量通常也较小。

虽然在混凝土内部引入微小的极性气泡有助于降低混凝土的泌水性，改善和易性，提升混凝土的抗冻融循环能力等，但也应注意，混凝土的含气量增大后有可能降低强度，含气量大时尤为明显。

木钙减水剂，引气和非引气型萘系高效减水剂的掺量与混凝土含气量的关系如图 1-3-9 和图 1-3-10 所示。

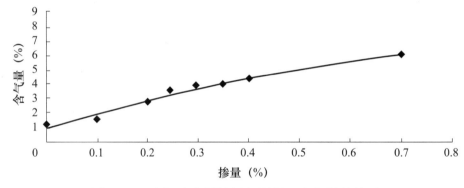

图 1-3-9 木钙减水剂掺量与混凝土含气量的关系

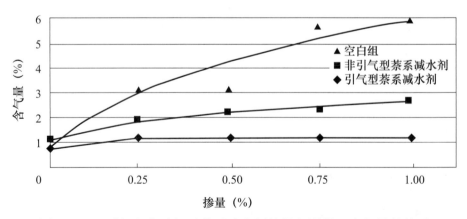

图 1-3-10 引气和非引气型萘系减水剂掺量与混凝土含气量的关系

⑥ 减水剂对混凝土泌水率的影响。

泌水有可能使刚浇筑好的混凝土产生分层离析，形成过多的缺陷，导致混凝土的强度和耐久性等一系列物理力学性能下降。混凝土的泌水性除了受水泥品种的影响外，也与水泥的细度、掺合料、单位用水量、骨料的粒度和级配、温度等有关。混凝土中掺入减水剂，尤其是引气减水剂，在和易性相同的条件下，可显著降低混凝土的泌水率，如图 1-3-11 所示。其原因是在产生微气泡的时候会消耗部分自由水形成泡膜，以及混凝土的分散性得到提高。掺加缓凝型减水剂混凝土的泌水率一般比掺加非缓凝型减水剂的大一些，这主要是由缓凝型减水剂的掺加使混凝土的凝结时间延长所导致的。

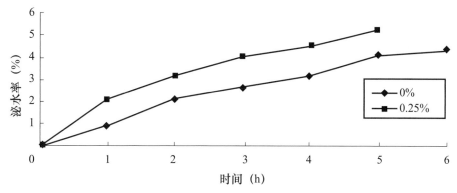

图 1-3-11　木钙减水剂对混凝土泌水率的影响

（2）掺加减水剂对混凝土凝结硬化阶段性能的影响

① 减水剂对混凝土凝结时间的影响。

混凝土的凝结时间是施工中的一项重要参数，尤其是对大体积混凝土和滑模施工混凝土更为重要。混凝土的凝结时间对泌水率有一定影响，混凝土凝结时间延长，将会增大塑性收缩开裂和沉降收缩的危害性。

掺加木钙减水剂将会延长混凝土的凝结时间，如图 1-3-12 所示。而掺加高效减水剂或高性能减水剂对混凝土凝结时间的影响不大，见表 1-3-2。

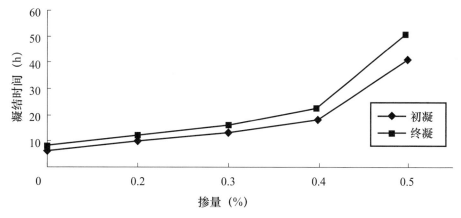

图 1-3-12　木钙减水剂掺量对矿渣大坝水泥所配制混凝土的凝结时间的影响

表 1-3-2　萘系高效减水剂对混凝土凝结时间的影响

减水剂名称及掺量（%）		水灰比	凝结时间（h：min）	
			初凝	终凝
β-萘磺酸甲醛缩合物减水剂	0	0.43	8:00～9:00	11:00～12:00
	0.5	0.36	9:00～10:00	12:00～13:00
萘系减水剂改性产物	0	0.612	5:55	9:20
	0.5	0.593	6:30	9:15
	1.0	0.576	5:55	8:40
芳香族磺酸盐醛类缩合物减水剂	0	0.70	6:15	8:30
	1.0	0.54	6:30	8:30

当木钙减水剂超量掺加时，将导致混凝土严重缓凝，甚至发生长时间不凝结现象，并且对混凝土强度产生较大的副作用。而当高效减水剂超量掺加时，也会使混凝土缓凝，早期强度下降。

温度对混凝土凝结时间也有较大的影响。混凝土的凝结时间随混凝土拌合物的温度降低而延长，所以在温度较低的情况下，对施工用的混凝土，木钙减水剂掺量不宜过大，夏季高温天气施工用的混凝土，为延长凝结时间，可适当增大木钙减水剂的掺量，如采用 0.30%。使用缓凝型聚羧酸减水剂时，要根据环境温度的高低，适当增减缓凝组分的比例，以满足施工要求。

② 减水剂对水泥水化热的影响。

水泥水化热对于大坝混凝土、大体积混凝土工程是一项重要的技术指标，因为水泥水化热过大，将使混凝土内部温升过高，内外温差过大将导致开裂。掺入减水剂后 28d 内水泥水化放热量与不掺者基本相同，但大多数情况下，掺加减水剂可以推迟水泥水化热峰值出现的时间和降低峰值的大小，因而有助于减小温度开裂的风险。

掺加木钙减水剂由于能够延缓水泥的水化进程，对推迟温峰出现的时间十分有利。而掺加高效减水剂尽管对水泥水化的影响不大，但是可以通过减少混凝土中水泥的用量来降低温峰值的大小，也有助于减小温度裂缝的危害。在使用聚羧酸减水剂时，往往会与缓凝组分复配使用，延长凝结时间，从而延缓水化放热。另外，大掺量使用矿物掺合料也是延缓放热的一种措施，有学者针对这种情况，开发了专用聚羧酸减水剂。

（3）减水剂对混凝土硬化后性能的影响

混凝土中掺加减水剂后，若适当减少拌合用水量，将可以改善其物理力学性能和耐久性。混凝土的物理力学性能包括抗压强度、轴心抗压强度、抗拉强度、弹性模量、极限拉伸应变、泊桑比、收缩、徐变和疲劳强度等，而耐久性包括抗渗性、抗冻融性、抗钢筋锈蚀性、抗化学腐蚀性和抗碳化性等。

码 1-6　减水剂对硬化混凝土性能的影响

① 对抗压强度的影响。

从强度来讲，普通混凝土的抗压强度主要由骨料强度、骨料-水泥石界面强度和水泥石强度决定。鲍罗米公式为：

$$R = AR_c (C/W - B) \tag{1-3-2}$$

式中　R——混凝土的抗压强度，MPa；

　A，B——经验常数；

　　R_c——水泥的实际强度，MPa；

　C/W——灰水比值，混凝土的强度主要由混凝土的水灰比（W/C）决定。

实际上，决定混凝土强度最主要的因素为混凝土的孔结构，而水泥的孔结构主要与水泥浆的水灰比和水泥的水化程度有关。减水剂的掺入，可使混凝土在保持相同流动性的情况下，大幅减小水灰比，因而，混凝土内部水泥石的孔隙率减小，孔结构得到改善，强度也相应提高。另外，由于掺加了减水剂，用水量减少，拌合水在骨料表面的富集程度下降，水膜减薄，骨料-水泥石界面结构得到强化。再者，减水剂的分散作用可以降低水泥浆内分层程度，因此，也对提高混凝土的强度十分有利。

表 1-3-3 是在保持相同流动性的情况下，掺与不掺减水剂对水泥石孔隙率、孔径分布和抗压强度的影响。

表 1-3-3　减水剂对水泥石孔隙率、孔径分布和抗压强度的影响

外加剂及掺量	W/C	总孔隙率（cm^2/g）	小于 250 Å 孔的百分比（%）	28d 抗压强度（MPa）
—	0.34	0.0637	26.66	67.0
萘系 0.5%	0.26	0.0502	68.60	79.8

通常，随着减水剂掺量的增加，减水率增大，混凝土的抗压强度也将提高。但是，当减水剂的掺量增加到一定程度时，再增加掺量，即使减水率增大，但因为会导致混凝土的含气量增大，混凝土的抗压强度增幅也会大大减小，而且混凝土的抗压强度还有可能下降，这在工程中一定要注意。

冈田-西林的经验公式就是对掺加减水剂的混凝土的强度与减水率和含气量之间关系的较好描述。该公式假定混凝土的水灰比（W/C）每降低 0.01，抗压强度增加 2~3MPa，而混凝土内的含气量每增加 1%，抗压强度降低 5%，具体如下。

$$R = R_0 (1 - 0.05\Delta A + \alpha \Delta W/C) \tag{1-3-3}$$

式中　R——掺加减水剂混凝土的抗压强度，MPa；

　　R_0——基准混凝土的抗压强度，MPa；

　ΔA——混凝土中因掺加减水剂而增大的含气量（掺减水剂混凝土的含气量与基准混凝土含气量之差）；

$\Delta W/C$——混凝土因掺加减水剂而降低的水灰比（基准混凝土水灰比与掺加减水剂混凝土水灰比之差）；

α——减水增强系数，受减水剂品种、掺量、混凝土水灰比、养护龄期等影响，
一般取 2～3。

冈田-西林经验公式对我们深刻了解和掌握减水剂的品种和掺量对混凝土强度的影响十分有帮助。实践证实，不同减水剂品种对混凝土抗压强度的影响不仅取决于其减水率大小，而且与引气量有关，而对于提高混凝土的抗压强度来说，减水剂的掺量有一最佳值，也即最佳掺量，并不是掺量越高越好。

图 1-3-13 为木钙减水剂掺量对混凝土抗压强度的影响，混凝土的配合比为 $C:S:G$ $=1:2.06:3.80$，进行标准养护。可见，在保持水泥用量不变和坍落度相同的情况下，混凝土的抗压强度先随着木钙减水剂掺量增大而增大，而木钙减水剂掺量到达一定值（如 0.25%）后，曲线开始有明显下降的趋势，这是因为木钙减水剂掺量较大时，导致混凝土严重引气，对抗压强度产生了较大的副作用。木钙减水剂的适宜掺量为 0.2%～0.3%。

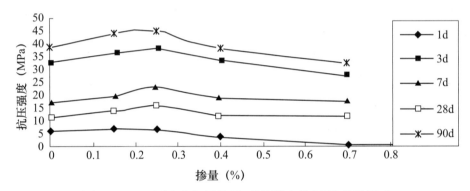

图 1-3-13　木钙减水剂掺量对混凝土抗压强度的影响

在水泥用量和坍落度不变的情况下，混凝土抗压强度与 β-萘磺酸甲醛缩合物减水剂掺量的关系如图 1-3-14 所示。可见，在标准养护条件下，β-萘磺酸甲醛缩合物减水剂的适宜掺量为 0.75% 左右。

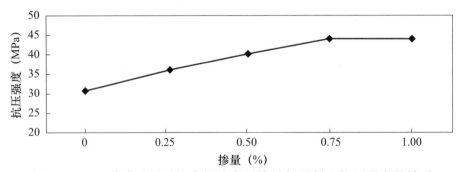

图 1-3-14　β-萘磺酸甲醛缩合物减水剂掺量与混凝土抗压强度的关系

在适宜掺量范围内，掺加木钙减水剂混凝土的 28d 抗压强度一般要比不掺者提高 10%～20%。而掺加高效减水剂（如 β-萘磺酸甲醛缩合物减水剂、芳香族磺酸盐醛类缩合物减水剂、脂肪族羟基磺酸盐减水剂等）的混凝土的 28d 抗压强度则比不掺者提高 15%～40%。

由于聚羧酸减水剂具有更高效的减水率，在达到相同流动度时的需水量相比于对照组更低，所以对抗压强度的提升作用也更为明显。选择某种高性能聚羧酸减水剂进行抗压强度试验，用水量以控制坍落度为（180±10）mm 为准，结果如图 1-3-15 所示。以 28d 抗压强度为例，相比于对照组，掺聚羧酸减水剂的试验组的抗压强度提高了 71%～115%，表现出了良好的增强作用。

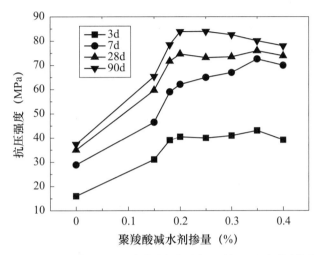

图 1-3-15　某聚羧酸减水剂对混凝土抗压强度的影响

在实际工程中还需要注意的是，掺加非缓凝型减水剂的混凝土的早期强度发展速率较快，表现在 1d、3d 和 7d 龄期的抗压强度与基准混凝土相应龄期抗压强度的比值均比 28d 的大，而且这种比值 1d 最大，3d 次之，7d 有所下降。对于普通硅酸盐水泥所配制的中等强度等级混凝土，在不掺加高效减水剂的情况下，其 3d 和 7d 龄期的抗压强度分别相当于 28d 龄期的 40%～50% 和 65%～75%，而掺加了高效减水剂的混凝土，其 3d 和 7d 龄期的抗压强度分别相当于 28d 龄期的 50%～60% 和 70%～80%。对于这一点，质量检测人员或配合比设计人员在用早期强度推算 28d 抗压强度时应引起注意，最好针对经常使用的水泥和减水剂配制各种强度等级的混凝土，并进行试验统计这种强度发展规律，以便准确地"预报"混凝土的 28d 抗压强度。

② 对抗拉强度的影响。

由于混凝土的抗拉强度较难测试，所以通常用抗折强度或劈裂抗拉强度进行表征。进行钢筋混凝土结构设计时，可用抗折强度、劈裂抗拉强度与抗拉强度的关系推得，甚至可直接用抗折强度按一定关系式推得抗拉强度。众所周知，混凝土的脆性随着强度等级的增大而增大，直接反映在混凝土抗拉强度与抗压强度的比值（以下简称拉压比）上。脆性越大，这一比值越小。

在降低水灰比的情况下，掺加减水剂能同时提高混凝土的抗压强度和抗拉强度，但是提高的幅度有所不同，即掺减水剂前后混凝土的拉压比不同。掺加普通减水剂（如木钙减水剂），由于对混凝土强度提高的幅度不大，所以混凝土拉压比变化不大。掺加高效和高性能减水剂的混凝土，其拉压比普遍变化较大，所以在进行结构设计时应注意。

③ 对弹性模量的影响。

在保持水泥用量和坍落度相同的情况下，掺加减水剂由于可以提高混凝土的强度，因而会增大弹性模量。在保持强度和坍落度相同的情况下，掺加减水剂后可以减少水泥用量和用水量，相应地增加混凝土的单位骨料用量，也会增大混凝土的弹性模量。其原因是，混凝土的弹性模量由骨料和浆体的弹性模量、体积百分率及骨料-浆体界面性质所决定，对于普通强度混凝土，骨料的弹性模量远大于浆体的弹性模量，所以在其他情况基本相同的情况下，增大混凝土集灰比可以提高其弹性模量。

④ 对极限拉伸应变及泊桑比的影响。

混凝土的极限拉伸应变大小对预防开裂有重要意义。根据研究，在聚羧酸减水剂掺量为 0.15%～0.25%、同水灰比、同坍落度、降低水泥用量 10% 的情况下，混凝土的极限拉伸应变为 $(0.55\sim0.60)\times10^{-4}$，比不掺减水剂者略大。混凝土的泊桑比是指混凝土试件在受压或受拉时，试件的纵向变形与横向变形的比值的绝对值。

混凝土的泊桑比为 1/6～1/5。混凝土的泊桑比与应力大小有关，当混凝土棱柱体试件所受压应力小于其极限棱柱体抗压强度的 50%～60% 时，应力与应变基本上呈线性关系。表 1-3-4 为掺加高效减水剂萘系减水剂和密胺系减水剂的高强混凝土在 $0.4R_a$ 时的泊桑比。

表 1-3-4　掺加高效减水剂的高强混凝土的泊桑比

混凝土配合比 $C:S:G$	减水剂	W/C	坍落度 (cm)	养护龄期 (d)	抗压强度 R_a (MPa)	泊桑比 $0.4R_a$
1:1.45:2.18 （石灰石碎石）	β-萘磺酸甲醛缩合物减水剂	0.33	15	28	63.9	0.22
				360	77.3	0.21
1:0.972:2.27 （花岗岩碎石）	密胺系减水剂	0.23	10	28	103.8	0.23

注：$C:S:G$ 即水泥、砂子、碎石的质量比。

⑤ 对干缩和徐变的影响。

掺加减水剂对混凝土干缩的影响可以分为三种情况。

第一，在混凝土配合比和用水量不变的情况下，掺加减水剂用于改善混凝土的和易性。

第二，在坍落度不变的情况下，减少用水量，适当增加骨料，达到提高混凝土强度的目的。

第三，减少用水量，在 W/C 和强度不变的情况下，增加骨料用量，起到节约水泥用量的作用。

就以上三种情况，有学者曾针对木钙减水剂的影响进行了试验研究，其结果是：对于第一种情况，掺加减水剂混凝土的干缩率比不掺者略大；对于第二种和第三种情况，掺者与不掺者的干缩率基本相同。因此可以认为，掺加减水剂用于降低水灰比提高强度或节约水泥时，掺加减水剂混凝土的干缩率与不掺者接近或略小于不掺者。而当掺加减水剂的目的在于改善混凝土的和易性时，掺加减水剂混凝土的干缩率略大于不掺者。

也有报道认为，掺加高效减水剂混凝土的干缩率略小于不掺者或差别不大。掺聚羧酸高性能减水剂的混凝土的干缩值通常小于不掺者。随着混凝土养护龄期的延长，混凝土的强度增加明显，抵抗变形的能力增强。另外，羧酸类接枝物，特别是聚醚链段的引入，改善了混凝土中孔溶液的表面张力，有效地抑制和减小了混凝土的化学收缩。

混凝土的徐变受水泥品种、W/C、集灰比、试件尺寸、应力状态以及环境条件等因素的影响。根据国内外大量的试验结果，可以认为：

第一，当掺加减水剂的目的是改善混凝土的流动性时，掺加减水剂混凝土的徐变与不掺者相当或略大于不掺者。

第二，当掺加减水剂的目的在于节约水泥用量时，掺加减水剂混凝土的徐变与不掺者相当或略有减小。

第三，当掺加减水剂的目的在于减小 W/C，从而提高混凝土强度时，掺加减水剂混凝土的徐变比不掺者明显减小。

⑥ 对混凝土抗渗性的影响。

混凝土的渗透性主要是由混凝土的孔结构所决定的。普通混凝土由于内部孔隙率大，连通孔隙多，骨料-浆体界面结构薄弱，所以抗渗性较差。然而，掺加减水剂后，在保持相同流动性的情况下，可以减少拌合水量，相当于降低了混凝土中水泥水化所剩余的可蒸发水量，这样混凝土内部产生的毛细孔隙较少，孔径较小。另外，混凝土中掺加减水剂有助于降低泌水率，减少泌水通道。再者，有些减水剂还具有一定引气性，这类减水剂掺入混凝土中，可使混凝土内部引入一定量细小的气泡，使连通孔隙减少。因此，掺加减水剂可以大大改善混凝土的抗渗性。表 1-3-5 为几家单位的试验结果。

表 1-3-5　掺加减水剂对混凝土抗渗性的影响

混凝土配合比 $C:S:G$	减水剂品种及掺量（%）	W/C	坍落度（cm）	抗渗等级
1:1.92:4.08	木钙 0.25	0.61	2.0	P4
1:1.93:4.10		0.48	2.0	P6
1:1.48:3.40	萘系减水剂 0.5	0.50	9.0	P4
1:1.48:3.40		0.408	12.0	P8
1:1.68:3.70	萘系减水剂改性产物 0.5	0.564	2.0	P5
1:1.71:3.88		0.507	3.5	P6

⑦ 对抗冻融性的影响。

众所周知，为改善混凝土的抗冻融性，最有效的措施是在混凝土内部引入一定量微小的独立存在的气泡。小气泡的存在有助于缓解冰胀压力和过冷水迁移产生的渗透压。在其他条件基本相同的情况下，混凝土的抗冻融性在很大程度上受其水灰比和含气量两个重要因素制约。通过试验发现，混凝土的水灰比越小，其抗冻融性越好。因此，在混凝土中掺加减水剂，降低水灰比有助于改善其抗冻融性。掺加具有一定引气性的减水剂（如木质素磺酸盐减水剂、引气型萘系高效减水剂和引气型聚羧酸减水剂）将产生不同程度的减水和引气作用，对改善混凝土的抗冻融性具有更加显著的作用。

表 1-3-6 为掺加引气型聚羧酸减水剂对混凝土抗冻融性的改善效果。可见，掺加引气减水剂混凝土的抗冻融性均高于不掺者，其中降低水灰比的高于不减水者；同水灰比条件下，坍落度小的高于坍落度大的。

表 1-3-6　掺加引气型聚羧酸减水剂对混凝土抗冻融性的改善效果

水泥品种	试验设计	水泥用量（kg/m³）	减水剂（%）	W/C	坍落度（cm）	冻融 100 次后强度损失率（%）
矿渣水泥	基准混凝土	320	0	0.56	5.7	37.8
	降低水灰比	320	0.25	0.51	6.0	3.5
	同水灰比，节省部分水泥	288	0.25	0.56	2.7	11.8
	同水灰比，增大坍落度	320	0.25	0.56	18.0	21.8

表 1-3-7 为掺加几种减水剂对混凝土抗冻融性改善效果的比较。可见，掺加萘系高效减水剂改善混凝土抗冻融性的效果优于掺加亚甲基二萘磺酸钠减水剂或木钙减水剂。

表 1-3-7　减水剂对混凝土抗冻融性的改善效果

水泥品种	减水剂品种及掺量（%）	W/C	坍落度（cm）	冻融试验							
				25 次		50 次		100 次		200 次	
				W（%）	R（%）	W（%）	R（%）	W（%）	R（%）	W（%）	R（%）
普通水泥		0.50	3.9	0	17	0	40	7.0	72	—	—
	木钙 0.25	0.45	2.2	—	—	—	—	0	18	4.6	59
	萘系减水剂 0.50	0.43	2.9	—	—	—	—	0.1	8	0.3	8
	亚甲基二萘磺酸钠 1.00	0.44	4.9	—	—	—	—	0.8	22	2.4	30

注：1. 同配合比，水泥用量为 395kg/m³。

　　2. W 为质量损失百分率，R 为强度损失率。

　　3. 亚甲基二萘磺酸钠减水剂，由萘磺化后与丁醇缩合，再经中和而制成。

必须加以说明的是，像混凝土这种多孔多相聚集体，其内部包含各种不同尺寸的孔缝，孔中水的性质随孔径的不同而有很大的差别，因此，孔中水的冰点是不同的。另外，气孔之间的距离将决定过冷水的迁移速度，影响其缓解冰胀压力的效果，对抗冻融性的影响非常大。所以对于混凝土，即使引入相同数量的气泡，但由于产生的孔结构（包括孔径大小、孔径大小分布、孔的连通情况、孔间距等）不同，所产生的改善混凝土抗冻融性的效果也有较大差异。所以越来越多的学者关注气泡间距系数这一指标，并开发了专门的仪器来进行检测。

一般来讲，在混凝土内部引入 2％以上的含气量就可以起到改善抗冻融性的作用。但引气量不宜超过 6％，否则，不但会使混凝土强度严重下降，也会使耐久性呈下降的趋势。

⑧ 对碳化和抗钢筋锈蚀性的影响。

混凝土的碳化（中性化）与钢筋混凝土结构的耐久性密切相关。硬化混凝土结构从表面开始碳化，即在空气中二氧化碳气体和水蒸气的作用下，水泥石中的 $Ca(OH)_2$ 转变为 $CaCO_3$，从而由碱性变为中性。混凝土的碳化由表及里循序渐进。未受碳化影响的混凝土内部孔溶液的 pH 值在 12.5 以上，钢筋在这种高碱环境中，表面形成一层致密的氧化保护膜，不会发生锈蚀。但是如果混凝土某个部分被碳化，则此处水泥石孔溶液的 pH 值将下降到 11.5 以下。混凝土碳化后，其承载力并不会马上降低，但是如果碳化深入钢筋部位，则由于此处 pH 值降低。在有氯离子、氟离子等存在的情况下，钢筋表面的钝化膜会被破坏，钢筋就会锈蚀。

在混凝土内部，钢筋的锈蚀主要表现为电化学反应。由于铁锈的体积比原来的钢筋增大 2～2.5 倍，其膨胀压力会导致混凝土保护层开裂，反过来大大促进了钢筋的锈蚀速度和冻融破坏。另外，钢筋发生锈蚀，相当于实际承载力的钢筋的有效截面面积减小，削弱了钢筋混凝土结构的承载能力。

掺加减水剂，能够减小混凝土水灰比，细化孔径，提升混凝土的抗渗透性，对减小碳化速度是有利的，因而能够提高混凝土的抗钢筋锈蚀性。值得注意的是，某些减水剂中含有一定量的氯离子。氯离子的存在将会加剧钢筋表面钝化膜的破坏，加速钢筋锈蚀。因此，在钢筋混凝土或预应力钢筋混凝土中对氯离子的含量都进行了严格限制，所以对于减水剂也应该加强氯离子的检测和限制。

3. 减水剂的适应性

目前，商品混凝土和构件混凝土使用的减水剂大多是多种组分的复合产物，其成分以减水剂为主，再根据混凝土性能指标或施工要求掺入少量的缓凝、早强、引气、保坍等组分。比如，用聚羧酸减水剂与葡萄糖酸钠复配得到缓凝型减水剂、与元明粉和三乙醇胺复配得到早强型减水剂，与脂肪醇聚氧乙烯醚硫酸钠（AES）复配得到引气减水剂。但在复配时需要重点关注多种组分之间的相容性问题，以及多组分对水泥混凝土的协同作用。一个具体的外加剂配比往往需要通过大量的试验验证才能得到最佳的原料用量。

减水剂与水泥的适应性问题已经受到越来越多的关注。以常用的聚羧酸减水剂为例，由于它在低掺量、高减水和保坍能力等方面的突出优势，已然成为目前混凝土改性应用中不可缺少的外加剂之一。但它与水泥的适应性差这一缺点日益突出。具体表现为混凝土流动性差、坍落度达不到设计要求、假凝、速凝、严重泌水及抓底等，对混凝土的施工性能、力学性能和耐久性产生了不利影响。

水泥中 C_3A 含量的多少对聚羧酸减水剂的分散性影响极大，其含量越高，同等掺量下减水剂表现出来的减水作用越弱，究其原因是 C_3A 对聚羧酸分子有强烈的吸附作用。水泥细度越小，总比表面积越大，C_3A 水化反应速率会越快，早期对减水剂的吸附作用就越强，减弱了减水剂分子在其他颗粒表面的吸附分散作用。

水泥中碱含量以 $Na_2O+0.658K_2O$ 来表征，过量的碱会引发碱-骨料反应，同时也对聚羧酸减水剂和水泥适应性不利。大量试验研究发现，只有将碱含量控制在 0.4%～0.8%范围内时，其含量对聚羧酸减水剂与水泥适应性的影响程度最低。因此，在水泥生产时应严格把控碱含量，降低对聚羧酸减水剂与水泥适应性的危害。

石膏的种类、晶型和掺量也对聚羧酸减水剂与水泥适应性影响较大。特别是目前许多水泥厂都采用工业副产石膏替代天然石膏生产水泥，这为减水剂与水泥的适应性带来了较大的问题。比如用脱硫石膏生产水泥时，当烟气脱硫石膏脱硫不充分时，石膏中存在较多亚硫酸钙，与普通石膏相比，对聚羧酸减水剂分子的吸附能力增强，吸附到水泥颗粒表面的减水剂分子相对减少，导致聚羧酸减水剂与水泥的适应性变差。使用磷石膏生产水泥时，磷石膏中的杂质会强烈吸附减水剂分子，也会降低聚羧酸减水剂与水泥的适应性。

含泥量对减水剂性能的影响极大，根据国家标准《建设用砂》（GB/T 14684）的规定，砂子中含泥量最多不超过 5%，《建设用卵石、碎石》（GB/T 14685）规定卵石中含泥量不能超过 1.5%。研究表明，混凝土体系中含泥量大于 3%时，聚羧酸减水剂对混凝土的塑化作用明显减弱，超过 10%时，对水泥基本失去分散效果。并且泥的种类不同，对聚羧酸减水剂分散效果的影响也不同，以蒙脱石、膨润土为主的泥对减水剂的吸附量最多，此时减水剂所表现出的分散作用较弱。因此，在混凝土生产过程中需要严格把控质量关，将砂石的含泥量和泥块含量控制在标准范围以内。

在淘洗砂石过程中，为了加快污水沉淀，重复利用水资源，会加入聚丙烯酰胺、聚合氯化铝等絮凝剂。在用回收的清水淘洗砂石骨料时，易将絮凝剂引入混凝土中。絮凝剂与减水剂作用相反，因此在有絮凝剂存在时，减水剂的掺量会成倍数地增加。在絮凝剂含量较高时，混凝土还会出现快凝现象。这种情况下，掺入少量高电荷的无机盐电解质可以加以缓解。

随着机制砂的广泛应用，石粉含量对减水剂的影响越来越突出。当砂石中石粉含量偏高时，会大大增加骨料的比表面积，会吸附更多的水分和减水剂，造成减水剂分散作用减弱。但石粉也有有利的一面，对于中低强度机制砂混凝土，由于胶凝材料用量偏少，石粉的存在可以弥补粉料的不足，改善混凝土保水性，混凝土的泌水率随石粉含量的增加而降低。有研究表明：当石粉含量在 7%～10%时，C30 混凝土的工作性能最佳；当石粉含量在 5%～7%时，C40 混凝土的工作性能最佳。

水泥和粉煤灰、矿渣等混合材料对减水剂的吸附作用有差异。材质相同的材料，吸附强度也因比表面积大小不一而存在不同，一般细度越小，吸附量越大。相同细度下，不同的材料对减水剂的吸附力从大到小为：煤矸石＞粉煤灰＞矿渣。所以减水剂与掺有煤矸石的水泥或混凝土往往表现出较差的适应性。

4. 减水剂的工程应用案例

港珠澳大桥（图 1-3-16）横越珠江口伶仃洋海域，是我国继三峡工程、青藏铁路、京沪高铁后又一项超级工程，是集桥、岛、隧于一体的世界最长的跨海大桥。在整个大桥项目中岛隧工程是控制性节点部分，连接大桥东西人工岛的沉管隧道是我国首条于外海建设的超大型海底隧道，设计使用寿命为120年。在建造过程中，技术人员针对减水剂与大掺量矿物掺合料之间的适应性问题，通过减水剂分子结构设计，提升减水剂在非水泥粉体颗粒表面的吸附能力、优化吸附进程、调控平稳保坍、降低浆体黏度、增强混凝土拌合物的稳定性。应用结果表明，产品减水率高、坍落度损失小、对矿物掺合料的分散速率快、对砂石骨料含泥量的适应性强，很好地解决了大掺量矿物掺合料混凝土初始流动性差、黏度高、搅拌生产时间长等问题。

图 1-3-16　港珠澳大桥

📋 任务实施

　　学生完成相关知识的学习，独立完成领取的应用减水剂的任务。查阅文献资料了解混凝土的性能和必要性能指标。根据所学的各类减水剂的特点，以及减水剂的使用和复配方法，正确选择减水剂，制定减水剂的使用方案和混凝土性能的检测方案。具体实施步骤如下。

> 具体实施步骤
> 1. 领取任务：＿＿＿＿＿＿＿＿＿＿＿＿＿＿＿＿＿＿＿＿＿＿＿＿＿＿＿＿。
> 2. 选择减水剂种类并注明物理状态、减水率大小、引气性等性能特点。
> 　　木质素磺酸盐减水剂：＿＿＿＿＿＿＿＿＿＿＿＿＿＿＿＿＿＿＿＿＿。
> 　　密胺系减水剂：＿＿＿＿＿＿＿＿＿＿＿＿＿＿＿＿＿＿＿＿＿＿＿＿。
> 　　萘系减水剂：＿＿＿＿＿＿＿＿＿＿＿＿＿＿＿＿＿＿＿＿＿＿＿＿＿。
> 　　聚羧酸减水剂：＿＿＿＿＿＿＿＿＿＿＿＿＿＿＿＿＿＿＿＿＿＿＿＿。
> 　　其他减水剂：＿＿＿＿＿＿＿＿＿＿＿＿＿＿＿＿＿＿＿＿＿＿＿＿＿。
> 3. 制定使用方案。
> 　　（1）确定用量：＿＿＿＿＿＿＿＿＿＿＿＿＿＿＿＿＿＿＿＿＿＿＿。

（2）确定复配组分：＿＿＿＿＿＿＿＿＿＿＿＿＿＿＿＿＿＿＿＿＿＿＿＿。

（3）选择掺加方式并说明原因：＿＿＿＿＿＿＿＿＿＿＿＿＿＿＿＿＿＿。

先掺法：＿＿＿＿＿＿＿＿＿＿＿＿＿＿＿＿＿＿＿＿＿＿＿＿＿＿。

同掺法：＿＿＿＿＿＿＿＿＿＿＿＿＿＿＿＿＿＿＿＿＿＿＿＿＿＿。

后掺法：＿＿＿＿＿＿＿＿＿＿＿＿＿＿＿＿＿＿＿＿＿＿＿＿＿＿。

4. 混凝土性能的检测方案。

（1）需要检测的性能：＿＿＿＿＿＿＿＿＿＿＿＿＿＿＿＿＿＿＿＿＿＿。

（2）参照的标准：＿＿＿＿＿＿＿＿＿＿＿＿＿＿＿＿＿＿＿＿＿＿＿＿。

（3）检测步骤：①＿＿＿＿＿＿＿＿＿＿＿＿＿＿＿＿＿＿＿＿＿＿＿。

②＿＿＿＿＿＿＿＿＿＿＿＿＿＿＿＿＿＿＿＿＿＿＿＿＿＿＿＿＿＿＿。

③＿＿＿＿＿＿＿＿＿＿＿＿＿＿＿＿＿＿＿＿＿＿＿＿＿＿＿＿＿＿＿。

5. 实施总结。

☑ 结果评价

教师根据学生在完成任务过程中的表现对自主学习能力、减水剂应用相关知识的掌握情况、标准意识与质量意识和文本撰写能力给予客观评价，参考评价标准见表1-3-8。

表 1-3-8　参考评价标准

一级指标	分值	二级指标	分值	得分
自主学习能力	15	明确学习任务和计划	5	
		自主查阅资料，了解减水剂和砂石的相关标准	5	
		自主查阅减水剂的最新研究成果	5	
减水剂应用相关知识的掌握情况	60	能正确选择减水剂和使用方法，并阐述原因	10	
		能阐述减水剂对混凝土性能的影响	15	
		使用方案制定合理	15	
		能对掺减水剂混凝土的性能进行检测	10	
		会分析减水剂与水泥的适应性问题，并提出解决方案	10	
标准意识与质量意识	10	掌握《建设用砂》（GB/T 14684）中对砂子含泥量的规定	5	
		掌握《建设用卵石、碎石》（GB/T 14685）中对卵石和碎石中含泥量、泥粉含量的规定	5	

续表

一级指标	分值	二级指标	分值	得分
文本撰写能力	15	实施过程文案撰写规范，无明显错误	15	
总分		100		

知识巩固

1. 下列混凝土产品均需要使用减水剂，请填写正确的减水剂掺加方法。

A. 超高性能混凝土预混料_____。　　B. 普通商品混凝土_____。

C. 长距离运输的商品混凝土_____。

2. 根据减水剂的作用机理，减水剂会减小混凝土的黏度，从而降低流动性。（　　）

3. 液体的萘系减水剂在气温较低时，容易生成 Na_2SO_4 结晶体，造成输送管路堵塞。（　　）

4. 引气减水剂可以改善混凝土的泌水现象，提高抗冻性。（　　）

5. 生产混凝土时，掺入减水剂可以适当减少用水量，使混凝土结构更密实，所以可以提高混凝土的抗压强度和耐久性。（　　）

6. 生产某 C60 高强度泵送混凝土，其原材料和配合比的基本情况是：采用细度模数为 2.3～2.4 的机制砂，泥粉含量为 3.0％；碎石级配较差，因此配合比选择了较高的砂率 48％；选择萘系高效减水剂，掺量为 0.6％。试拌试验发现，混凝土的流动性达不到要求。请结合所学知识分析，其流动性差的原因有哪些，可以采取哪些措施加以调整。

拓展学习

超高性能混凝土

超高性能混凝土（Ultra-High Performance Concrete，UHPC），是由水、矿物掺合料、骨料、纤维、外加剂和水制成的，并且具有超高韧性、超高力学性能、超长耐久性的水泥基复合材料。UHPC 是根据紧密堆积理论设计出来的材料，被誉为过去 30 年来最具创新性的水泥基工程材料。实际上早在 1931 年，Andressen 就建立了最大堆积密度理论的数学模型。然而，直到 20 世纪 70 年代末，在高效减水剂技术的发展基础上，采用该模型设计配制的第一代 UHPC——密实增强复合材料（Compact Reinforced Composite，CPC），才在丹麦被研发出来，Hans Henrik Bache 是 UHPC 的发明人和工程应用奠基者，他提出的最大密实度理论（DSP）及试验的成功，是 UHPC 技术的开端。进入 21 世纪，随着设计理论的完善、高性能减水剂的问世和配制技术的进步，这种材料已经具备了普通混凝土的施工性能，甚至可以实现自密实、常温养护，具备了广泛应用的条件。由于 UHPC 超高的力学性能和耐久性，甚至在某些场合可以取代钢材使用，这种材料的应用领域已扩展到大型桥梁、高层建筑、地下综合管廊等。比如，"十四五"上海轨道交通建设崇明线崇启大桥的改建工程，5号线南延伸的闵浦二桥桥面均采用了UHPC材料。用该材料代替原来的沥青混合料作为铺装层下层，可以提高沥青铺装基层的刚度和黏结性，有效地解决了钢桥面层的疲劳开裂问题。在UHPC的配制过程中，较低的水胶比和优良的流动性是必然要求，要同时实现这两个性能离不开高效减水剂的应用。所以，可以说是减水剂的进步才促进了UHPC的出现和发展。图1-3-17为余杭文化艺术中心UHPC幕墙。图1-3-18为UHPC人行天桥。

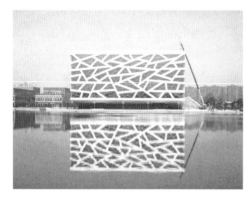

图 1-3-17　余杭文化艺术中心 UHPC 幕墙

图 1-3-18　UHPC 人行天桥

项目 2　认识与应用缓凝剂

项目概述

　　在混凝土输送和施工过程中，若新拌混凝土凝结过快，会给施工带来困难。特别是在超高、超远距离运输等特殊情况下，必然要求延长混凝土的凝结时间，并且具有良好的保坍性，以保证运输和施工。在大体积混凝土中，为了延缓水化放热，也需要延长混凝土的凝结时间。综合现有技术手段，要达到延长混凝土凝结时间的目的，最简单有效的方法就是使用缓凝剂。本项目分为认识缓凝剂和应用缓凝剂两个任务。本项目介绍了工程中常用的缓凝剂种类、性能特点、作用机理和应用要求等内容。在完成学习任务的过程中，要掌握缓凝剂的常见种类和特性，能够根据使用场景正确地选择缓凝剂，同时培养标准意识和质量意识。

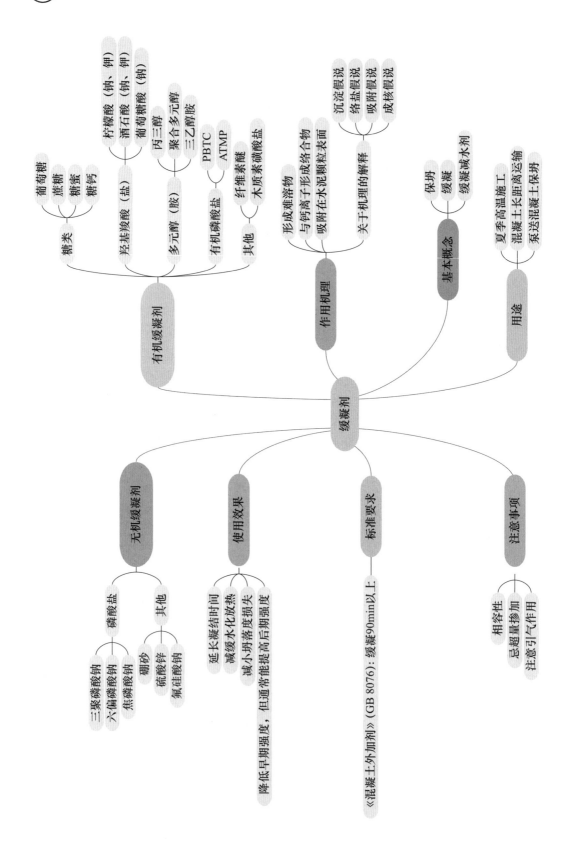

 认识缓凝剂

学习目标

- ❖ 能阐述缓凝剂的基本作用
- ❖ 能列举缓凝剂的常见种类
- ❖ 能阐述缓凝剂的作用原理
- ❖ 能列举缓凝减水剂的种类

任务描述

缓凝剂是一种常用的混凝土外加剂，学生在完成任务的过程中需要认识到缓凝剂的重要性。重点掌握无机和有机缓凝剂的种类，认识缓凝剂的使用效果，了解缓凝剂的作用原理和缓凝减水剂的制备方法、作用效果等内容。

知识准备

1. 缓凝剂的定义与分类

缓凝剂是一种能延长混凝土的凝结时间，降低水泥水化速度，但对其他性能无明显影响的外加剂。根据《混凝土外加剂》（GB 8076）的规定，缓凝剂能够延长混凝土的初凝时间 90min 以上。

缓凝剂种类较多，按化学成分可分为无机缓凝剂和有机缓凝剂两大类。其中无机缓凝剂包括磷酸盐、锌盐、硼砂、氟硅酸盐等。与有机缓凝剂相比，无机缓凝剂掺量相对较大，一般为混凝土胶凝材料的千分之几。有机缓凝剂包括木质素磺酸盐、羟基羧酸及其盐、多元醇及其衍生物、糖类等。有机缓凝剂的主要特点是使用量很小，一般为水泥胶凝材料的几万分之几，另一个特点是使用不当会造成混凝土或水泥砂浆最终强度降低。常见的缓凝剂见表 2-1-1。

表 2-1-1　常见的缓凝剂

分类	种类	物质
无机缓凝剂	磷酸盐	三聚磷酸钠、六偏磷酸钠、焦磷酸钠
	其他	硼砂、硫酸锌、氟硅酸钠
有机缓凝剂	羟基羧酸（盐）	柠檬酸（钠、钾）、酒石酸（钠、钾）、葡萄糖酸（钠）
	多元醇（胺）	丙三醇、聚合多元醇、三乙醇胺
	糖类	葡萄糖、蔗糖、糖蜜、糖钙等
	有机磷酸（盐）	2-膦酸丁烷-1，2，4-三羧酸（PBTC）、氨基三甲叉膦酸（ATMP）及其盐类
	其他	纤维素醚、木质素磺酸盐

（1）磷酸盐

磷酸盐是近年来研究较多的无机缓凝剂，但磷酸（H_3PO_4）并无明显的缓凝作用，某些磷酸盐则有较强的缓凝效果。常用的有焦磷酸钠、三聚磷酸钠、六偏磷酸钠、磷酸二氢钠等。通常情况下，掺入磷酸盐会使水泥水化的诱导期延长，并且使 C_3S 的水化速度大大减缓。有研究者发现磷酸盐的缓凝机理主要是磷酸盐与 $Ca(OH)_2$ 反应，在熟料相表面形成了"不溶性"的磷酸钙，从而阻碍了正常水化的进行。虽然焦磷酸钠的缓凝作用较强，但出于性价比的综合考虑，在混凝土中使用较多的为三聚磷酸钠和六偏磷酸钠，其掺量在 0.1% 左右，实际应用时需根据工程要求及施工温度确定适合掺量。

（2）羟基羧酸（盐）

羟基羧酸（盐）中，羧基或 β 位上的氢原子被羟基取代就会产生明显的缓凝作用。其原理主要是它们分子中的—COOM、—OH、—NH_2 等基团容易与水泥浆中的游离 Ca^{2+} 生成不稳定的络合物，这些络合物在水泥水化初期对水化过程有抑制作用，但随着时间进程又会自行分解而不影响水化。

羟基羧酸（盐）是目前最常用的缓凝剂，与微量促凝剂复合可起到调凝和抑制坍落度损失的作用。在羟基羧酸（盐）中，通常认为葡萄糖酸钠效果最好，它水溶性较好，与其他外加剂具有较好的相容性，且缓凝作用显著，是商品混凝土中应用最多的一种缓凝剂。柠檬酸、酒石酸以及它们的盐类也是常用的缓凝剂。柠檬酸在混凝土中掺量一般为胶材质量的 0.01%～0.1%，加入柠檬酸还能改善混凝土的抗冻性能。酒石酸用量一般不超过水泥用量的 0.01%～0.06%，在此掺量范围内除了具有缓凝作用，还会延缓混凝土 7d 以内强度发展，但能促进后期强度的提高。羟基羧酸（盐）一般在高温环境下缓凝效果降低，主要原因是对水泥中 C_3S 的水化抑制作用随温度的升高而下降。

有研究结果表明，含羧基物质对水泥的促凝和缓凝作用由它的化学离解常数（P_k 值）决定。$P_k<5$ 的羧酸有早强和促凝作用，如甲酸、乙醇酸、醋酸、丙酸和它们的盐。$P_k>5$ 的羧酸有较强的缓凝作用，比如酒石酸、苹果酸、柠檬酸等。几种常见羧酸的 P_k 值如表 2-1-2 所示。

表 2-1-2　几种常见羧酸的 P_k 值

缓凝作用	名称	分子式	P_k
早强	甲酸	HCOOH	3.75
	乙醇酸	$CH_2(OH)COOH$	3.82
	醋酸	CH_3COOH	4.76
	丙酸	C_2H_5COOH	4.87
缓凝	酒石酸	$(CHOHCOOH)_2$	7.41
	苹果酸	$HO_2C \cdot CH_2CH(OH) \cdot COOH$	8.45
	柠檬酸	$HO_2C \cdot CH_2C(OH) \cdot CO_2H \cdot CH_2 \cdot COOH$	14.39

（3）木质素磺酸盐

由于木质素原料丰富，价格低廉，并有较好的调凝效果，因此，目前国内应用比较普遍。按照其带阳离子的不同，木质素系缓凝剂可分为木质素磺酸钙（木钙）、木质素磺酸钠（木钠）、木质素磺酸镁（木镁）等，其性能比较见表2-1-3。目前国内使用较为广泛的是木质素磺酸钙缓凝剂，简称M剂。

表 2-1-3　木质素磺酸盐的性能比较

项目		木钙	木钠	木镁
pH 值		$4.0 \sim 6.0$	$9.0 \sim 9.5$	$7.0 \sim 8.5$
外观		深黄或黄绿色粉	棕色粉	棕色粉
减水率（%）		$5.0 \sim 8.0$	$8.0 \sim 10.0$	$5.0 \sim 8.0$
引气率（%）		≈ 3.0	≈ 2.5	≈ 2.5
抗压强度比（%）	3d	$90 \sim 100$	$95 \sim 105$	≈ 100
	28d	$100 \sim 110$	$100 \sim 120$	≈ 100
凝结时间差（min）	初凝	$+270$	$+30$	$+0$
	终凝	$+275$	$+60$	$+30$

木钙起缓凝作用的原因如下：一方面是由于木钙吸附于水泥颗粒表面，形成一层溶剂化的保护膜，抑制水分进一步渗入水泥颗粒内部，使得水泥的早期水化速度减慢，从而相应延缓了水泥浆的凝结时间；另一方面是由于木钙中含有一定数量的糖类及其他还原物，如脂、糖醛、有机酸等，这类物质是多羟基碳水化合物，亲水性强，被水泥颗粒吸附后，其表面的溶剂化水层增厚，ξ电位增高，水泥颗粒间的分散作用力加强，凝聚作用力减弱，促使水泥水化诱导期延长，从而产生缓凝现象。

木钙对于大多数水泥，都是一种有效的缓凝剂，其主要效果如下：掺入木钙，由于缓凝作用，水化热的释放速度明显减慢，放热峰值也明显降低。水泥浆中掺入0.25%的木钙后，水泥浆的凝结时间将延缓$1 \sim 3h$。此外，在保持新拌混凝土和易性不变的情况下，掺加木钙可使28d龄期的混凝土抗压强度提高10%～20%，在保持混凝土抗压强度不变的情况下，可节省部分水泥用量。

（4）糖类

糖类缓凝剂属于天然化合物，其因价廉、原料丰富、效果显著的优点而被广泛采用。通常情况下，糖类化合物掺量为0.1%～0.3%时能起到缓凝作用，掺量过大（如蔗糖掺量达到4%）则反而会起到促凝作用。此外，糖类化合物的缓凝作用与水泥的矿物组成有关。对一部分水泥，它可能是优良的缓凝剂，对另一部分水泥则可能是速凝剂。例如，糖类能引起某些白水泥（SO_3含量低）的快凝，也能引起某些高碱普通水泥的速凝。这可能是由于掺加糖类外加剂后，加速了SO_3的消耗，液相中SO_3含量减少不足以控制C_3A的水化。

单糖和多糖均能与水泥中的$Ca(OH)_2$生成不稳定络合物，抑制C_3S水化，暂时延缓水泥水化的进程。单糖是短链表面活性剂中的天然产物，而多糖属于长链表面活性剂中的天然产物。其中研究和应用比较多的是含 5~8 个碳原子的单糖，包括麦芽糖、蔗糖、葡萄糖、阿拉伯糖、木糖、山梨糖、庚糖（七碳糖）等。单糖类物质对抑制混凝土坍落度损失都有较明显的效果，不同单糖的用量和使用范围亦不相同；而且即使同是蔗糖，形态不同（如砂糖、冰糖、红糖），用量也不一样。多糖类中用作混凝土和水泥缓凝剂的是淀粉类的糊精以及改性淀粉（淀粉醚）。多糖类的糊精对抑制 C_3A 水化更明显，但由于黏性较大、掺量大，因此会引起拌合物坍落度损失的增大。

由于表面活性作用，糖类分子中具有强烈极性的羟基、羧基、羰基会在水泥颗粒表面与 Ca^{2+}（通过络合作用）和水泥颗粒表面的 O^{2-}（通过氢键作用）形成一层起抑制水泥水化作用的缓凝剂膜层，从而延缓水泥的水化过程。

（5）其他缓凝剂

除以上几类主要的缓凝剂外，还有其他一些较为常用的缓凝剂，如硼酸（硼酸盐）、锌盐、有机胺类及其衍生物、纤维素类等。

① 硼酸（硼酸盐）。

硼酸是白色细粉状或鳞片状晶体，密度 $1.435g/cm^3$，溶于水和醇，呈弱酸性，pH 值通常在 $3.6~5.3$，加热到 70~100℃会脱水生成偏硼酸。在缓凝剂开发研究初期，硼酸常被应用于混凝土工程，但由于效果不稳定，现在已经很少使用。

焦硼酸钠（$Na_2B_4O_7 \cdot 10H_2O$）也称硼砂，学名十水四硼酸钠，是无色半透明结晶体或粉末，有咸味，易溶于水和甘油，其溶液呈弱碱性。硼砂是一种强缓凝剂，不仅用于硅酸盐水泥，也可用于铝酸盐水泥、硫铝酸盐水泥。

硼砂是硼最重要的化合物。硼在国外常被列为稀有元素，然而在我国却有丰富的硼砂矿，因此，硼在我国不是稀有元素，而是丰产元素。在工业上硼砂也作为固体润滑剂用于金属拉丝等方面。在电冰箱、电冰柜、空调等制冷设备的焊接维修中常作为助焊剂用以净化金属表面，清除金属表面上的氧化物。硼砂毒性较高，世界各国多禁用为食品添加物。人体若摄入过多的硼，会引发多脏器的蓄积性中毒。

② 锌盐。

在无机盐类缓凝剂中，许多锌盐都是缓凝剂，如氯化锌、碳酸锌、硫酸锌、硝酸锌等。在大多数情形下，锌盐呈弱酸性。锌盐作为缓凝剂时由于作用不够持久，因而很少单独使用，而是与有机类缓凝剂复合后用于调节混凝土的坍落度保持率和水泥凝结时间。锌盐有降低素混凝土泌水率的作用，而且不影响早期强度的增长。

③ 有机胺类及其衍生物。

有机胺用作缓凝剂的主要是链状脂肪族胺。有机胺中的憎水基团是烷基，亲水基团则为胺基—NH_2、—NH—，其在水泥颗粒表面吸附成膜而阻止水泥水化，某些有机胺衍生物还会形成多层吸附或表面螯合而产生缓凝作用。十六胺、α-十八胺、三乙醇胺、二乙醇胺、对胺基磺酸钠等都是较好的缓凝剂。其中三乙醇胺与水泥接触后的 24h 内都有明显缓凝作用，尤其是和木钙复合使用更能显著延长水泥凝结时间。三乙醇胺与氯盐或硫酸钠复合，早强效果明显。

④ 纤维素醚类。

纤维素醚类缓凝剂如甲基纤维素醚、羧甲基纤维素醚，有一定缓凝作用。虽然具有缓凝作用，但它们主要用于增稠和保水，掺量通常在 0.1% 以下。

2. 缓凝剂的作用机理

缓凝剂中的组分不同，对混凝土的缓凝机理也不同。缓凝剂对水泥的缓凝机理包括沉淀假说、络盐假说、吸附假说、成核假说等。

（1）沉淀假说

这种假说认为，有机或无机物在水泥颗粒表面形成一层不溶性物质薄层，阻碍水泥颗粒与水的进一步接触，因而水泥的水化反应进程被延缓。这些物质首先抑制铝酸盐矿物的水化，且随后对硅酸盐矿物的水化也有一定的抑制作用，使得浆体中水化硅酸钙（C-S-H）凝胶、钙矾石（AFt）晶体的形成过程变慢，从而导致浆体凝结硬化推迟。如磷酸盐可在 C_3S 表面生成不溶性钙盐的膜层，产生缓凝效果。

（2）络盐假说

无机盐类缓凝剂分子与溶液中的 Ca^{2+} 易形成络合盐，因而会抑制 $Ca(OH)_2$ 的结晶析出，影响水泥浆体的正常凝结。对于羟基羧酸（盐）类的缓凝作用，也可用络合物理论来解释其对水泥的缓凝作用。

羟基羧（酸）盐是络合物形成剂，它们能与过渡金属离子形成稳定的络合物，而与碱土金属离子（如 Ca^{2+}，Mg^{2+}）只能在碱性介质中形成不稳定的络合物。因而，羟基羧酸（盐）能与水泥中的 Ca^{2+} 形成不稳定的络合物，在水化初期控制液相中 Ca^{2+} 的浓度，产生缓凝作用。随着水化过程的推进，这种不稳定的络合将会被破坏，重新释放出 Ca^{2+}，水泥的水化将继续正常进行。

硼酸掺入水泥浆体中，会与水泥初始水化溶解出的 Ca^{2+} 形成类似钙矾石的络合物 $C_3A \cdot 3Ca(BO_2)_2 \cdot 31H_2O$，这种厚实无定形的络合物覆盖在水泥颗粒表面，阻止水分渗入水泥颗粒内部的能力比水化产物要强得多，从而延缓了水泥的水化和硬化。

（3）吸附假说

水泥颗粒表面拥有较强的吸附能，能吸附一层起抑制水泥水化作用的缓凝剂膜层，阻碍水泥的水化过程，也就延缓了水泥浆体的凝结和硬化。水泥浆体的凝结过程是水泥的矿物成分与水发生化学反应，生成这些矿物的水化产物，并使水泥胶粒进入溶液的过程。有机缓凝剂主要通过降低水泥矿物的水化速度来达到缓凝效果。

一般水泥矿物选择性吸附有机缓凝剂的顺序为：C_3A 最快，其次分别为 C_4AF、C_3S、C_2S。当在水泥浆中加入缓凝剂时，由于它们含有羟基（—OH）、酮基（—C＝O）等活性基团，它们就选择性地吸附在水泥的矿物上，与水泥颗粒表面的 Ca^{2+} 吸附形成膜，并且羟基可与水泥表面形成氢键阻止水化进行，使颗粒间的相互接触受到屏蔽，改变了结构形成过程。

葡萄糖、蔗糖等吸附于水泥颗粒表面就会延长水泥的凝结时间。这是因为葡萄糖、蔗糖分子吸附在水泥颗粒表面后，羟基对水泥矿物组分的水化起到了延缓作用。掺 0.02%、0.04%、0.08%和0.20%的蔗糖，可使水泥浆体的初始凝结时间分别延长 1.2h、2.3h、4.2h和11h。

（4）成核假说

液相中首先要形成一定数量的晶核，才能保证更多的物质借助于这些晶核结晶生长。水泥浆体水化，从诱导期到加速期，缓凝剂的存在阻碍了液相中$Ca(OH)_2$的成核，也就让它无法结晶析出，使得浆体中$Ca(OH)_2$浓度的平衡无法打破，水泥中C_3S无法正常水化形成C-S-H凝胶，导致浆体无法正常凝结。

由于水泥化学的复杂性，以及作为缓凝剂使用的化学物质较多，所以上述假说未必建立在同一种缓凝剂的基础上。从水泥矿物水化速率的排序来看，C_3A最快，C_4AF次之，C_3S和C_2S水化较慢。对于普通硅酸盐水泥来说，由于C_3A的水化受到了水泥粉磨生产时作为调凝剂加入的$CaSO_4 \cdot 2H_2O$的抑制，所以应该说，缓凝剂的作用大部分应该是通过抑制C_3S的水化以及降低$Ca(OH)_2$结晶速率而产生的。对于每一种缓凝剂组分，可能同时采用两种或三种假说才能将其作用机理解释透彻。比如，在抑制成核理论中，缓凝剂应该是先吸附于$Ca(OH)_2$核表面，才抑制了其继续生长，在达到一定的过饱和度之前，$Ca(OH)_2$核的生长将停止。也有人认为抑制成核假说过分强调了$Ca(OH)_2$浓度对于水化速度的影响而轻视了缓凝剂的吸附作用。

缓凝剂与水泥之间存在适应性问题。缓凝剂的缓凝作用不仅受到缓凝剂掺量的影响，而且与水泥矿物成分的关系很大。对于同一品种的水泥，当C_3A含量较高时，需要加大缓凝剂的掺量才能起到较好的缓凝作用。而对于C_3A含量和C_3S含量较小的水泥，缓凝剂在较低掺量下就可以起到较好的缓凝作用。

3. 缓凝减水剂

缓凝减水剂是指同时具有缓凝与减水作用的外加剂，通常可分为两类，一类是由天然产物加工而成的缓凝普通减水剂，另一类是由高效或高性能减水剂与缓凝组分复配而成的缓凝高效或高性能减水剂。在缓凝减水剂中由天然产物加工而成的有木质素磺酸盐类、多元醇类（糖类）等。前者已在减水剂章节中做过相关的论述；此外，兼有减水和缓凝作用的物质还有：

① 糖蜜缓凝减水剂。

② 低聚糖缓凝减水剂。

③ 羟基羧酸盐缓凝减水剂。

缓凝高效和高性能减水剂的缓凝功能很强，能使混凝土的凝结时间延长到24h以上，一般有氨基磺酸盐高效缓凝减水剂、萘系高效缓凝减水剂、聚羧酸高性能缓凝减水剂以及各种复合缓凝减水剂等。实际上，缓凝剂较少单独使用，一般是与减水剂进行复配共同掺入混凝土中，在复配的时候需要综合考虑原材料性能、气温、运输距离等因素，通过多次试验来确定各组分的最佳掺量。无机盐类和有机类缓凝剂都有其缺点，一是其发挥特定作用的最佳用量往往会同时引起混凝土强度增长缓慢，甚至龄期强度达不到要求；二是常用的若干无机盐类缓凝剂和羟基羧酸盐缓凝剂会增大混凝土泌水率，尤其是使大水灰比、低强度的素混凝土发生离析，而素混凝土常在大体积混凝土中采用。因此，将高效、高性能减水剂与缓凝剂或缓凝普通减水剂复配可以得到复合缓凝减水剂。利用减水剂对混凝土的减水和增强特点，与缓凝剂相结合，起到取长补短的作用。

标准规定的缓凝剂和缓凝减水剂的标准指标见表 2-1-4。

表 2-1-4 缓凝剂和缓凝减水剂的标准指标

项目		外加剂品种			
		缓凝高性能减水剂	缓凝高效减水剂	缓凝普通减水剂	缓凝剂
减水率（%）		≥25	≥14	≥8	—
泌水率比（%）		≤70	≤100	≤100	≤100
含气量（%）		6.0	4.5	5.5	—
凝结时间差（min）	初凝	>90	>90	>90	>90
	终凝	—	—	—	—
抗压强度比（%）	7d	≥140	≥125	≥110	≥100
	28d	≥130	≥120	≥110	≥100
收缩率比（%）	28d	≤110	≤135	≤135	≤135

任务实施

学生制订学习计划，系统学习相关知识，重点掌握缓凝剂种类、作用、微观机理等内容。学习过程中结合思维导图、微课、文本等资源，开展辅助学习，多渠道学习以加深知识印象。学习过程中要将外加剂的相关标准作为重要拓展资源，了解标准中关于缓凝剂的定量指标，树立标准意识和质量意识。根据所学知识补充表 2-1-5。

表 2-1-5 重要知识点

序号	知识点	定义或内容
1	缓凝剂的定义	缓凝剂能延长混凝土的_____，并降低_____。标准规定，缓凝剂能够延长混凝土的初凝时间_____min 以上
2	缓凝剂的分类	缓凝剂可分为无机和有机两大类，其中无机缓凝剂包括_____、_____等；有机缓凝剂包括_____、_____等
3	糖类缓凝剂缓凝机理	单糖和多糖均能与水泥中_____生成不稳定络合物，抑制_____水化，暂时延缓水泥水化的进程
4	缓凝减水剂	缓凝剂通常与_____复合使用，复合时需要综合考虑多种因素，比如_____、_____、_____等

☑️ **结果评价**

根据学生在完成任务过程中的表现，给予客观评价，学生亦可开展自评。任务评价参考标准见表 2-1-6。

表 2-1-6　任务评价参考标准

一级指标	分值	二级指标	分值	得分
自主学习能力	20	明确学习任务和计划	6	
		自主查阅《混凝土外加剂》（GB 8076）	8	
		自主查阅缓凝剂相关技术资料	6	
对缓凝剂的认知	70	掌握缓凝剂的常见种类	15	
		掌握缓凝剂的作用	15	
		了解缓凝剂的机理	20	
		了解缓凝减水剂的性能指标	20	
标准意识与质量意识	10	熟悉标准中对缓凝剂和缓凝减水剂的规定	10	
总分		100		

📋 **知识巩固**

1. 正确连线"缓凝机理""描述"两栏。

缓凝机理 　　　　　　　　　　　　描述

沉淀假说　　　　　　　阻碍了液相中 $Ca(OH)_2$ 的成核，使其无法结晶析出

络盐假说　　　　　　　吸附一层起抑制水泥水化作用的缓凝剂膜层，阻碍了水泥的水化过程

吸附假说　　　　　　　形成不溶性物质薄层，阻碍水泥颗粒与水的进一步接触

成核假说　　　　　　　络合物覆盖在水泥颗粒表面，阻止水分渗入水泥颗粒内部，从而延缓了水泥的水化和硬化

2. 磷酸盐类缓凝剂中常用的有_____、_____、_____。

3. 列举葡萄糖酸钠缓凝剂的优点：_____。

4. 糖类缓凝剂能与水泥中的_____生成不稳定络合物，抑制 C_3S 水化。

5. _____可用作缓凝剂，也可与氯盐或硫酸钠复合制备成早强剂。

6. _____来源于造纸废液，除了具有缓凝作用外，还具有一定的引气效果。

7. 糊精对抑制_____矿物水化有明显作用，但由于黏性较大，易造成混凝土坍

落度损失过快。

8. 查阅标准《混凝土外加剂应用技术规范》(GB 50119)，阐述缓凝剂的适用范围。

拓展学习

石膏和特种水泥缓凝剂

除了普通混凝土外，其他许多建筑材料也需要使用缓凝剂，如建筑石膏和特种水泥。建筑石膏的凝结时间较短，通常在 30min 以内即可达到终凝状态，为了给施工争取时间，通常需要加入少量缓凝剂。石膏常用的缓凝剂有柠檬酸、酒石酸及其盐、磷酸盐、蛋白质类及氨基酸类缓凝剂。其中蛋白质类及氨基酸类缓凝剂克服了普通缓凝剂降低石膏力学性能的缺点，具有掺量少、缓凝效果显著等优点，是目前的主流产品，在石膏砌块、板材、砂浆等领域都有较多应用。某些特种水泥，如铝酸盐水泥、硫铝酸盐水泥的凝结硬化也较快，凝结时间短于通用硅酸盐水泥。在需要延长凝结时间的场合，也需要掺入适量缓凝剂。常用的缓凝剂有硼酸、柠檬酸、酒石酸及其盐类。

 **应用缓凝剂**

学习目标

❖ 能阐述缓凝剂的适用场合
❖ 能根据不同的使用场景选择缓凝剂的种类
❖ 能根据缓凝剂的应用要点正确使用缓凝剂
❖ 会分析缓凝剂在应用过程中出现的问题，并提出解决方案

任务描述

将学生分为若干小组，教师分配任务，模拟不同的场景，学生选择缓凝剂的种类，并说明原因和使用过程中的注意事项，在此基础上制定缓凝剂的应用方案。参考任务题目见表 2-2-1。

表 2-2-1　参考任务题目

序号	模拟场景
1	采用碾压方式施工的大体积混凝土
2	胶材用量较少的素混凝土，要求长距离运输
3	夏季炎热环境下施工的混凝土，要求具有较好的保坍性

续表

序号	模拟场景
4	水泥基湿拌抹面砂浆，要求缓凝时间不低于24h
5	石膏基干混砂浆，要求凝结时间大于1h，缓凝剂不影响力学性能
6	超高性能混凝土，满足长时间运输和施工要求

◈ 知识准备

1. 缓凝剂的适用范围

根据《混凝土外加剂应用技术规范》（GB 50119）的规定，缓凝剂宜用于对坍落度保持能力有要求的混凝土、静停时间较长或长距离运输的混凝土、自密实混凝土、大体积混凝土等，柠檬酸（钠）及酒石酸（钾、钠）等缓凝剂不宜单独用于素混凝土。

大面积或大体积混凝土施工时，为了防止产生冷缝，也要求延长混凝土的凝结时间。为了降低内部温升速率，减小内外温差，从而降低温度裂缝的出现概率，大体积混凝土中常掺加缓凝剂，甚至同时配合采用中热和低热水泥、大掺量掺合料，以及冰水搅拌等材料或措施。

缓凝剂除了用于混凝土中，还可以用于各种砂浆的生产，如湿拌抹面砂浆、砌筑砂浆、自流平砂浆等，在某些干粉预混料中也需要掺入少量的粉体缓凝剂。

2. 缓凝剂对混凝土性能的影响

缓凝剂掺入混凝土中，混凝土拌合物的和易性可获得一定的改善，其流动性能随缓凝剂掺量的增加而增大，提高了拌合物的稳定性和均匀性，对防止混凝土早期收缩和龟裂较为有利。在混凝土和易性得到改善的同时，由于水泥水化速度的降低，混凝土可以保持较长时间的塑性，对提高混凝土施工质量，减少混凝土早期收缩裂缝以及保证泵送施工都是有利的。此外，缓凝剂具有一定的减水效果，在保持

码 2-1　缓凝剂对
混凝土性能的影响

混凝土坍落度不变且适宜掺量的情况下，有利于减少混凝土拌合用水量，对混凝土强度发展和结构稳定性有积极作用。但是，如果缓凝剂的掺量过大，会使凝结时间过长，导致混凝土早期强度偏低，甚至会出现混凝土长时间不凝固，验收强度达不到设计要求等工程事故，这应引起注意。

缓凝剂对混凝土性能的影响主要表现在以下几个方面。

（1）和易性

大多数缓凝剂具有一定的减水效果，如蔗糖掺量分别为0.02％、0.04％和0.10％时，其在混凝土中的减水率分别为2.1％、3.5％和4.2％。蔗糖化钙（TG）对混凝土减水率的影响见表2-2-2。可见，TG掺量为0.50％时，其减水率能达到8.0％，相当于

普通减水剂的减水效果。

表 2-2-2　TG 对新拌混凝土各项性能的影响

序号	TG 掺量（％）	W/C	减水率（％）	坍落度（cm）	凝结时间（h：min）	
					初凝	终凝
1	0	0.708	—	8.0	5：50	9：00
2	0.05	0.680	4.0	7.5	8：10	11：50
3	0.10	0.670	5.0	8.0	10：50	13：00
4	0.30	0.658	7.0	8.5	15：00	17：00
5	0.50	0.650	8.0	9.0	45：00	55：00

掺加柠檬酸钠、偏磷酸钠等缓凝剂，均可产生微弱的减水效果，且当与减水剂复合使用时，所产生的叠加减水效果会更好。这是因为这些化学物质本身有一定的表面活性作用，与减水剂复合使用时，它们的缓凝效应还有助于减缓 C_3A 和 C_4AF 的初始水化速率，降低 C_3A 和 C_4AF 等矿物对减水剂分子的吸附量。

掺加缓凝剂的混凝土，一般来说不会出现泌水率增大的现象，但是如果缓凝剂掺量较大，缓凝时间较长时，会略微增大混凝土的泌水率。总体来说，掺加缓凝剂可以改善混凝土的流动性，对保水性、黏聚性的影响不大。

（2）凝结时间

缓凝剂对混凝土凝结时间的影响与缓凝剂的种类、掺量、掺加方法，以及水泥品种、混凝土配合比、使用季节和施工方法等因素有关。理想的缓凝剂应当在掺量少的情况下具有显著的缓凝作用，而且在一定掺量范围内凝结时间可调性强，不产生异常凝结现象。对于实际工程来说，总是希望混凝土初终凝之间经历的时间较短，因为初凝时混凝土已经完全失去流动性，总是希望尽快建立机械强度，以抵抗外界的作用力。如果净浆初凝后不能很快终凝，很容易因干燥失水、受震动等引起内部产生微裂纹。

表 2-2-3 中列举了各种缓凝剂对水泥浆凝结时间的影响，结果表明，不同缓凝剂的作用差别较大。在较低掺量下其作用特点可表现为两种：一种是显著延长初凝时间，但初凝和终凝间隔时间缩短或变化不大，这说明它们具有抑制水泥初期水化和促进早期水化的特性；另一种是对初凝时间影响较小，显著延长终凝时间，但不影响后期正常水化。前者适于控制流动性，后者适于控制水化热。只有正确掌握外加剂的性质和变化规律才能合理使用外加剂，达到最佳效果。

表 2-2-3　各种缓凝剂对凝结时间的影响

名称	掺量（％）	凝结时间（min）		
		初凝	终凝	初、终凝时间间隔
基准（空白）	0	440	610	170
木钙	0.3	630	835	205

名称	掺量（%）	凝结时间（min）		
		初凝	终凝	初、终凝时间间隔
木钠	0.3	570	735	165
糖钙	0.3	1135	1435	300
蔗糖	0.05	685	890	205
葡萄糖	0.1	690	1090	400
柠檬酸	0.1	1225	1480	255
酒石酸	0.2	890	1340	450
三聚磷酸钠	0.1	590	990	400
聚乙烯醇	0.1	480	670	190
羧甲基纤维素醚	0.05	590	895	305

一般来说，随着缓凝剂掺量的增加，混凝土的凝结时间随之延长，但混凝土凝结时间延长的规律是不同的，对于有些缓凝剂，当掺量达到一定比例时，混凝土的凝结时间不仅不继续延长，反而有所缩短。有研究表明，木钙和糖类缓凝剂易出现这种现象。蔗糖是一种很好的缓凝剂，但它同时也可能引起某些白水泥的快凝及某些高碱水泥的速凝。磷酸盐可作为普通水泥和矿渣水泥的缓凝剂，但掺量较大时会引起普通水泥的快凝。在掺量相同的情况下，不同缓凝剂对混凝土凝结时间的延缓效果差异较大。图 2-2-1 对比了几种常用缓凝剂对水泥净浆凝结时间的影响情况。

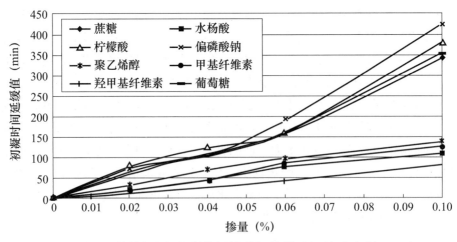

图 2-2-1　几种常用缓凝剂对水泥净浆凝结时间的影响（基准水泥，$W/C=0.29$）

温度对缓凝剂作用效果的影响也较为明显。图 2-2-2 为采用糖蜜类（HS）、蔗糖类（DT）、木质素磺酸钠（ZB1212）和葡萄糖酸钠（C6220-c）四种市场上的商品缓凝剂，在 20℃、30℃ 和 40℃ 情况下进行试验得到的结果。其胶凝材料组成为 50% 水泥 ＋50% 粉煤灰。

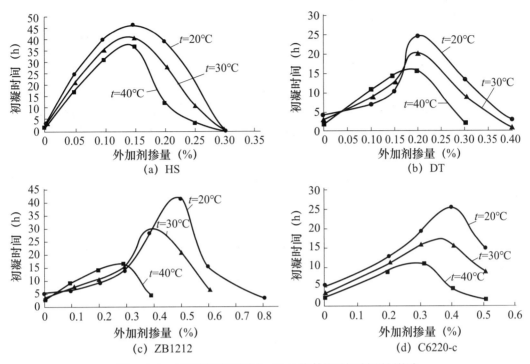

图 2-2-2　不同温度下外加剂对浆体凝结时间的影响

从图 2-2-2 可以看出：

① 对于同一种缓凝剂来说，随着温度升高，其缓凝的效果降低。

② 四种缓凝剂对净浆凝结时间的影响均出现了拐点，即实际使用时，缓凝剂的掺量不得超过这个拐点所对应的掺量，也称为警戒掺量。

③ 缓凝剂的警戒掺量或随着温度升高而减小（木质素磺酸盐），或与温度关系不大（糖类）。

由于化学外加剂在水中的离子浓度受外加剂浓度（掺量）和温度的影响，通常在相同温度下，同种缓凝剂离子浓度随着外加剂掺量增加而增大。在外加剂掺量相同的条件下，其离子浓度则随着温度的升高而增大。不同的缓凝剂受温度的影响程度不同，因此可以这样认为：

① 某些缓凝剂在相同掺量下，随着温度的升高，其电解质的离子浓度增大。

② 要使溶液中缓凝剂电解质的离子浓度相等，高温时所需缓凝剂的掺量比低温时小。

③ 对于容易电离的缓凝剂（一般掺量均很低），其电离度几乎不受温度的影响，所以在高温或低温时电解质离子浓度只随掺量的变化而变化。

根据①和②，可解释某些外加剂（如 ZB1212、C6220-c）随着温度的升高，其警戒掺量反而降低的现象。根据③，则可解释某些外加剂（如 HS、DT）因电离度大，其电离度几乎不受温度的影响，温度升高时其警戒掺量保持不变的现象。

（3）水化热和水化升温速率

由于混凝土导热性较差，大体积混凝土内部水泥水化放出的热量无法及时排出，导致内部温度较高（有时会接近100℃），而混凝土结构体表面散热相对较快，温度略高于外界气温。这样大体积混凝土内外存在较大的温差，产生温度梯度。而混凝土与其他建筑材料一样，具有热胀冷缩的本性，温度梯度导致内部产生应力。一般表面部分受拉应力作用，当混凝土强度很低时，很容易产生裂缝，通常称之为温度裂缝。掺加缓凝剂降低了水泥水化的速率，因而对降低混凝土内部水化热温升速率，降低内外温差，防止温升开裂十分有帮助。

表2-2-4为掺与不掺木钙缓凝减水剂对混凝土中水泥水化热，以及混凝土内部温升的影响。

表 2-2-4 掺与不掺木钙缓凝减水剂对混凝土的放热情况对比

木钙掺量（％）	水化热（kcal/g）			放热峰		放热峰出现时间延迟（h）
	1d	3d	7d	出现时间（h）	温度（℃）	
0	25.5	39.1	48.2	21.5	33.3	—
0.25	15.4	35.4	48.7	29.4	29.9	7.9

注：1kcal≈4.2kJ；水泥为32.5矿渣水泥。

必须注意的是，掺加缓凝剂虽然延缓了水泥水化，延缓了水泥水化放热峰的出现时间，但对水泥总的水化热影响不大。

（4）强度

从抗压强度的发展来看，掺加适量缓凝剂后的混凝土早期强度（7d左右）比未掺的要低，但一般7d以后就可以赶上或超过未掺者，28d、90d强度比未掺者有较明显的提高。对混凝土抗弯强度的影响规律类似于抗压强度，但没有抗压强度明显，如表2-2-5所示。原因在于，掺入一定量的缓凝剂后，降低了水泥的水化速度（对硅酸盐水泥和普通硅酸盐水泥的影响尤为显著），使得混凝土中的C-S-H、钙矾石等水化产物的分布更加均匀，有利于水泥颗粒充分水化，提高混凝土的中后期强度。

表 2-2-5 各种缓凝剂对混凝土强度的影响

缓凝剂	掺量（％）	不同时间混凝土的强度（MPa）									
		1d		3d		7d		28d		90d	
		抗压	抗弯	抗压	抗弯	抗压	抗弯	抗压	抗弯	抗压	抗弯
空白	0	11.8	3.5	21.6	4.8	37.8	7.6	45.3	8.6	53.9	8.8
蔗糖	0.5	10.0	2.9	21.6	5.0	47.1	7.8	59.8	8.1	62.8	8.2
蔗糖	1.0	1.3	0.4	11.8	2.8	43.2	7.6	53.9	7.9	60.3	9.4
葡萄糖	1.0	7.1	2.0	23.7	4.9	36.8	6.7	53.4	7.5	58.8	7.9

缓凝剂	掺量（%）	不同时间混凝土的强度（MPa）									
		1d		3d		7d		28d		90d	
		抗压	抗弯	抗压	抗弯	抗压	抗弯	抗压	抗弯	抗压	抗弯
葡萄糖	2.0	1.0	0.1	8.3	2.5	27.9	5.5	45.6	7.4	51.5	7.9
磷酸	0.5	7.1	1.8	18.1	4.2	48.1	7.6	60.8	8.3	71.1	8.1
磷酸	1.0	2.2	0.5	14.7	3.2	45.1	7.6	64.7	8.5	74.0	8.6
磷酸	2.0	1.2	0.2	12.3	3.2	44.1	7.7	60.3	7.5	69.6	8.0

随着缓凝剂掺量的加大，混凝土早期强度降低，强度增长速度变慢，则达到设计强度的时间更长。如果缓凝剂品种选择不当或超掺量使用，不但会严重降低混凝土早期强度，而且会降低中后期强度。主要原因是过度缓凝，混凝土长时间不凝结硬化，会造成混凝土内部水分过量蒸发和散失，使水泥水化反应过缓甚至停止，水化程度低，水化产物过少，对混凝土强度造成不可恢复的损失。比如，冬季过量掺加木质素磺酸盐不仅容易导致过度缓凝，还易造成混凝土引气严重和内部疏松，最终降低混凝土结构的强度。

因此，在选择缓凝剂的种类时应充分考虑混凝土原材料之间的匹配适应状况、施工季节、施工工艺、成本等因素，确定所需缓凝剂种类及所需缓凝时间，使用时应严格控制缓凝剂的掺量。

（5）耐久性

一般来说，混凝土中掺入适量缓凝剂会对耐久性有不同程度的改善，这主要是因为缓凝剂减慢了混凝土早期强度的增长，从而使水泥水化更充分，水化产物分布更趋均匀，凝胶体网架结构更致密，结构缺陷数量下降，因而提高了混凝土的抗渗性能和抗冻性，耐久性随之得到改善。另外，部分缓凝剂因兼具减水功能，可以明显降低混凝土单位用水量，减小水灰比，使混凝土内部结构更加密实，强度进一步提高，这对提高混凝土的耐久性也十分有利。除此以外，如果将木钙或糖蜜类缓凝剂与引气剂复合使用，通过向混凝土中引入适量微小气泡，还可以堵塞连通孔道，明显减少混凝土内部开口孔隙数量，提高混凝土的抗渗透性，进而增强混凝土抵抗环境中有害介质侵蚀的能力，以及延缓混凝土的碳化进程。

3. 缓凝剂的应用要点

缓凝剂最重要的用途是在炎热气候下延缓混凝土的凝结时间以利于施工，以及降低大体积混凝土的内部温升速率，防止温度裂缝。合理使用缓凝剂既能延缓混凝土的初终凝时间，又不损害混凝土的后期强度发展。

然而，缓凝剂或缓凝减水剂若使用不当，也很容易引起工程事故。实际工程中混凝土长时间不凝结造成的事故屡见不鲜，究其原因主要在于相关人员对缓凝剂性能掌握不准确，或是计量设备出现误差造成缓凝剂或缓凝减水剂超量掺加。因此，从业人员需要具备较强的标准意识和质量意识，在掌握《混凝土外加剂》（GB 8076）、《混凝土外加剂应用技术规范》（GB 50119）等标准规范的同时，定期对计量设备进行检修维护，确保安全规范使用缓凝剂。

① 缓凝剂、缓凝减水剂及缓凝高效或高性能减水剂可用于大体积混凝土、碾压混凝土、炎热气候条件下施工的混凝土、大面积浇筑的混凝土、避免冷缝产生的混凝土、需较长时间停放或长距离运输的混凝土、自流平免振混凝土，以及其他需要延缓凝结时间的混凝土。缓凝高效或高性能减水剂可制备高强、高性能混凝土。

② 缓凝剂、缓凝减水剂宜用于日最低气温 5℃ 及以上条件下施工的混凝土，不宜单独用于有早强要求的混凝土及蒸养混凝土。

③ 柠檬酸及酒石酸钾、钠等缓凝剂不宜单独用于水泥用量较低、水灰比较大的素混凝土。

④ 当掺用含有糖类及木质素磺酸盐类物质的缓凝剂时应先做水泥适应性试验，合格后方可使用。

⑤ 使用缓凝剂和缓凝减水剂施工时，宜根据温度、水泥品种等选择外加剂品种并调整掺量，满足工程要求后方可使用。

⑥ 缓凝剂、缓凝减水剂及缓凝高效减水剂进入工地（或混凝土搅拌站）的检验项目应包括密度（或细度）、含固量（或含水率）和混凝土凝结时间差，缓凝减水剂及缓凝高效减水剂应增测减水率，合格后方可入库、使用。

⑦ 缓凝剂、缓凝减水剂的品种及掺量应根据环境温度，施工要求的混凝土凝结时间、运输距离、静停时间、强度等经试验确定。一般而言，糖类缓凝剂的掺量为水泥质量的 0.005%～0.01%；羟基羧酸（盐）类缓凝剂的掺量为水泥质量的 0.002%～0.2%；锌盐及硼酸盐类缓凝剂的掺量为水泥质量的 0.1%～0.2%。

⑧ 缓凝剂、缓凝减水剂以溶液形式掺加时计量必须准确，使用时加入拌合水中，缓凝剂溶液中的水量应从拌合水中扣除。难溶和不溶物较多的缓凝剂应采用干掺法并延长混凝土搅拌时间 30s。

⑨ 掺缓凝剂和缓凝减水剂的混凝土浇筑、振捣后，应及时抹压并始终保持混凝土表面潮湿，终凝以后应浇水养护，当气温较低时，应加强保温保湿养护。

⑩ 许多缓凝剂存在警戒掺量，超过警戒掺量后，混凝土凝结时间反而缩短，所以在使用时一定要注意它们的使用范围和使用量的大小。

⑪ 在达到相同缓凝效果的情况下，夏季要适当提高缓凝剂的掺量，而冬季气温低时则应适当降低缓凝剂的掺量。在复合外加剂中也应该根据气温的高低适时调整缓凝组分的比例。

⑫ 掺加时间对缓凝剂的缓凝效果有一定影响，有时为了增强某种缓凝剂的缓凝作用，可以采用后掺法掺加，但必须注意搅拌的均匀性。

⑬ 有些缓凝剂本身具有一定的减水效果，在配合比设计计算水灰比（水胶比）的时候一定要考虑到缓凝剂的减水效果对用水量的影响。

📋 任务实施

学生完成相关知识的学习，完成领取的应用缓凝剂的任务。查阅文献资料和相关标准，了解掺缓凝剂混凝土的必要性能指标。学生以小组为单位，教师布置任务，根据所模拟的具体使用场景，选用具体的缓凝剂，完成使用方案的制定任务。具体实施步骤如下。

具体实施步骤

1. 领取任务： _____ 。

2. 技术难点分析。

3. 选择缓凝剂的种类，并注明选择的具体物质。

　　木质素磺酸盐类： _____ 。

　　羟基羧酸（盐）类： _____ 。

　　糖类： _____ 。

　　醇胺类： _____ 。

　　磷酸盐类： _____ 。

　　硼酸（盐）类： _____ 。

　　其他缓凝剂： _____ 。

4. 说明选择某种缓凝剂的原因。

5. 阐述应用要点。

6. 实施总结。

✓ 结果评价

教师根据学生在完成任务过程中的表现对自主学习能力、缓凝剂应用相关知识的掌握情况、标准意识与质量意识，以及文本撰写能力给予客观评价，学生亦可开展自评。参考评价标准如表 2-2-6 所示。

表 2-2-6 参考评价标准

一级指标	分值	二级指标	分值	得分
自主学习能力	15	明确学习任务和计划	5	
		自主查阅《混凝土外加剂应用技术规范》（GB 50119）等标准	5	
		自主查阅缓凝剂的最新研究成果	5	
缓凝剂应用相关知识的掌握情况	60	能正确选择和使用缓凝剂，并阐述原因	10	
		会分析技术难点	15	
		会分析缓凝剂对混凝土性能的影响	15	
		掌握常用缓凝剂的应用要点	10	
		会分析缓凝剂与水泥的适应性问题，并提出解决方案	10	
标准意识与质量意识	10	掌握《混凝土外加剂应用技术规范》（GB 50119）中关于缓凝剂适用范围、检验项目和施工要求的规定	5	
		掌握《混凝土外加剂》（GB 8076）中对缓凝剂性能指标的规定	5	
文本撰写能力	15	实施过程文案撰写规范，无明显错误	15	
总分		100		

知识巩固

1. 列举缓凝剂的使用场景：_____。

2. 大体积混凝土需要使用缓凝剂以降低温升速率，原因是_____。

3. 缓凝剂具有一定的_____效果，可以改善和易性，_____流动性，对防止混凝土早期收缩和龟裂较为有利。

4. 如果缓凝剂的掺量过大，会使缓凝时间_____，使泌水率_____，导致混凝土早期强度_____。

5. 掺入适量缓凝剂通常会_____混凝土的早期强度，会使后期强度_____。

6. 缓凝剂延缓了水泥的水化，从而使水泥水化更_____，水化产物分布更_____，凝胶体网架结构更致密，结构缺陷数量下降，因而能_____混凝土的耐久性。

7. 缓凝剂和缓凝减水剂宜用于日最低气温_____℃及以上条件下施工的混凝土，不宜单独用于有_____要求的混凝土及_____混凝土。

8. 在达到相同缓凝效果的情况下，夏季要适当_____缓凝剂的掺量，而冬季气温低时则应适当_____缓凝剂的掺量。

拓展学习

表面缓凝剂

缓凝剂除了可以直接掺入混凝土中使用外，还可以用于混凝土的表面处理（称之为表面缓凝剂）。在需要对混凝土构件进行拼装的场合，为了使构件黏结成为一体，就需要对混凝土表面进行凿毛处理，去掉光滑表面露出砂石。但人工凿毛过程存在劳动强度大、效率低下、容易对混凝土结构造成损伤等缺点。混凝土表面缓凝剂能够很好地解决这一问题。通过涂覆在所需凿毛的混凝土表面或模具的某一面，待混凝土养护脱模后，采用配套机械或手工进行拉毛，可以有效获得粗糙的混凝土黏结界面，不需要锉、凿毛或喷砂处理，既保证了混凝土界面黏结质量，又降低了工作强度，提高了工作效率，对降低能耗、噪声和粉尘污染起到了良好的作用。混凝土表面缓凝剂也可应用于混凝土饰面材料黏结，面砖、大理石和玻璃马赛克等外墙饰面材料的黏结场合，当要求混凝土表面进行人工凿毛以增大界面黏结强度时，采用混凝土表面缓凝剂可以达到事半功倍的效果。《"十四五"建筑业发展规划》提出，未来一段时期国家将大力推广应用装配式建筑，混凝土制品化程度逐渐提高，混凝土构件产品种类较多，作为一种绿色施工产品，混凝土表面缓凝剂已成为一种必不可少的化学外加剂。

项目3　配制与应用泵送剂

项目概述

　　泵送施工是商品混凝土最常见的施工方式之一，具有施工效率高、机动性强、节省劳动力等优点。目前，国内的混凝土泵送技术发展较快，泵送高度超过300m的建筑工程越来越多，混凝土泵送高度最高甚至达到了1000m，在该项技术中我国保持着世界领先水平。混凝土拌合物能够实现远距离泵送，离不开泵送剂的贡献，同时远距离的泵送也对泵送剂提出了更高的性能要求。本项目内容包含了泵送剂的性能、种类、配制和应用技术要求等，通过学习，学生应当区分泵送剂和减水剂的异同点，熟悉泵送剂对混凝土性能的影响，能进行泵送剂的复配，了解泵送剂的应用特点。

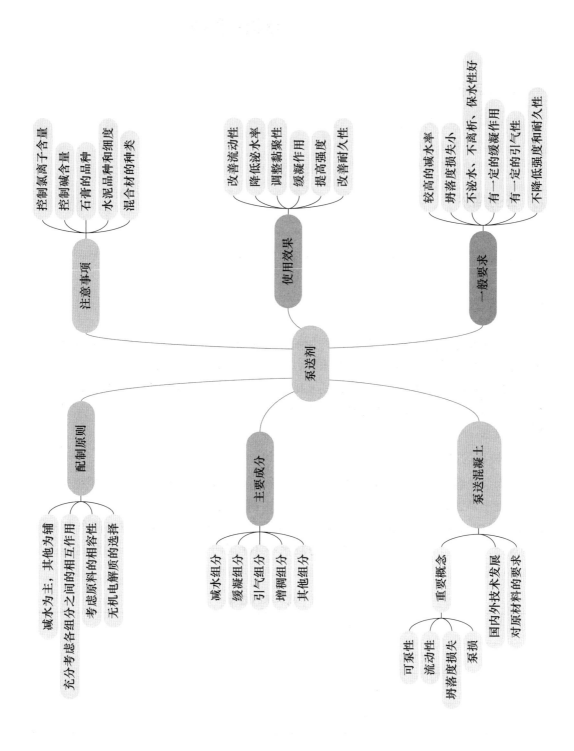

任务 3.1 认识泵送剂

学习目标

❖ 能阐述泵送剂的作用
❖ 能阐述泵送剂的基本组成
❖ 能阐述泵送剂的性能要求

任务描述

泵送剂是泵送混凝土不可或缺的一种外加剂，学生在完成学习任务的过程中需要认识到泵送剂的重要性，重点掌握泵送剂的基本作用和性能要求。主动查阅资料，为进一步配制和应用泵送剂奠定基础。

知识准备

能改善混凝土拌合物泵送性能的外加剂即泵送剂。由于对泵送混凝土性能的特殊要求，混凝土泵送剂不能简单等同于减水剂，而是在减水剂基础上通过改性制成的。泵送剂通常是多种组分的复合，在减水剂的基础上，复配引气、保水、缓凝、黏度调节等一种或多种组分。为了满足预拌混凝土生产和泵送混凝土施工的要求，泵送剂必须满足以下性能要求。

1. 较高的减水率

因为泵送混凝土流动性好、坍落度大，泵送剂必须具有一定的减水率。根据国家标准《混凝土外加剂》（GB 8076）的规定，泵送剂的减水率不低于12%。按国家标准《混凝土外加剂应用技术规范》（GB 50119）的规定，泵送剂的减水率应当符合表3-1-1中的规定。用于自密实混凝土泵送剂的减水率不宜小于20%。混凝土的泵送施工如图3-1-1所示。

表 3-1-1　减水率的选择

序号	混凝土强度等级	减水率（%）
1	C30 及 C30 以下	12～20
2	C35～C55	16～28
3	C60 及 C60 以上	≥25

2. 坍落度损失小

掺加减水剂的混凝土一般坍落度损失比不掺者大，而商品预拌混凝土运送至浇筑

图 3-1-1 混凝土的泵送施工

工地，要经历一段时间，且由于集中化泵送施工，有时运送车尚需等待一段时间才能卸料浇筑，所以，坍落度保持性是衡量预拌混凝土和泵送混凝土的一项重要指标。根据标准要求，掺加泵送剂的混凝土，坍落度 1h 经时变化量应符合表 3-1-2 的规定。

表 3-1-2 坍落度 1h 经时变化量的选择

序号	运输和等候时间（min）	坍落度 1h 经时变化量（mm）
1	＜60	≤80
2	60～120	≤40
3	＞120	≤20

3. 不泌水、不离析、保水性好

如果混凝土拌合物发生离析、泌水，在泵送过程中很容易出现浆体先行泵出，而骨料在某个弯管处堆积的现象，导致泵管内混凝土堵塞。所以混凝土拌合物的保水性和黏聚性必须合格。根据标准要求，掺泵送剂的混凝土，其泌水率不得高于基准混凝土泌水率的 70%。

4. 有一定的缓凝作用

尽管标准对泵送剂的凝结时间差没有进行规定，但是由于商品混凝土通常需要经历运输和等候时间，然后才能进行浇筑，所以其凝结时间一般要求比普通混凝土延长 1～2h。另外，延缓凝结时间在一定程度上可以降低混凝土的坍落度损失率，同时可以降低水化放热速率，推迟热峰出现时间，以免混凝土产生温度裂缝。

5. 有一定的引气性

泵送剂具有一定的引气性，保证泵送混凝土制备过程中引入一定量的微小气泡，一方面可以改善混凝土的和易性，减小混凝土泵送过程中与管壁之间的摩擦阻力，防止堵泵现象的发生。另一方面，也有助于改善混凝土的抗冻融循环性能。掺泵送剂的混凝土，要求其含气量在 4% 左右，但不大于 5.5%。

6. 对强度和耐久性的影响

泵送剂对混凝土强度的影响要从多方面进行分析。泵送剂有一定的缓凝作用，特别是对初凝时间有一定的延缓，这主要是由于为了满足对混凝土坍落度保留值的要求，泵送剂中通常复配有一定比例的缓凝成分。同时，泵送剂中还往往复配有保水剂（增稠剂），这类物质也都有一定的缓凝作用。泵送剂缓凝作用使掺泵送剂的混凝土的早期抗压强度的发展有所减缓，但后期强度仍能较好、较快地发展，甚至超过对照组。此外，由于泵送剂具有一定的引气性，掺泵送剂的混凝土，其强度与单纯掺加减水剂的混凝土相比，有一定程度的降低。泵送剂能够提升混凝土的抗冻融循环能力，加之粉煤灰、矿渣粉等的使用，混凝土的耐久性往往可以得到明显改善。

任务实施

学生制订学习计划，系统学习相关知识，重点掌握泵送剂的作用、性能要求等内容。学习过程中需要主动查阅相关标准，重点掌握泵送剂的定量指标和重要概念，树立标准意识和质量意识。根据所学知识补充表 3-1-3。

表 3-1-3　重要知识点

序号	知识点	定义或内容
1	泵送剂	能改善混凝土＿＿＿＿＿＿＿性能的外加剂，通常由＿＿＿＿＿、＿＿＿＿＿＿＿、＿＿＿＿＿＿＿、＿＿＿＿＿＿等组分复配而成
2	混凝土的泵送故障	如果混凝土拌合物发生离析、泌水，易造成＿＿＿＿＿＿＿＿＿＿＿＿＿现象
3	泵送混凝土的和易性	混凝土拌合物不＿＿＿＿＿＿＿、不＿＿＿＿＿＿＿、保水性好
4	泵送剂的减水率	《混凝土外加剂》（GB 8076）规定，泵送剂的减水率不低于＿＿＿＿＿＿且用于自密实混凝土泵送剂的减水率不宜小于＿＿＿＿＿＿＿
5	泵送剂的保坍效果	泵送剂要求具有良好的保坍效果，按标准规定，随着运输距离的增加，对保坍效果要求越＿＿＿＿＿＿＿

结果评价

根据学生在完成任务过程中的表现，给予客观评价，学生亦可开展自评。任务评价参考标准见表 3-1-4。

表 3-1-4　任务评价参考标准

一级指标	分值	二级指标	分值	得分
自主学习能力	20	明确学习任务和计划	6	
		自主查阅《混凝土外加剂》（GB 8076）和《混凝土外加剂应用技术规范》（GB 50119）等标准	8	
		自主查阅泵送剂相关技术资料	6	
对泵送剂的认知	60	掌握泵送剂的基本组成	10	
		掌握泵送剂的作用	25	
		掌握泵送剂的性能要求	25	
标准意识与质量意识	20	掌握标准中对泵送剂减水率、泌水率比等关键指标的规定	20	
总分		100		

知识巩固

1. 泵送剂具有一定的_____，能够赋予混凝土良好的_____。
2. 当泵送混凝土运输距离超过 2h 时，要求坍落度 1h 经时变化量不超过____mm。
3. 根据标准要求，掺泵送剂的混凝土与基准混凝土的泌水率比不得超过_____%。
4. 通常，泵送剂具有一定的_____作用，能延缓水泥的水化放热速率。
5. 泵送剂具有一定的引气作用，可以改善新拌混凝土的_____性，并能提高硬化混凝土的_____性。

拓展学习

泵损现象

与一般混凝土相比，泵送混凝土通常要求较高的流动性，坍落度通常大于 180mm，同时要求混凝土具有较好的均匀性、保坍性，不能出现明显的泌水和离析现象。为了使混凝土被泵送到作业现场时仍具有较好的流动性，以方便摊铺和找平，要求混凝土泵送前后坍落度损失较小。因此，相关技术人员提出了"泵损"这一概念，即混凝土泵送前后坍落度的损失率。影响泵损的因素较多，除了材料自身的缺陷因素外，施工人员的操作失误、施工现场的温湿度等因素均会对泵损造成影响。在这些因素中，外加剂对混凝土的泵损影响较大。泵送剂中的引气组分会在混凝土中引入大量细小的气泡，提高混凝土的流动性，但在高压泵送过程中气泡可能受挤压破裂，造成泵送后流动性急剧减小，致使混凝土的泵损增大。所以泵送剂中的引气组分显得格外重要，通常对于引气剂除了需要考虑引气效果外，还应重点探究稳泡效果。

任务3.2 配制泵送剂

学习目标

❖ 能阐述泵送剂的主要成分
❖ 能按照相应的性能要求进行泵送剂的复配

任务描述

泵送剂是集减水、引气、保水等组分于一体的复合外加剂，使用泵送剂时需要根据不同的要求进行配制。在完成学习任务过程中，学生要重点掌握泵送剂的主要成分及各种成分的性能特点，在此基础上完成泵送剂的配制任务。参考任务题目见表3-2-1，根据模拟场景配制满足要求的泵送剂。

表3-2-1 参考任务题目

序号	模拟场景
1	河砂配制的商品混凝土，运输时间约1h，泵送高度80m，夏期施工
2	级配较差的机制砂混凝土，要求泵送剂具有良好的防泌水和离析效果
3	夏季炎热环境中泵送施工的混凝土，要求坍落度2h损失率小于5%
4	用于低温环境施工的混凝土，要求泵送剂具有增强和防冻能力
5	要求泵送混凝土硬化后具有较强抗冻能力

知识准备

1. 泵送剂的主要成分

由前述可知，泵送剂中的主要成分为减水组分、缓凝组分、引气组分、保水组分等。根据工程要求以及试验要求，泵送剂中还可掺入防冻组分、抗泥组分、保坍组分等。

码3-1 泵送剂的成分

2. 泵送剂的复配

泵送剂通常不是单一组分，而是根据泵送特点由具有不同作用的外加剂或组分复合而成。具体的复配比例应根据不同的使用目的、不同的使用温度、不同的混凝土强度等级、不同的泵送工艺来确定。复配不是简单地将几种不同组分混合在一起，应该根据混凝土原材料、配合比、技术要求等情况，充分考虑各组分之间的相互作用进行复合。根据不同水泥、掺合料等选取合适的主要成分及掺量，根据混凝土其他性能要求确定其他助剂的品种及掺量。无机物及电解质类早强、防冻组分，不仅影响水泥水化、冰点，有时还会影响减水率，复配时必须选择合适的早强、防冻组分。两种或两种以上的表面活性剂共同使用时，必然存在相互影响，其作用可能是叠加，也可能是抵消，应加以注意。同时，还要考虑泵送剂的稳定性问题，要注意各组分之间是否会发生反应，是否会生成气体或沉淀。

混凝土泵送剂主要由以下几种组分复配而成。

（1）减水剂

普通减水剂有减水作用，可在保持泵送混凝土所需要流动性的条件下，降低水胶比，以提高后期强度。木质素磺酸钙与木质素磺酸钠是最常用的普通减水剂，不过目前市场上也出现了木质素磺酸镁和木质素磺酸铵，均可以用来复配泵送剂。木质素磺酸盐减水剂不仅具有一定减水效应，还具有一定的缓凝性和引气性，对改善混凝土的流动度保持性和泵送性能均有较好的效果。再者，木质素磺酸盐减水剂本身是利用造纸工业废液生产而成，绿色环保，价格较低廉。

泵送剂目前多为高效或高性能泵送剂。高效泵送剂中的减水组分主要是萘系减水剂、脂肪族减水剂、密胺系减水剂，并辅以部分木质素磺酸盐减水剂。而高性能泵送剂则主要由聚羧酸减水剂充当减水组分，并复配其他组分而成。

设计强度高、坍落度要求高的泵送混凝土，如高性能混凝土用的泵送剂中必须使用高效减水剂（萘系减水剂、三聚氰胺减水剂、脂肪族减水剂、氨基磺酸盐减水剂）和高性能减水剂（聚羧酸减水剂）。这些减水剂的减水率高，适用于配制高强度等级、大坍落度、自流平泵送混凝土。值得注意的是，单独掺这些种类的减水剂，混凝土坍落度往往损失较大，需要复配部分缓凝剂、引气剂等。氨基磺酸盐减水剂、聚羧酸减水剂属于低坍落度损失减水剂，而且更适用于配制低水灰比（水胶比）的高性能混凝土。当水灰比为 0.30 时，氨基磺酸盐的减水率可高达 30％，聚羧酸减水剂的减水率可高达 35％甚至 40％，但是，这两种减水剂对混凝土的用水量相当敏感，在水胶比较大时使用，混凝土容易产生泌水现象。聚羧酸减水剂合成过程绿色环保，减水率高，具有较高的性价比，是使用最广的一种减水剂。

（2）缓凝剂

泵送混凝土多采用商品混凝土，要求坍落度损失小，尤其是对大体积混凝土或夏季高温施工混凝土，必须添加缓凝组分。高效减水剂复配成泵送剂时，必须添加部分缓凝剂，而在普通减水剂控制坍落度损失的性能不能满足要求时，也需要复配部分缓凝组分。

可在泵送剂中使用的缓凝剂种类很多，如羟基羧酸盐、糖类、多元醇等。缓凝剂的复配，可以使混凝土坍落度损失减小，也可以控制混凝土的水化放热速率，避免混凝土产生温度裂缝。

（3）引气剂

适当的混凝土含气量可以减小混凝土泵送过程中的泵送阻力，防止混凝土泌水、离析，特别是当砂石级配不好时，掺入少量引气剂可以起到改善和易性的作用，引气剂还可以改善硬化混凝土的抗冻融循环破坏的性能。国外混凝土中几乎都保持一定的含气量，如日本混凝土中几乎都掺有引气减水剂，美国材料实验协会（ASTM）中关于混凝土配合比设计，首先考虑的就是含气量的大小。

复配泵送剂要选用引入气泡性能较好的引气剂，这样才不至于过分影响混凝土的强度。选择引气剂时，还要注意引气剂与减水剂的互溶性，有些引气剂呈膏状，非常难以溶解，可以先用酒精溶解，然后以酒精为载体，溶解于水溶液中。当然，复配泵送剂也可直接选用引气减水剂。

（4）保水组分

保水剂亦称增稠剂，其作用是增大混凝土拌合物的黏度，使混凝土在大水灰比、大坍落度情况下不泌水、不离析，有些保水剂还兼有减水、保持坍落度等性能。当混凝土因保水性差易出现泌水现象时，添加适量的保水组分显得尤其重要。在混凝土泵送剂中常用的保水剂如下。

① 聚乙烯醇。聚乙烯醇，化学式为 $[C_2H_4O]_n$，外观是白色片状、絮状或粉末状固体，掺量在水泥质量的 0.03% 以下，具有缓凝和增稠作用。

② 纤维素醚。纤维素醚的种类较多。甲基纤维素和羧甲基纤维素的掺量很小，只占水泥用量的 0.02%～0.05%。它们具有一定的缓凝性、引气性，对改善混凝土保水性，降低泌水率，提高混凝土坍落度保持性具有一定的效果。羟丙基纤维素分子量和黏度范围广，必须选择合适的分子量，才能兼顾其增稠和不增加用水量方面的性能。羟甲基纤维素可以减小混凝土坍落度损失，增大稠度，改善混凝土和易性，其掺量为水泥质量的 0.1% 以下。

③ 聚丙烯酰胺。聚丙烯酰胺（PAM）是一种线形高分子聚合物，化学式为 $(C_3H_5NO)_n$，具有较强的增稠作用。聚丙烯酰胺在常温下是坚硬的玻璃体，能溶于水，分子量为 1000～100000 不等。聚丙烯酰胺结构单元中含有酰胺基，易形成氢键，使其具有良好的水溶性和很高的化学活性，易通过接枝或交联得到支链或网状结构的多种改性物，在水处理、造纸、矿山、冶金、采油等领域有着广泛的用途。

④ 其他。上述增稠剂都是化学合成的产品，实际上还有一些天然的增稠剂可以在复配泵送剂时使用，如黄原胶、明胶、糊精、木糖醇母液、动物胶、淀粉醚等。

黄原胶分子量为 200～2000，在冷热水中均能溶解。黄原胶的掺量为水泥质量的 0.01% 以下。明胶为动物皮骨中提取的蛋白质，易溶于热水，掺量为水泥质量的 0.01% 以下。淀粉醚为天然淀粉经过化学、物理方法加工而成，掺量为水泥质量的 0.01% 以下。

⊡ 任务实施

学生充分学习理论知识，重点掌握泵送剂各组分的作用及配制注意事项，针对所选任务，分析任务的技术难点，选择泵送剂的原料，完成具体实施步骤。

具体实施步骤

1. 领取任务：_____。

2. 技术难点分析。

3. 选择泵送剂的原料种类，并注明选择的具体物质。

　　减水剂：_____。

　　缓凝剂：_____。

　　引气剂：_____。

　　保水剂：_____。

　　其他组分：_____。

4. 说明选材原因。

5. 阐述应用要点。

6. 实施总结。

☑ 结果评价

　　根据学生在完成任务过程中的表现，给予客观评价，学生亦可开展自评。任务评价参考标准见表 3-2-2。

表 3-2-2　任务评价参考标准

一级指标	分值	二级指标	分值	得分
自主学习能力	20	明确学习任务和学习计划	6	
		自主查阅本教材其他外加剂相关内容	8	
		自主查阅泵送剂原料相关资料	6	
泵送剂的配制相关知识	60	熟悉泵送剂的常用原材料	10	
		掌握配制泵送剂的注意事项	25	
		能正确选材并进行泵送剂的配制	25	

续表

一级指标	分值	二级指标	分值	得分
标准意识与质量意识	15	了解泵送剂在混凝土泵送施工过程中的重要性，会对坍落度损失、泵损等常见问题进行分析，并提出解决方案	15	
方案撰写能力	5	实施方案撰写规范，无明显错误	5	
总分		100		

知识巩固

1. 正确连线"泵送剂成分""主要作用"两栏。

泵送剂成分　　　　　　　　　　　主要作用

引气剂　　　　　　　保持高流动性的同时，减小水灰比，提高强度

缓凝剂　　　　　　　适当提高混凝土含气量，提高混凝土可泵性

减水剂　　　　　　　降低坍落度损失，保持较高的流动性

保水组分　　　　　　适当提高混凝土拌合物黏度，减小泵送阻力

2. _____减水剂是典型的高性能减水剂，具有减水率高，与水泥适应性好等优点。

3. 在高水胶比或混凝土保水性较差时，掺入较多减水剂易造成_____现象。

4. 为改善机制砂级配不良而造成混凝土和易性变差的问题，可以在泵送剂中掺入适量_____剂。

5. 在泵送剂中复配增稠剂的目的是_____。

拓展学习

增稠剂在建材中的应用

增稠剂在建筑材料领域具有广泛的用途。在建筑砂浆领域增稠剂可以提高浆体的黏度，改变砂浆的流变性，防止抹面砂浆流挂现象的产生。在建筑涂料中掺入适量增稠剂，可以有效提升涂料的流变性能，有利于提升涂料的假塑性，同时提升涂料的储存稳定性，防止产生沉淀或分层。在腻子中增稠剂的主要作用是保水、黏结及润滑，避免失水过快导致裂纹或脱粉现象，同时增大了腻子的附着力，降低了施工中的流挂现象，使施工顺畅省力。掺有增稠剂的瓷砖黏结剂稳定性好，黏结力强，可以有效解决施工中浆体飞溅和厚膜流挂等问题。

学习目标

❖ 能阐述泵送剂的使用方法
❖ 能阐述泵送剂对混凝土性能的影响
❖ 能阐明泵送剂的使用要点

任务描述

在泵送混凝土的生产中，泵送剂是必不可少的外加剂，正确使用泵送剂，可以使混凝土具有良好的可泵性，以方便工程施工。在完成任务的过程中学生要重点掌握泵送剂的使用方法及要点，能对泵送剂的作用效果进行分析和对出现的问题进行研判，并提出解决方案。参考任务题目见表 3-3-1，假定出现了表中情况，请从泵送剂的配制和应用方面提出解决方案。

表 3-3-1 参考任务题目

序号	应用场景
1	混凝土经长时间运输到达施工现场，坍落度损失较大
2	使用泵送剂后发现混凝土泌水较为严重
3	使用细度模数为 3.0 的机制砂生产泵送混凝土，砂中细颗粒较少
4	使用泵送剂后混凝土密度偏低，硬化混凝土强度未达标
5	使用泵送剂后混凝土长时间未凝结，混凝土表面出现了塑性裂缝

知识准备

1. 泵送剂对新拌混凝土性能的影响

由前述可知，泵送剂的成分中含有减水组分、引气组分、缓凝组分等。因此，泵送剂对混凝土性能的影响是比较复杂的，会受到各组分的影响。泵送剂多为液剂，在混凝土搅拌时直接加入即可，搅拌时间可根据搅拌站实际操作时间确定。

泵送剂的主要成分是减水组分，所以具有减水剂的作用特点，可以降低混凝土的拌合用水量、提高混凝土的流动性和力学性能，对改善混凝土的耐久性也有积极的作用。

码 3-2 泵送剂对新拌混凝土性能的影响

泵送剂赋予了混凝土良好的可泵性。混凝土在泵管内呈柱塞状向前流动，根据流体力学可知，靠近管壁处有一层薄浆层，薄浆层的最外面是水膜层，里面是混凝土拌合物。在泵送过程中，水膜层和薄浆层形成阻力很小的润滑层，混凝土拌合物悬浮在润滑层内以平均流速 $2\sim6m/s$ 向前运动。所以，要使混凝土能顺利泵送，必须能形成润滑层并且泵送过程中混凝土始终保持黏聚状。泵送剂提高了混凝土的内聚性和物料间润滑作用，使混凝土泵送时不过度离析和泌水，因而可泵性更好。

混凝土中具有一定量均匀分布的无害小气泡，对混凝土的流动性具有较大的提高作用，因为微小的气泡能够减少混凝土内部摩擦，降低泵送阻力。而且一定的引气量还可以降低混凝土的离析和泌水程度，对提高混凝土的耐久性也是有利的。但是过高的含气量会使硬化的混凝土的强度下降，所以掺有泵送剂的混凝土含气量一般都在 $2.5\%\sim4\%$，不大于 5.5%。

在泵送剂中复配一些特定组分，可以使泵送剂的功能增加，达到事半功倍的效果。有学者对某抗泥型泵送剂展开研究，试验结果显示，采用硝酸钙、硝酸钠、葡萄糖酸钠作为抗泥组分时，硝酸钙的抗泥效果最好，而选用聚乙烯醇、聚乙二醇、木钠作为抗泥组分时，聚乙二醇的抗泥效果最好，最佳掺量为胶凝材料的 0.005%。有研究表明，抗冻型泵送剂对混凝土性能的影响因抗冻组分而异，最佳抗冻组分为甲醇，三乙醇胺与水泥的适应性较差。

泵送混凝土中一般都掺有粉煤灰、矿粉、石灰石粉等矿物掺合料，这些活性和非活性的物质通过化学或物理的作用可以有效提升混凝土的后期力学性能和耐久性。泵送剂的使用可以使浆体的分散更为均匀、填充更为密实，可以有效发挥协同效应，促进混凝土性能的提升。

2. 泵送剂的应用要点

由于泵送混凝土流动性大，且通过泵送施工，所以，具体施工时应注意的方面较多，具体如下。

① 注意泵送剂与水泥、掺合料的适应性，并通过试验验证泵送剂的适用性。泵送剂成分多，比例变化大，而我国水泥和掺合料品种多，原材料成分复杂。泵送剂与水泥、掺合料的适应性必须引起高度重视。检测部门出具合格证明的泵送剂产品，不一定适合某项具体工程，往往出现减水率不足、泌水、离析、流动性损失过快等现象。所以必须通过试验，选择合适的泵送剂品种。

② 泵送剂对水泥、掺合料、砂石料及配合比等均十分敏感，所以试配和验证试验必须采用工地现场的原材料，当原材料、配合比发生变化时，必须再次进行验证试验。

③ 泵送剂的品种、掺量应根据环境温度、泵送高度、泵送距离等随时进行调整。具体施工时，环境温度、混凝土运送距离、泵送距离、泵送高度等不断变化，混凝土中泵送剂的品种和掺量也应根据这些因素的变化而有所改变，但所有改变均应按照工地现场条件，通过试验来确定。

④ 泵送剂的后掺可以弥补坍落度损失过大的不足，但必须经过试验并由专人指导、

监督。在不可预测情况下造成预拌商品混凝土流动性损失过大时，可采用后添加泵送剂的方法掺入混凝土搅拌运输车中，必须快速运转，搅拌均匀后，测定坍落度符合要求后方可使用。后添加的泵送剂的量必须预先进行试验确定。

⑤ 随着机制砂的广泛使用，砂子级配不良给混凝土造成的泌水率高的问题必须重视，可以适当掺入引气组分，微小的气泡可以填充空隙，改善骨料的级配状态。但稳泡效果差的引气剂往往造成泵损增加，并且过度引气易造成力学性能严重下降。所以需要通过科学的验证，确定最佳的引气剂种类和用量。

青岛海天中心于 2020 年建成并投入使用，其主楼高达 369m，成为旅游城市——青岛的"新名片"。该楼的问世离不开泵送技术的发展与应用，更离不开技术人员对泵送剂的研发与灵活应用。除此之外，北京中信大厦、上海中心大厦、香港国际金融中心等高层建筑也屡屡打破混凝土泵送纪录。

任务实施

学生重点掌握泵送剂对混凝土性能的影响和使用注意事项，在熟知泵送剂各组分性能的基础上，完成具体实施步骤。

具体实施步骤

1. 领取任务：_____。
2. 技术难点分析。

3. 提出解决方案。

4. 实施总结。

结果评价

根据学生在完成任务过程中的表现，给予客观评价，学生亦可开展自评。任务评价参考标准见表 3-3-2。

表 3-3-2　任务评价参考标准

一级指标	分值	二级指标	分值	得分
自主学习能力	20	明确学习任务和学习计划	10	
		自主查阅泵送剂的工程应用案例	10	
泵送剂的应用	60	掌握泵送剂的使用方法	20	
		掌握泵送剂对混凝土性能的影响	20	
		熟知泵送剂常见注意事项	20	
标准意识与质量意识	15	对出现泵送剂的使用问题能提出正确的解决方案	15	
方案撰写能力	5	实施步骤文本撰写规范，无明显错误	5	
总分		100		

知识巩固

1. 通常泵送剂的主要成分是_____，复配_____、_____、_____等组分而成。

2. 泵送剂具有较好的_____效果，可以提高混凝土的流动性，减少用水量。

3. 泵送剂中掺入适量引气剂可以改善新拌混凝土的_____性，并提高硬化混凝土的_____性。

4. 颗粒较粗的机制砂配制的混凝土易出现_____现象，掺入适量_____可以引入微小的气泡，改善颗粒级配，从而有助于改善和易性。

5. 采用_____法掺入泵送剂，可以弥补混凝土坍落度的损失。

拓展学习

抗泥剂

砂石中含泥量偏高会严重影响混凝土的性能。过高的含泥量会严重影响聚羧酸减水剂的减水率，造成减水剂用量增加和混凝土坍落度损失增大，会使混凝土结构中出现黏土相，降低混凝土的密实度，增大收缩率，使混凝土开裂风险增加，从而给混凝土的力学性能造成不利影响。近年来，抗泥型外加剂受到了越来越多的重视，比较常用的抗泥组分有焦亚硫酸钠、聚乙二醇、磷酸盐、季铵盐等，也有学者在聚羧酸减水剂分子中引入了特定的功能基团，研发出了具有抗泥作用的减水剂。

项目 4　认识与应用速凝剂

项目概述

　　喷射混凝土因其具有施工方便快捷、早期强度高等优点被广泛应用于隧道施工中的砌衬结构、边坡支护等工程。速凝剂是喷射混凝土中最为重要的外加剂，速凝剂的质量往往对喷射混凝土的性能起重要作用。

　　最早投入到工程使用的速凝剂是干喷混凝土中的粉状速凝剂。但干喷混凝土缺点明显，即粉尘污染大、回弹率大及混凝土匀质性差，所以逐渐被湿喷混凝土代替。湿喷混凝土中大量应用的是液体速凝剂，液体速凝剂解决了粉尘大对环境的影响问题，也减小了在施工过程中对施工人员身体的危害。目前，所使用的液体速凝剂有无碱液体速凝剂和有碱速凝剂等，不同种类的速凝剂与水泥的适应性有所不同。因此，本项目主要介绍了速凝剂的发展历程、主要品种、制备方法与作用机理，同时阐述了常见速凝剂对混凝土性能的影响及其性能评价指标等。

　　通过学习，要求学生了解速凝剂的基础知识和作用机理，掌握各种常见速凝剂的使用方法。在完成任务的同时，培养分析问题和解决问题的能力，为后续在工作岗位中科学、合理、规范地使用速凝剂奠定基础。

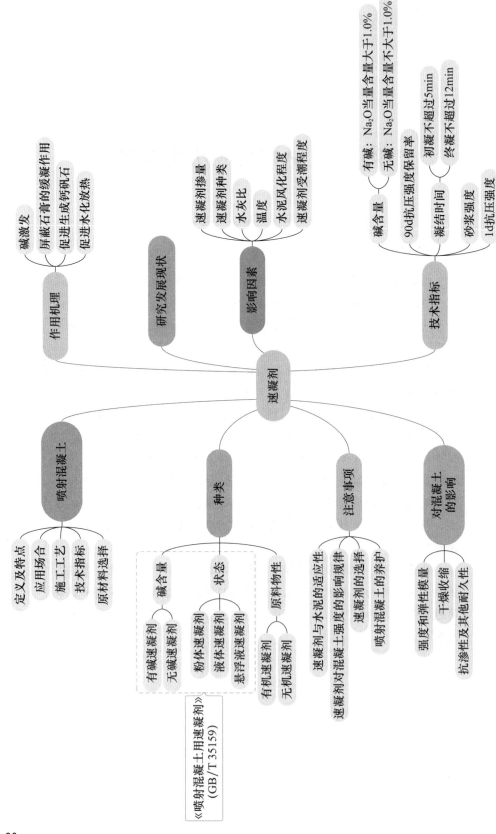

任务 4.1　认识速凝剂

学习目标

❖ 能阐述速凝剂的基本作用
❖ 能列举速凝剂的常见种类
❖ 能阐述速凝剂的作用原理
❖ 会分析速凝剂使用过程中的常见问题

任务描述

速凝剂是配制喷射混凝土必不可少的一种化学添加剂。学生在完成学习任务的过程中需要认识到速凝剂的重要性，重点掌握速凝剂的种类、基本作用原理和使用方法，主动查阅资料，为进一步熟悉和应用速凝剂奠定基础。

知识准备

1. 速凝剂的定义及分类

根据《喷射混凝土用速凝剂》（GB/T 35159）中规定，速凝剂是能使混凝土或水泥砂浆迅速凝结硬化的外加剂。按照产品形态可以分为液体速凝剂和粉状速凝剂，而液体速凝剂按照固体物质在其中的分散状态可分为溶液型和悬浮液型。按照碱含量大小，速凝剂分为无碱速凝剂和有碱速凝剂。无碱速凝剂是指氧化钠（$Na_2O+0.658K_2O$）的当量含量不大于 1.0% 的速凝剂，而有碱速凝剂是指氧化钠的当量含量大于 1.0% 的速凝剂。标准中规定的速凝剂性能指标见表 4-1-1。

码 4-1　喷射混凝土的原材料选择及配合比设计

表 4-1-1　掺速凝剂的净浆和砂浆的性能要求

项目		指标	
		无碱速凝剂（FSA-AF）	有碱速凝剂（FSA-A）
净浆凝结时间	初凝时间（min）	≤5	
	终凝时间（min）	≤12	
砂浆强度	1d 抗压强度（MPa）	≥7.0	
	28d 抗压强度比（%）	≥90	≥70
	90d 抗压强度保留率（%）	≥100	≥70

许多化学物质对水泥都有促凝作用，表 4-1-2 列出了常见的具有促凝作用的物质。这些物质对水泥的促凝效果不完全相同，且对水泥石强度的影响各异，所以速凝剂使用的原料需要根据性能和施工要求进行科学合理的选择。

表 4-1-2　常见促凝物质

分类	常见促凝物质
碱	氢氧化钠、氢氧化钾
无机盐	氯化钠、氯化钙、碳酸钠、氟化钙、氟化钠、氟硅酸镁、氟铝酸钙、硅酸钠、硫酸铝、硫酸铝钾、重铬酸钾、亚硝酸钠
有机酸（盐）	聚丙烯酸、丙烯酸钠、丙烯酸钙、丙烯酸镁、甲酸钙
醇胺	二乙醇胺（DEA）、三乙醇胺（TEA）、三异丙醇胺（TIPA）、二乙醇单异丙醇胺（DEIPA）

日本、德国、瑞士、美国等是研究速凝剂较早的国家，它们的速凝剂早期主要由铝酸盐、碳酸盐、硫铝酸盐组成，Na^+、K^+ 等碱金属离子含量较高，对混凝土的后期强度和耐久性不利，且容易引起混凝土碱-骨料反应。20 世纪 80 年代中期，有机无机复合液态无（低）碱液体速凝剂开始生产应用。有机无机复合液态无（低）碱液体速凝剂中，有机成分主要包括各种醇胺、酰胺、有机醇、羧酸等，无机成分主要以硫酸铝为主。目前，在日本、欧洲等发达国家和地区，无（低）碱液体速凝剂几乎占据了整个速凝剂市场份额。

日本曾使用含氧羧酸与无机物质制备有机无机复合型速凝剂。Terashima 等将含氧羧酸加入含有铝酸钙、石膏、碱金属铝酸盐和碱金属碳酸盐的无机速凝基料中，得到一种有机无机复合型速凝剂。使用该速凝剂的优点是喷射混凝土施工中粉尘小。此外，日本还专门研制多种回弹抑制剂，将抑制剂和无机速凝成分联合使用，能大大减小施工中的回弹量。

美国及欧洲各国和地区研制了多种有机无机复合型速凝剂。Sommer 等使用水溶性的含铝盐氟化物与配位剂、醇胺、增黏剂一起作为速凝剂。据称这种速凝剂与含碱速凝剂相比，抗压强度发展快。与市面上以硫酸铝和有机酸为基础的无碱速凝剂相比，后期不会引起混凝土开裂。有研究表明，当配料为水 55％、氢氧化铝 12％、氢氟酸 25％、配位剂 0.5％、胺 7.5％，掺量为 6％时，水泥浆初凝时间为 6min，终凝时间为 20min。

我国于 20 世纪 60 年代开始速凝剂的研究，较传统和有代表性的速凝剂产品主要是红星Ⅰ型、711 型和 782 型三种粉状速凝剂。到了 20 世纪 90 年代，随着湿喷技术引入我国，国内学者开始重视液体速凝剂的研究，液体无（低）碱速凝剂、有机无机复合型液态速凝剂在我国开始逐步研究与发展。各种液体速凝剂，尤其是新型的低碱液体速凝剂则是速凝剂产品的新秀。常用的液体速凝剂有硅酸钠型、铝酸钠型、硫酸铝型、硫酸铝钾型。硅酸钠型液体速凝剂以水玻璃（Na_2SiO_3）为主要成分，加以重铬酸钾、亚硝酸钠、三乙醇胺等复合而成，这种速凝剂的碱性仍然很高。

红星Ⅰ型速凝剂是由铝氧熟料（主要成分为 $NaAlO_2$）、碳酸钠（Na_2CO_3）和生石灰，按一定的质量比配合而成，将这种混合物磨细至水泥细度，就得到速凝剂产品。在红星Ⅰ型速凝剂中，铝酸钠占20％，氧化钙占20％，碳酸钠占40％，其余为 C_2S、硅酸钠等成分。

711型速凝剂是由铝矾土、碳酸钠、生石灰，按一定比例配合后烧结成铝氧烧结块，再将其与无水石膏共同磨细制成。在711型速凝剂产品中，铝酸钠占37.5％，无水石膏占25％，其余部分为 C_2S 和钠盐等。

782型速凝剂则由矾泥、铝氧熟料和生石灰按适当比例配制而成，其主要化学成分为 Al_2O_3、CaO、SO_3、SiO_2、Fe_2O_3、K_2O、Na_2O 等。782型速凝剂，不仅速凝效果明显，而且碱含量相对较低，早期强度增进快，后期强度损失不严重。

铝酸钠型液体速凝剂以铝酸钠为主要成分，复合适量氢氧化钠（或/和碳酸钠）、三乙醇胺、减水剂、增黏剂等组分配制而成。铝酸钠（Na_3AlO_3）为白色无定形粉末，其分子中 $Na_2O:Al_2O_3=(1.05\sim1.50):1$。铝酸钠在水中的溶解度较大，在30℃时其饱和摩尔浓度为 $2\sim2.5mol/L$。铝酸钠的水溶液呈强碱性，pH值为12.3。铝酸钠在水溶液中逐渐吸收水分子而分解，生成氢氧化铝，但加入碱或带羟基较多的有机物则能使其溶液稳定。

大多数速凝剂中含有氯离子和碱金属离子，对混凝土性能及内部钢筋有一定危害，且施工时对人体伤害较大，所以目前正大力开发研究无氯、低碱速凝剂。如一种由萘磺酸甲醛缩合物高效减水剂、甲酸钙、氟化钠、纤维素和水等配合而成的速凝剂，将氟化钠和甲酸钙配合在一起使用，其促凝作用互相叠加，可使水泥浆体在超短时间内凝结硬化。

硫酸铝型液体速凝剂由硫酸铝与增强组分、稳定组分、减水组分等复合配制而成，这是一种低（无）碱的液体速凝剂产品。将硫酸铝钾与氟化钠、减水剂、增黏剂等组分配合溶于水，则可以生产出硫酸铝钾型液体速凝剂，这也是一种低碱速凝剂。另外，市场上还有以丙烯酸钙或丙烯酸镁为主配制而成的有机液体速凝剂产品供应。

实践证明，无（低）碱速凝剂确实能大大减少混凝土后期强度损失。但是，施工中往往存在速凝剂对水泥种类适应性差、料浆和易性差、扬尘和回弹量大等问题。有机无机复合型速凝剂确实解决了无机速凝剂存在的诸多问题，如提高了水泥浆的黏聚性，使施工中回弹量大大减小，粉尘浓度大幅度降低，但有机絮凝剂的引入，往往影响着水泥浆体的速凝性。

2. 速凝剂的作用原理

为了达到既能使混凝土快速凝结硬化，又不过分影响混凝土的抗压强度，且原材料来源较广泛，成本相对较低的目标。速凝剂产品的组成往往很复杂，它与水泥之间的反应往往与水泥本身水化反应同时进行，且互为条件，互相影响。归纳起来，速凝剂的作用机理主要在于以下几个方面。

① 大量形成水化铝酸钙。

② 大量形成水化硫铝酸钙（钙矾石）。

③ 大量形成水化铝酸钙同时促进硅酸三钙水化。

④ 其他，如提高水化热、改变混凝土的碱性环境等。

下面对速凝剂的作用机理进行简要介绍。

（1）生成大量水化铝酸钙而速凝

硅酸盐熟料的四大矿物的水化速率排序为：$C_3A > C_4AF > C_3S > C_2S$。将硅酸盐水泥熟料磨细后，如果加水拌合，$C_3A$ 会立即与水发生反应，形成大量水化铝酸钙（C_3AH_6），水化铝酸钙结晶生长，晶体相互搭接。单纯的水泥熟料磨细后由于凝结时间太短，通常工程中来不及施工，无法使用，加之水化铝酸钙晶型不稳定，条件变化后，易发生晶型转变，晶型转变后则在浆体中形成缺陷，影响硬化浆体的强度。

石膏的作用在于：水泥一旦接触拌合水，C_3A 首先与石膏发生反应，形成一定量的钙矾石，覆盖在水泥颗粒表面，阻止水分进一步与水泥矿物成分接触，延缓水泥的凝结，以争取足够的拌合、浇筑、振捣的时间。

为了使水泥接触拌合水后发生速凝，可以设想，只要通过技术手段消除水泥中调凝剂石膏的作用就可以了。我国传统的红星Ⅰ型速凝剂，就是利用了这个重要原理。在常温下，掺入红星Ⅰ型速凝剂的水泥浆体（$W/C = 0.4$）的初凝时间为 2～3min，终凝时间为 8min 左右，而不掺加速凝剂的同水灰比的净浆的初凝时间为 2～4h，终凝时间为 4～6h。可见，红星Ⅰ型速凝剂中的组分在水泥浆体开始接触水的阶段，发挥了十分重要的作用。

红星Ⅰ型速凝剂由铝氧熟料、碳酸钠和生石灰按一定比例配制磨细而成。这些组分在水泥接触水的阶段发生了如下反应。

① 生成溶解度更低的盐类。

$$Na_2CO_3 + CaO + H_2O \longrightarrow CaCO_3 + 2H_2O$$
$$Na_2CO_3 + CaSO_4 \longrightarrow CaCO_3 + Na_2SO_4$$

② 铝酸盐水解，并进行中和反应。

$$NaAlO_2 + 2H_2O \longrightarrow Al(OH)_3 + H_2O$$
$$2NaAlO_2 + 3CaO + 7H_2O \longrightarrow 3CaO \cdot Al_2O_3 \cdot 6H_2O + 2NaOH$$

在反应过程中，NaOH 会与水泥中的石膏建立以下平衡关系。

$$2NaOH + CaSO_4 \Longleftrightarrow Na_2SO_4 + Ca(OH)_2$$

可见，由于红星Ⅰ型速凝剂的掺入，水泥中起调凝作用的石膏，在水泥水化初期就与速凝剂的反应生成物 Na_2CO_3 作用，并形成过渡性产物 Na_2SO_4，使水泥浆体中可溶性石膏的浓度明显降低。此时，水泥中的矿物组分 C_3A 迅速进入溶液，水化析出六角板状的水化产物 C_3AH_6（进而转化成 C_4AH_{13}）。C_3A 水化是一个放热过程，放出的热量同时又促进了 C_3S 的水化反应，所以水泥浆体迅速凝结，而 C_3S 水化产物 C-S-H 凝胶填充于水化铝酸钙晶体堆积和搭接所形成的孔隙内，进一步促进浆体的强度发展。

掺加红星 I 型速凝剂的砂浆或混凝土，尽管凝结快，早期强度发展快，随后水泥矿物成分的水化也能继续进行，但其后期强度远不及不掺速凝剂的砂浆或混凝土。这是因为：

① 浆体初期快速水化形成的水化铝酸盐结构不坚固。

② 早期水化太快，导致水泥矿物中 C_3S 和 C_2S 后期的水化受到抑制。

③ 早期快速凝结导致浆体内部形成较大的缺陷。

④ 水化铝酸钙易发生晶型转变，导致产生缺陷和孔隙。

（2）生成大量钙矾石而速凝

如果在水泥浆体中存在大量的可溶 $CaSO_4$ 和铝酸盐，则在水泥一开始接触水时，钙矾石结晶生长，快速搭接，也会导致浆体快速凝结，这就是通常所说的生成大量钙矾石而速凝。

试验表明，在水泥中掺入 6% 的 782 型速凝剂，就可以使水泥的初凝时间缩短为 2～3min，终凝时间缩短为 3～5min。掺加 782 型速凝剂的浆体进行 X 射线衍射图谱、差热、粉末岩相分析，并利用电子显微镜以及各种化学和物理手段进行测试和综合分析，结果发现，掺加有 782 型速凝剂的水泥浆体在水化一开始迅速形成了大量钙矾石，而且水泥浆体中硅酸盐组分的水化也比未掺的早且迅速，尤其值得注意的是，水泥水化初期就明显伴随有 C_3S 的水化和 C-S-H 的形成。但试验也发现，掺有 782 型速凝剂的浆体，其高硫型水化硫铝酸钙（钙矾石）向低硫型水化硫铝酸钙转化的过程也相应提前，而且 C_3S 的水化速率随着龄期的延长逐渐减慢。

782 型速凝剂的主要化学组分为 $\alpha\text{-}Al_2O_3$、$Al_2(SO_4)_3$、$Ca(OH)_2$、$NaAlO_2$ 和 $\alpha\text{-}SiO_2$ 等。当水泥中掺入 782 型速凝剂，加水后在水泥-速凝剂-水体系中，$Al_2(SO_4)_3$ 等电解质发生解离，使得水泥水化初期溶液中 SO_4^{2-} 浓度骤增，并与溶液中的 Al_2O_3、$Ca(OH)_2$ 等组分急速发生反应，迅速生成大量细针状钙矾石及中间产物——次生石膏，这些生成物晶体增多，相互搭接、穿插成网络状结构，水泥浆体出现速凝现象。速凝剂中的铝氧熟料（主要成分 $NaAlO_2$）及石灰不仅为钙矾石的形成提供了有效组分，还增强了溶液的碱性。同时，它们在加水之初的放热反应提高了液相温度，有利于促进水化产物的形成和浆体强度的发展。

掺有 782 型速凝剂的浆体中的一些重要化学反应如下。

$$Al_2(SO_4)_3 + 3CaO + 5H_2O \longrightarrow 3CaSO_4 \cdot 2H_2O + 2Al(OH)_3$$

$$2NaAlO_2 + 3CaO + 7H_2O \longrightarrow 3CaO \cdot Al_2O_3 \cdot 6H_2O + 2NaOH$$

$$3CaO \cdot Al_2O_3 \cdot 6H_2O + 3CaSO_4 \cdot 2H_2O + 24H_2O \longrightarrow 3CaO \cdot Al_2O_3 \cdot 3CaSO_4 \cdot 32H_2O$$

水泥水化初期溶液中的大量 $Ca(OH)_2$、SO_4^{2-} 和 Al_2O_3 参与形成钙矾石，使得液相中 $Ca(OH)_2$ 浓度随之降低。$Ca(OH)_2$ 浓度降低同时又极大地促进了 C_3S 的水化，C_3S 提前发生水化，其水化产物 C-S-H 凝胶填充于钙矾石晶体穿插、搭接后形成的孔隙中，使浆体孔隙率减小、密实度提高，促进了浆体早期抗压强度的发展。

但是，在了解速凝剂作用机理的同时，也应十分关注速凝剂的掺加对水泥石结构的演变所产生的影响。首先，过早、过快地形成网络状结构尽管有利于使浆体速凝和促进浆体早期强度的发展，但是在硬化浆体中产生很多缺陷。其次，水泥浆体的长期强度主要依赖于硅酸盐矿物的水化产物的形成，水泥浆体中早期大量、快速形成水化产物，水化产物覆盖于未水化水泥颗粒表面，将不利于未水化水泥颗粒的继续水化。最后，为实现浆体速凝而在早期大量形成的钙矾石也是一种不稳定的晶体，随着浆体液相中 $CaSO_4$ 浓度的降低，钙矾石将会发生晶型转变，转变为密度更大的单硫型水化硫铝酸钙（AFm，$3CaO \cdot Al_2O_3 \cdot CaSO4 \cdot 12H_2O$），这一过程既增大了浆体内部的孔隙率，也会影响浆体的强度。掺加某些速凝剂的砂浆或混凝土，其抗压强度在 28d 后甚至出现倒缩现象，这一点在实际工程中是绝不允许的。

3. 速凝剂的研究发展现状

国外对喷射混凝土用速凝剂的研究始于 20 世纪 30 年代，已有 80 多年的历史，形成了不少优良的产品。目前奥地利、瑞士等国家使用的 Delvo 系列喷射混凝土添加剂是复合型速凝剂，由稳定剂和活化剂组成，使用时在水泥中预先掺入 0.4%～2% 的稳定剂防止水泥絮凝生成水化物而硬化，能存放相当长的时间，活化剂的作用相当于速凝剂，在喷嘴处加入 3%～6%。Delvo 系列喷射混凝土添加剂主要为湿喷研制，也可用于干法，它克服了加入添加剂后混凝土拌合物不能较长时间存放的不足。掺入 Delvo 稳定剂可使未用完的料第二天接着使用。另外，它能使回弹量降低 50% 左右。国外也有以减水剂掺入硅粉（水泥质量的 8%～10%）或加入水玻璃、铝酸钾等作为喷射混凝土复合速凝剂的报道。近年来发达国家和地区多以湿喷工艺代替干喷和潮喷，回弹量和粉尘大的问题不如我国严重，但它们在研究改变喷射混凝土喷射机具的同时，也从未间断对新型速凝剂的研究。

喷射混凝土用速凝剂的开发应用历程大致经历了以下两个阶段。

第一阶段主要是以铝氧熟料、纯碱或石灰岩为主要原料的无机物类速凝剂。这一阶段主要是纯无机物类速凝剂。这类产品国内外品种繁多，是目前国内应用最为广泛的品种之一。这类产品在国外开发时间较早，主要是以工业铝酸盐、碳酸盐和硅酸盐等组分单独掺加或经烧结粉磨后混合而成。

我国现有的这类产品，大多数是以铝氧熟料为主要成分加入一定比例的纯碱配制而成。在添加方式上，我国多以铝氧熟料和纯碱为基础的粉状速凝剂的应用为主，国外发达国家大多以铝酸盐和硅酸盐为基础的液体速凝剂的应用为主。

第二阶段则通过添加具有特定功能的有机材料制成复合型速凝剂，主要是含有机高分子材料的增稠剂等成分的复合型速凝剂。国外自 20 世纪 80 年代以来开发了喷射混凝土添加有机高分子材料的新技术，并相继有一些产品问世。日本研制过丙烯酰胺-丙烯酸钠共聚物作为喷射混凝土粉尘抑制剂，随后研制出甲基丙烯酸及其酯同丙烯酰胺共聚物的水解产物，加入聚乙烯醇醚类非离子表面活性剂及其硫酸酯的防尘剂，掺量为水泥质量的 0.05%～1.0%，使粉尘可以降低 22% 左右。这类添加剂有的是与速凝剂一起使用，有的是在生产速凝剂时加入从而制成复合型速凝剂。

晨光化工研究院（现名为中蓝晨光化工研究设计院有限公司）研究过以丙烯酰胺-

丙烯酸-丙烯腈三元共聚物为主的喷射混凝土添加剂，中冶建筑研究总院有限公司研制过8604型添加剂。这两者在喷射施工时能使回弹量有所降低，但均须掺入8%左右的782型速凝剂混合使用，导致后期强度损失大。

近年来国内亦有过掺加减水剂的复合型速凝剂的研究。长沙矿山研究院有限责任公司研究过掺奈系减水剂和脂肪族减水剂的减水复合型速凝剂；巩县特种炉料场研究过以减水剂、偏铝酸钠、硅粉和矾泥等为原料，经烧结、粉磨制成的复合型速凝剂；中国科学院武汉岩土力学研究所研究过以聚乙烯醇甲醛缩合物与膨润土等作为添加剂用于增强、增塑喷射混凝土的技术，这类研究能使混凝土后期强度保留率有所提高，但仍未能克服喷射混凝土施工中回弹率高、粉尘大的不足。中国矿业大学刘波、陶龙光等研制的IVA型液体速凝剂，掺加水泥质量的2%～3%，即可满足凝结时间上的要求，由速凝组分、增黏组分和捕尘组分组成，能降低回弹量和粉尘浓度，掺加后混凝土后期强度损失较小。

考虑到尽量减少干喷作业产生的扬尘，减少对施工作业人员的伤害，减少混凝土喷射后的回弹率，提高施工效率和施工质量，目前实际工程中正大力推行湿喷作业。湿喷作业要求使用的速凝剂必须是液体的，于是液体速凝剂应运而生。

碱含量高的速凝剂对混凝土后期强度的负面影响较大，且碱对人体皮肤的伤害不容忽视。为了减小速凝剂对混凝土后期强度的不利影响，以及改善施工作业环境，国外从20世纪70年代就开始研究开发低（无）碱性的液体速凝剂。概括起来，速凝剂的发展趋势主要体现在以下几点。

① 含碱性高的速凝剂的开发和应用所占比重逐渐减小，低碱或无碱速凝剂越来越被人们重视。

② 单一的速凝剂向具有良好性能的复合型速凝剂发展，通过添加减水剂、早强剂、增黏剂、降尘剂等研制新型复合添加剂。

③ 有机高分子材料和不同类型表面活性剂在开发中更多地被采用，它们为减少喷射混凝土回弹量和粉尘含量从理论研究到实际应用开辟了新途径。

④ 新型速凝剂必须具备无毒、无腐蚀、无刺激性，对水泥各龄期强度无较大负面影响，性价比优越等特征。

目前我国喷射混凝土速凝剂的发展与世界先进水平还有一定差距，主要表现在以下几个方面。

① 掺入速凝剂后混凝土强度损失大。实际施工中混凝土喷层后期强度损失率在20%～40%甚至更大，给工程质量带来潜在的隐患。煤矿井下实际调查表明，大多数喷射混凝土抗压强度只有15～20MPa。

② 我国使用的喷射混凝土用速凝剂碱性较高，碱性大一方面易对施工人员造成伤害；另一方面还会降低混凝土的强度。

③ 速凝剂降低粉尘和回弹率的效果欠佳。实际现场回弹率测试结果达30%甚至更大，远不满足《岩土锚杆与喷射混凝土支护工程技术规范》（GB 50086）规定边墙及拱部回弹率不大于15%和25%要求。粉尘含量达$50mg/m^3$甚至更高，也大大超过规范作业区粉尘浓度不大于$10mg/m^3$的要求。虽然这两者受施工方法和工艺等众多因素的影

响，但是在国内试图以速凝剂来减少回弹量、降低粉尘浓度的目的并未真正达到。

④ 综合性能不理想。主要表现为：使喷层吸水性大，造成喷层质量低劣，干缩率较大，喷层抗渗性差，耐腐蚀性差，配合比不够理想，相容性不理想，对不同水泥的适应性差，成本偏高等。

任务实施

学生制订学习计划，系统学习相关知识，重点掌握速凝剂的种类、作用、微观机理等内容。学习过程中要将外加剂的相关标准作为重要拓展资源，特别是定量指标和重要概念的定义要严格参照标准，加深记忆，树立标准意识和质量意识。根据所学知识补充表 4-1-3。

表 4-1-3　重要知识点

知识点	重点内容
速凝剂	主要用于＿＿＿＿混凝土的施工，能使混凝土或＿＿＿＿迅速凝结硬化的外加剂
速凝剂的分类	按照碱含量大小分为＿＿＿＿和＿＿＿＿。其中＿＿＿＿速凝剂是指氧化钠（$Na_2O+0.658K_2O$）的当量含量不大于过 1.0% 的速凝剂
无碱速凝剂	以＿＿＿＿、＿＿＿＿、＿＿＿＿等成分为主
硅酸钠型液体速凝剂	是以＿＿＿＿为主要成分，加以重铬酸钾、亚硝酸钠、三乙醇胺等复合而成，这种速凝剂的缺点是＿＿＿＿＿＿＿＿
粉状速凝剂	通常由＿＿＿＿熟料、＿＿＿＿、＿＿＿＿等按一定质量配合共同粉磨而成
速凝机理	速凝剂通常能与水泥矿物发生化学反应，生成＿＿＿＿、＿＿＿＿、＿＿＿＿等物质，或者使＿＿＿＿失去缓凝作用

结果评价

根据学生在完成任务过程中的表现，给予客观评价，学生亦可开展自评。任务评价参考标准见表 4-1-4。

表 4-1-4　任务评价参考标准

一级指标	分值	二级指标	分值	得分
自主学习能力	20	明确学习任务和计划	6	
		自主查阅《喷射混凝土用速凝剂》（GB/T 35159）	8	
		自主查阅速凝剂的先进研究成果	6	

续表

一级指标	分值	二级指标	分值	得分
对速凝剂的认知	60	掌握速凝剂的常见种类	15	
		掌握速凝剂的作用	15	
		掌握速凝剂的微观机理	10	
		了解速凝剂的研究现状	10	
		了解速凝剂的行业背景	10	
标准意识与质量意识	20	掌握有碱和无碱速凝剂的定义、使用方法和注意事项	10	
		掌握凝结时间、抗压强度比、90d 抗压强度保留率等重要概念	10	
总分		100		

知识巩固

1. 按照产品形态可以分为_____速凝剂和_____速凝剂，而_____剂按照固体物质在其中的分散状态分为溶液型和_____型。

2. 氧化钠的当量含量是指_____的当量含量。

3. 硫酸铝型无碱速凝剂中加酸的目的是_____。

4. 有碱速凝剂中碱含量较高，易造成混凝土出现_____现象，并腐蚀设备，影响施工人员身体健康。

5. 根据标准《喷射混凝土用速凝剂》（GB/T 35159）的规定，掺速凝剂的净浆初凝时间不超过_____min，终凝时间不超过_____min。

6. 在速凝剂中复配少量增稠剂（如羧甲基纤维素醚）的作用是_____。

拓展学习

速凝剂研究现状

我国喷射混凝土与速凝剂产品及其应用技术还处在发展阶段，而正在大力推进的高速铁路、水利水电等基建隧道工程对速凝剂和喷射混凝土性能的要求也更加严格。为应对我国喷射混凝土行业出现的新问题和新需求，需要重点突破和持续提升速凝剂及喷射混凝土的综合性能，并不断开发速凝剂新的应用场景。

需要指出的是，目前我国在喷射混凝土的性能检测和表征方面的研究不够深入和系统。例如：①喷射混凝土和易性的含义和测定方法并不统一，力学性能和耐久性的检测方法和评价标准需要进一步补充和完善；②速凝剂的性能检测标准以传统的模筑成型为主，与实际使用的喷射成型方法不一致，性能相差较大；③针对铁路隧道等工程要求的喷射混凝土3h、8h高早强性能未规定标准测试方法，强度结果存在误差等。以上这些问题仍是我们目前需要研究的关键问题，只有攻克了实际工程中的这些难点，才能更好地促进喷射混凝土行业的进一步发展。

此外，基于低成本、高质量和施工人员身心健康的需求，喷射混凝土的新材料、检测标准、湿法喷射装备等正在向高性能、低回弹、贴合实际、设备全自动化、作业安全的方向发展改进。目前，我国经济已由高速增长阶段转向高质量发展阶段，因此我国隧道建设等工程项目更需要高质量的喷射混凝土和配套的化学外加剂产品，加强对产品质量、检测方法、施工工艺的系统化研究一定会对喷射混凝土高性能化发展和标准规范的建设起到重要的推动作用。

任务 4.2　应用速凝剂

学习目标

❖ 能阐述速凝剂的关键性能指标
❖ 会检测速凝剂的关键性能
❖ 会分析速凝剂对混凝土性能的影响

任务描述

将学生分为若干小组，教师分配速凝剂检测任务，学生完成原材料的选取和试验步骤的制定。在完成任务过程中，结合相关的水泥混凝土材料基础知识，正确选取速凝剂种类，熟悉测试过程，按照相关标准对速凝剂的性能开展检测。在完成任务的过程中，要注重培养学生科学严谨的试验态度和安全意识，加强团队协作。参考任务题目见表4-2-1。

表4-2-1　参考任务题目

序号	指标要求	任务描述
1	凝结时间	检测某液状或粉体速凝剂的凝结效果，并与标准做对比
2	抗压强度	检测掺有某液体速凝剂砂浆的抗压强度
3	稳定性	按标准检测某悬浮液型速凝剂的稳定性
4	含固量	按标准检测液体速凝剂的含固量
5	90d 抗压强度保留率	检测掺有某速凝剂砂浆的 90d 抗压强度和基准砂浆的 28d 抗压强度，计算出 90d 抗压强度保留率

知识准备

1. 速凝剂的性能指标

根据国家标准《喷射混凝土用速凝剂》（GB/T 35159）的规定，掺速凝剂的净浆的初凝时间不超过 5min，终凝时间不超过 12min，并对掺速凝剂砂浆的力学性能进行了规定。具体指标见表 4-1-1 和表 4-2-2。标准中还规定了含固量、凝结时间、抗压强度比等指标的检测条件和方法。

表 4-2-2　速凝剂的通用性能

项目	指标	
	无碱速凝剂（FSA-L）	有碱速凝剂（FSA-P）
密度（g/cm³）	$D>1.1$ 时，应控制在 $D\pm0.03$ $D\leqslant1.1$ 时，应控制在 $D\pm0.02$	—
pH 值	$\geqslant2.0$，且应在生产厂控制值的 ±1 之内	—
含水率（%）	—	$\leqslant2.0$
细度（80μ 方孔筛筛余）（%）	—	$\leqslant15$
含固量（%）	$S>25$ 时，应控制在 $0.95\sim1.05S$ $S\leqslant25$ 时，应控制在 $0.90\sim1.10S$	—
稳定性（上清液或底部沉淀物体积）（mL）	$\leqslant5$	—
氯离子含量（%）	$\leqslant0.1$	
碱含量（按 Na_2O 当量含量计）（%）	应小于生产厂控制值，其中无碱速凝剂不大于 1.0	

注：1. 相同和不同编号产品之间的匀质性和等效性的其他要求，可由供需双方商定。

　　2. 表中 D 和 S 分别为密度和含固量的生产厂控制值。

　　3. 生产厂应在相关的技术资料中明示产品密度、pH 值、含固量和碱含量的生产厂控制值。

2. 速凝剂对混凝土的影响

掺加速凝剂的目的在于使混凝土（或砂浆、净浆）能在数分钟甚至瞬间凝结、硬化并建立强度，满足喷射、快速施工或止水堵漏的特殊要求。速凝剂对混凝土性能的影响是多方面的，尤其需要注意的是速凝剂对混凝土抗压强度发展和耐久性的影响。

（1）强度和弹性模量

前已述及，掺有速凝剂的浆体，早期水泥中的铝酸盐水化产物迅速生成、结晶生长，所以早期强度较高。但迅速结晶生长的水化铝酸钙、高硫型水化硫铝酸钙使得体系的密实度不如正常凝结的浆体。虽然速凝剂的存在加速了硅酸盐矿物成分的水化，但早期快速形成的铝酸盐水化产物包覆在硅酸盐水化产物表面，对其进一步的水化产生抑制作用。铝酸盐水化产物的稳定性对浆体液相环境的依赖性强，容易发生晶型转变，水化产物发生晶型转变后往往导致缺陷或孔隙增大。由于以上三种原因的存在，掺速凝剂的浆体，其后期抗压强度和抗折强度均不及不掺速凝剂的浆体。目前有许多工程应用者担心掺加速凝剂的混凝土会出现强度倒缩现象，但实验室及工程实际应用表明，按照施工规范进行施工和注重养护的工程不会出现强度倒缩现象。图 4-2-1 为掺加速凝剂对砂浆抗压强度的影响。从图 4-2-1 中可以看出，从 7d 开始，掺速凝剂的砂浆，其抗压强度就不如不掺速凝剂者。

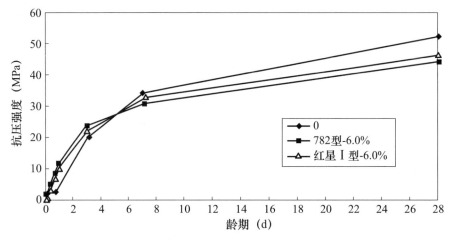

图 4-2-1　掺速凝剂砂浆的抗压强度的影响

（P·O 42.5，$C:S=1:2.5$，$W/C=0.50$）

掺加速凝剂的混凝土，其抗折强度、弹性模量降低的规律与抗压强度基本相同。掺加速凝剂的混凝土由于凝结速度很快，影响着混凝土与钢筋界面的结构密实性，所以黏结强度也相应降低。

（2）干缩

干缩是衡量掺加外加剂的混凝土和砂浆性能的一项重要指标。掺有速凝剂的混凝土，由于矿物成分早期快速水化，结合了比较多的水分，实际上干燥过程中蒸发的水分较不掺者少，但正是由于掺有速凝剂的混凝土早期的硬化体结构相对较密实，毛细孔半径相对于普通浆体中的毛细孔来说，要更细小一些，所以其收缩率要大一些，但是到 28d 甚至 90d 时，两种混凝土的收缩率相差不大，如图 4-2-2 所示。

实际施工时，为了降低喷射后的回弹率并保证达到设计强度，掺有速凝剂的混凝土的水泥用量和砂率均比普通混凝土高，这种混凝土的收缩率一般比同强度等级的普通混凝土高 10%～25%。由于掺有速凝剂的混凝土中铝酸盐水化产物较多，这种混凝土初始的湿养护非常重要。

（3）抗渗性及其他耐久性

过去喷射混凝土主要用于临时性的喷护支锚，对其耐久性关注较少。随着喷射混凝

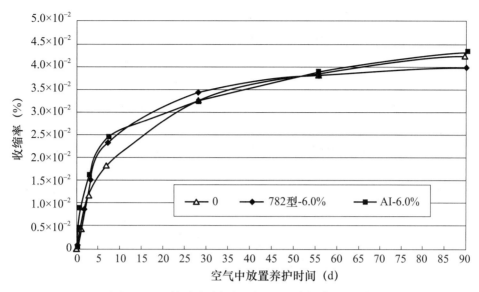

图 4-2-2　掺速凝剂对混凝土干缩性能的影响

土应用领域的扩展，以及有时要考虑配筋并保证抗水渗透性、抗碳化性等，对掺有速凝剂的喷射混凝土的耐久性的关注越来越多。

众所周知，混凝土的抗渗性与其内部孔隙结构直接相关，掺有速凝剂的混凝土由于施工操作方面的原因，较难保证内部质量的均匀性，再加上本身微观结构方面的缺陷，导致其抗渗性的波动幅度较大。这一点在施工设计时要予以考虑，另外，也希望喷射混凝土施工技术人员正确掌握速凝剂的使用方法，通过试验选取合适的速凝剂品种和最佳的掺量，以保证喷射混凝土的黏聚性和最佳的凝结时间，提高施工质量和混凝土的密实度。

掺速凝剂的混凝土的抗碳化性主要取决于内部结构的密实性，密实性好的混凝土，其抗碳化能力强。内部配筋的抗锈蚀性则同时取决于混凝土的抗渗性、抗碳化性、混凝土本身含有的氯离子情况，以及使用过程中外界氯离子的渗透扩散。从这一点看，杜绝使用含有氯离子的速凝剂产品，提高喷射混凝土密实性和质量均匀性，是预防内部配筋锈蚀的重要手段。

3. 速凝剂应用的注意事项

从速凝剂的作用机理就可以看出，速凝剂的使用效果对水泥本身、速凝剂的掺量、环境因素等的依赖性较强，在实际应用中很容易出现掺质量合格的速凝剂达不到预期效果的现象，还可能出现因混凝土凝结极快而又来不及完成堵漏、抢修施工的现象。所以，像其他外加剂一样，工程中使用速凝剂要注意的事项也较多。

码 4-2　速凝剂
使用效果的影响
因素

① 充分认识速凝剂与水泥的适应性，正确选择品种和掺量。对同一种速凝剂来说，其掺量、掺入时间、水泥品种、水泥中石膏品种和掺量、水泥中混合材的掺量、水泥细度、水泥新鲜度、减水剂、混凝土水灰比，甚至有时骨料中所含的盐

类物质，都会对混凝土的凝结时间产生很大的影响。

试验发现，速凝剂存在最佳掺量，且最佳掺量与水泥中石膏的含量及速凝剂的掺入方式相关。速凝剂先与水泥干拌均匀，再加水搅拌，效果要比先加水搅拌水泥浆再加速凝剂的效果好；水泥中铝酸盐含量高时，速凝剂的作用效果较好；速凝剂在混合材掺量大的水泥中的速凝效果，要比在硅酸盐水泥、普通硅酸盐水泥中的速凝效果差；速凝剂对于比表面积大的水泥的速凝效果，要比比表面积小的水泥的速凝效果好；铝酸盐液体速凝剂对含不同种类石膏的水泥的促凝效果不同；高效减水剂能协同提高速凝剂的促凝效果，但有些外加剂会影响速凝剂的作用效果，如木质素磺酸盐、纤维素醚等；相同掺量下，浆体 W/C 越小，速凝剂的速凝效果越好；速凝剂的作用效果极易受到混凝土原材料、配合比，甚至环境因素的干扰，许多方面尚需继续研究探讨和积累使用经验。

因此，对于大型喷射混凝土工程来说，为了保证施工质量、提高效率、减少喷射失败引起的损失，必须事先进行大量的试验和试喷，正确选择速凝剂的品种、水泥的品种并确定速凝剂的最佳掺量。

② 充分认识速凝剂对混凝土强度的影响规律。与不掺速凝剂者相比，掺入速凝剂后，混凝土的早期强度得以大幅提高，但后期强度有不同程度的降低。必须充分认识这一点，才能正确对待速凝剂，在进行掺速凝剂的混凝土或砂浆配合比设计时有的放矢。

③ 根据喷射工艺选择速凝剂的供应形式，速凝剂分为粉状速凝剂和液体速凝剂两类。采用干喷施工工艺时选择粉状速凝剂，而采用湿喷施工工艺时必须选择液体速凝剂。

传统的喷射混凝土都采用干喷法，即把水泥与砂、石拌合均匀后运至喷射机处再添加粉状速凝剂，水则在喷口处加入。湿喷混凝土则与常规混凝土无异，仅是在喷射口处添加速凝剂，利用压缩空气的冲击成型，将物料喷射出去。由于采用干喷法时，喷水速度不易控制，从而造成混凝土强度波动幅度大，且又因为水与干料混合的时间短而难以混合均匀，致使施工现场粉尘飞扬，施工环境恶化，喷射后混凝土回弹率较高。与干喷法相比，湿喷法可以避免前者存在的不足，并获得较好的施工质量，但对喷射机的构造要求较高，成本也稍高。此外，由于液体速凝剂发展时间较短，速凝效果和储存稳定性尚有待改善，加之其与水泥的适应性问题更突出，所以湿喷法施工时也常出现问题。

④ 加强养护，采取必要措施防止裂缝。许多人认为，喷射混凝土施工后立即凝结硬化，收水快，不需要养护。这种观点是绝对错误的。喷射混凝土施工后仍需要 7d 以上湿养护，一方面防止早期的干燥收缩裂缝，另一方面也可以增进其强度发展，保证工程质量。对于重要工程，近年来也经常采用掺加钢纤维、聚丙烯纤维等措施来提高喷射混凝土的抗裂性（也有助于降低喷射混凝土施工时的回弹率）。

任务实施

学生以小组为单位，根据所领取的速凝剂的性能检测任务，完成相关知识的学习。查阅文献和标准资料了解检测方法和原理。根据所学的各类速凝剂的特点，确定关键性能指标检验方法，制定性能检测方案。具体实施步骤如下。

具体实施步骤

1. 选择检测任务：□凝结时间　□抗压强度　□稳定性　□含固量

　　　　　　　　□90d 抗压强度保留率

2. 制定检测方案。

　(1) 原料选择，写出常见原料组成。

　　　液体无碱速凝剂：_____。

　　　液体有碱速凝剂：_____。

　　　粉状速凝剂：_____。

　　　悬浮液型速凝剂：_____。

　(2) 参照标准制定检测步骤。

　　　①_____。

　　　②_____。

　　　③_____。

　　　④_____。

　　　⑤_____。

　(3) 结果分析。

3. 实施总结。

☑ 结果评价

　　根据学生在完成任务过程中的表现，给予客观评价，学生亦可开展自评。任务评价参考标准见表 4-2-3。

表 4-2-3　任务评价参考标准

一级指标	分值	二级指标	分值	得分
自主学习能力	15	明确学习任务和计划	5	
		自主查阅资料，了解速凝剂的适用范围	5	
		自主查阅速凝剂的最新研究成果	5	

续表

一级指标	分值	二级指标	分值	得分
速凝剂应用相关知识的掌握情况	60	能正确选择速凝剂和使用方法，并阐述原因	10	
		能阐述速凝剂对混凝土性能的影响	15	
		速凝剂的使用方案制定合理	15	
		能对掺速凝剂混凝土的性能进行检测	10	
		会分析速凝剂的工程应用要点	10	
标准意识与质量意识	10	掌握相关标准中对速凝剂基本性能指标的规定	5	
		能按标准检测掺速凝剂砂浆和混凝土的性能	5	
文本撰写能力	15	实施过程文案撰写规范，无明显错误	15	
总分		100		

知识巩固

1. 相比较于对照组，掺入速凝剂后，砂浆的早期强度_____，但后期强度_____。

2. 速凝剂力学性能的评价指标包括：_____、_____、_____等。

3. 喷射混凝土施工工艺可分为_____和_____两种。

4. 速凝剂按碱含量不同可分为_____和_____。

5. 速凝剂按其物理状态可分为_____速凝剂和_____速凝剂。

拓展学习

低碱速凝剂

目前已存在的喷射混凝土用速凝剂相关标准有《喷射混凝土用速凝剂》（GB/T 35159）（以下简称国标速凝剂）、《喷射混凝土应用技术规程》（JGJ/T 372）、《喷射混凝土用速凝剂》（GB/T 35159）、《公路工程 喷射混凝土用无碱速凝剂》（JT/T 1088）（以下简称行标速凝剂）等。

事实上，国标速凝剂和行标速凝剂的技术要求均不适用于液体低碱速凝剂。原因在于国标速凝剂分为无碱速凝剂和有碱速凝剂，检验两种速凝剂的凝结时间和不同龄期砂浆强度等性能是否合格，所用的掺量要求不同，并分别对其技术指标进行了要求。无碱速凝剂技术指标较高，有碱速凝剂技术指标相对较低。而低碱速凝剂在国标中应归属于有碱速凝剂，按照国标要求掺量应在3‰～5‰，此时凝结时间和砂浆强度难以满足国标速凝剂的要求。低碱速凝剂的含固量一般为40%～45%，通过提高低碱速凝剂的含固量，也可以满足国标速凝剂掺量在3‰～5‰的技术要求。但此时低碱速凝剂稳定性较差，容易出现结晶现象，且当低碱速凝剂的掺量达到 $5\%\sim8\%$ 时（已超过国标速凝剂的要求掺量），技术指标均超出国标有碱速凝剂的要求，接近甚至达到无碱速凝剂的要求。

因此，现有国标速凝剂不能反映出低碱速凝剂的技术优势，有碱速凝剂检验规定的掺量不适用检验低碱速凝剂的性能，只适合于检验高碱含量的速凝剂，即当速凝剂碱含量较高时，较低掺量下即可满足凝结时间和砂浆强度上的技术要求，但砂浆后期强度保留率较低。

模块 2

调节硬化混凝土性能的外加剂

项目 5　认识与应用早强剂

项目概述

  在基础建设中，混凝土是最主要的也是使用最多的建筑材料之一。然而，在实际施工过程中，混凝土需要较长的时间来凝固和硬化，才能获得最理想的力学性能。早强剂作为混凝土外加剂之一，能很好地解决这一问题，具有来源广泛、性能稳定、普适性强、所需成本低且效果显著等诸多优点。在土木工程、装配式建筑和特种水泥基材料的开发应用，特别是在抢险应急类工程、低温环境内施工等方面，早强剂起着不可小觑的作用。本项目主要介绍了早强剂的发展历史和研究现状、早强剂的种类、设计制备方法及其作用机理，重点分析了常见早强剂对混凝土性能的影响规律、性能评价指标等。通过本项目的学习和实施，学生可了解早强剂的基础知识和作用机理，掌握各种常见早强剂的使用方法和注意事项。在完成任务的过程中，着重培养学生分析问题和解决问题的能力，为后续在工作岗位中科学、合理、规范地使用早强剂奠定基础。

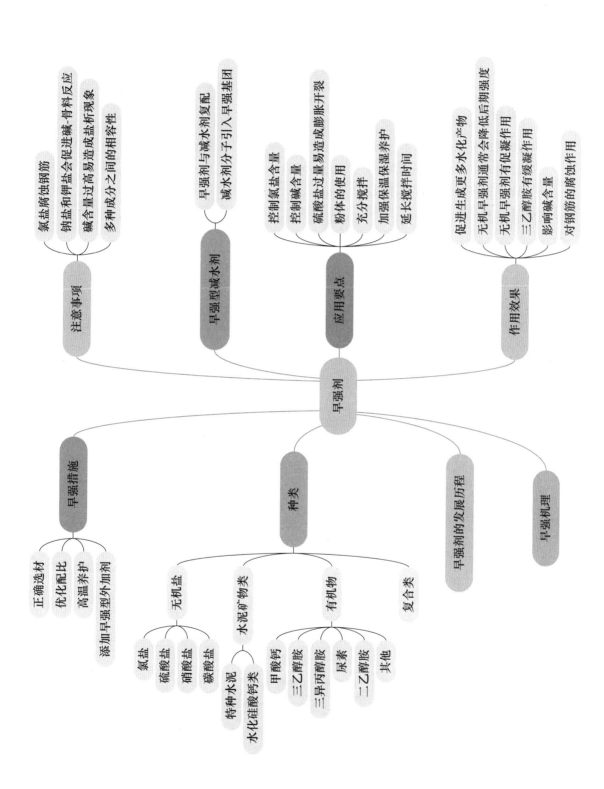

注意事项
- 氯盐腐蚀钢筋
- 钠盐和钾盐会促进碱-骨料反应
- 碱含量过高易造成盐析现象
- 多种成分之间的相容性

早强型减水剂
- 早强剂与减水剂复配
- 减水剂分子引入早强基团

应用要点
- 控制氯盐含量
- 控制碱含量
- 硫酸盐过量易造成膨胀开裂
- 粉体的使用
- 充分搅拌
- 加强保温保湿养护
- 延长搅拌时间

作用效果
- 促进生成更多水化产物
- 无机早强剂通常会降低后期强度
- 无机早强剂有促凝作用
- 三乙醇胺有缓凝作用
- 影响碱含量
- 对钢筋的腐蚀作用

早强剂

早强措施
- 正确选材
- 优化配比
- 高温养护
- 添加早强型外加剂

种类
- 无机盐
  - 氯盐
  - 硫酸盐
  - 硝酸盐
  - 碳酸盐
- 水泥矿物类
  - 特种水泥
  - 水化硅酸钙类
- 有机物
  - 甲酸钙
  - 三乙醇胺
  - 三异丙醇胺
  - 尿素
  - 二乙醇胺
  - 其他
- 复合类

早强剂的发展历程

早强机理

任务 5.1 **认识早强剂**

📑 **学习目标**

❖ 能阐述早强剂的基本作用
❖ 能列举早强剂的常见种类
❖ 能阐述早强剂的作用原理
❖ 能正确使用早强剂

📋 **任务描述**

早强剂在提高混凝土的早期强度、缩短构件的养护时间方面有重要的作用。学生重点掌握早强剂的种类、基本作用和原理，以及对混凝土性能的影响，主动查阅资料，充分了解早强剂的技术指标、研究现状和工程应用，为进一步应用早强剂奠定基础。

◈ **知识准备**

1. 早强剂的分类及作用机理

混凝土早强剂的种类较多，按照化学成分可分为无机盐类、有机物类、复合类早强剂三类（表5-1-1）。早强剂的作用机理各不相同，提高混凝土早期强度的效果也差异明显。通过对早强剂增强机理的研究，可以从理论上解释早强剂如何提高水泥的水化反应速度，加速水泥浆体的凝结和硬化，从理论上指导新型早强剂的研究及复合早强剂的制备，充分发挥各种早强剂的优点，最大化各类早强剂的使用效果。

表 5-1-1　早强剂的分类和主要组成

早强剂分类	常见物质	早强剂组分	掺量（占水泥质量的百分比）（%）
无机盐类早强剂	氯化物	氯化钠、氯化钾、氯化铝、氯化铁等	0.5~2
	硅酸盐	水玻璃等	3~5
	硫酸盐	硫酸钠、硫酸钾、硫酸钙等	1~2
	锂盐	碳酸锂、硝酸锂	0.08~0.1
	无机钙盐	氯化钙、硝酸钙、亚硝酸钙等	0.5~2
	高价阳离子早强剂	氯化铝、氯化铁、硫酸铝、硫酸铁等	0.3~1.2
	特种水泥	硫铝酸盐水泥熟料、铝酸盐水泥熟料等	4~6
	水泥水化产物类	水化硅酸钙（C-S-H）	2~3

续表

早强剂分类	常见物质	早强剂组分	掺量（占水泥质量的百分比）（％）
有机物类早强剂	有机酸盐、醇胺类等	甲酸钠、羟基羧酸等；三乙醇胺、三异丙醇胺、尿素、二乙醇胺等	0.01～0.06 0.02～0.05
复合类早强剂	有机物类与无机盐类的复合、无机盐类与无机盐类的复合	三乙醇胺＋氯化钾/氯化钙/硫酸钠/硫酸钙等；硫酸钠＋氯化钙/氯化钠/硫酸钙等	0.03＋（0.5～2） （1～2）＋（0.5～2）

（1）无机盐类

无机盐类早强剂主要有氯盐、硫酸盐、硝酸盐、亚硝酸，以及水玻璃、碳酸锂等。其中，氯盐早强剂主要包括氯化钙、氯化钠、氯化铝、氯化钾、氯化铁、氯化锂等。常用的硫酸盐早强剂包括硫酸钠（元明粉）、硫酸钙和硫酸钾等。常用的硝酸盐和亚硝酸盐早强剂为硝酸钙、硝酸钠、亚硝酸钙、亚硝酸钠等。

为取得更好的早强效果，无机盐类早强剂可以相互复合使用，如硫酸盐-氯盐早强剂、硫酸盐-硝酸盐早强剂、硫酸盐-亚硝酸盐早强剂、氯盐-硝酸盐早强剂、氯盐-亚硝酸盐早强剂等，在市场上均占有一定比例。需要指出的是，氯盐早强剂尽管在配筋混凝土、预埋金属的混凝土结构中不允许使用，但是在素混凝土中，它仍是一类常用的早强剂。最常用的氯化物为氯化钙和氯化钠。

氯化物早强剂作用机理主要是：首先，氯化物可以与水泥中的 C_3A 反应生成不溶于水的水化氯铝酸盐（$3CaO \cdot Al_2O_3 \cdot CaCl_2 \cdot 10H_2O$），加速水泥中 C_3A 的水化；其次，氯化物还能与氢氧化钙作用生成难溶于水的钙盐，降低液相中氢氧化钙的浓度，即促进 C_3S、C_2S 的水化，加速 C-S-H 和 CH 的形成；最后，氯化物为易溶性盐，具有盐效应，可以增大水泥熟料在水中的溶解度，加快水泥熟料的水化反应过程。

硫酸钠早强剂作用机理主要是：首先，硫酸钠是一种强电解质，能增加液相中的离子强度，改变水泥水化的液相环境，从而加速水泥的溶解、析出过程；同时，硫酸钠可与氢氧化钙反应生成石膏和氢氧化钠，新生成的碱可以提高液相的 pH 值，新生成的次生石膏更能够促进水化硫铝酸钙（钙矾石）的生成，二者共同作用，显著提升混凝土的早期强度。钙矾石的大量形成必然消耗许多氢氧化钙，使整个液相的 Ca^{2+} 浓度降低，导致 C_3S 包覆层内外存在较大的浓度差，渗透压增大，致使包覆膜破裂，大大加速 C_3S 矿物的早期水化。掺加硫酸钠早强剂的结果是，在早期就使水泥石中大量钙矾石晶体相互交叉连锁、搭接，C-S-H 凝胶填充于其间，提高了混凝土的早期强度。

$$Na_2SO_4 + Ca(OH)_2 + 2H_2O =\!=\!= CaSO_4 \cdot 2H_2O + 2NaOH$$

$$3CaO \cdot Al_2O_3 + 3CaSO_4 \cdot 2H_2O + 26H_2O =\!=\!= 3CaO \cdot Al_2O_3 \cdot 3CaSO_4 \cdot 32H_2O$$

水玻璃为硅酸盐早强剂中最常用的早强剂，其作用机理主要是由水玻璃水解产生的硅酸可与水泥矿物水解产生的 CH 反应，生成难溶于水的水合硅酸钙，破坏 C_3S 和 C_2S 的水解平衡，促进 C_3S 和 C_2S 的水化，加速生成大量的 C-S-H，从而提高水泥的早期强度。

锂盐早强剂的早强作用主要是由于 Li^+ 具有半径小、极化作用强，以及水化半径较大等特性，将明显加快水化保护膜破裂，缩短水化诱导期，提高水泥中 C_3S、C_2S 的水化速率。Al^{3+}、Fe^{3+} 等高价阳离子的早强作用机理主要是，高价阳离子对 C-S-H 胶体颗粒的扩散双电层有压缩作用，可加速 C-S-H 胶体颗粒的凝聚，因而可降低其在液相中的浓度，加速 C_3S 及 C_2S 的水化反应进程，进而加速水泥及混凝土的硬化进程。

（2）有机物类

常见的有机物类早强剂有醇胺类、甲酸钙、乙酸、乙酸（盐）和尿素等。其中最常用的有机物类早强剂为三乙醇胺。一般而言，三乙醇胺常与氯盐、硫酸盐早强剂复合使用，早强效果更佳。三乙醇胺-氯盐、硝酸钙-尿素、亚硝酸钙-硝酸钙-尿素、亚硝酸钙-硝酸钙-氯化钙-三乙醇胺、亚硝酸钙-硝酸钙-氯化钙-尿素等，都是有机物类和无机盐类复合而成的早强剂产品。有机物类和无机盐类复合作为早强剂使用，不仅早强效果突出，而且有助于取长补短和降低成本。

三乙醇胺又称三羟乙基胺（TEA），分子式为 $[N(C_2H_4OH)_3]$，分子量为149.19，是最常用的有机物类早强剂之一，其作用机理为：能促进 C_3A 的水化，在 $C_3A\text{-}CaSO_4\text{-}H_2O$ 体系中，它能加快钙矾石的生成，因而对混凝土早期强度发展有利。三乙醇胺分子中因有 N 原子，它有一对未共用电子，很容易与金属离子形成共价键，发生络合，与金属离子形成较为稳定的络合物。这些络合物在溶液中形成了许多可溶区，从而提高了水化产物的扩散速率。

由于络合物的形成，这在水化初期必然会破坏熟料颗粒表面形成的 C_3A 水化物及其他生成物（如硫铝酸钙），而使 C_3A、C_4AF 溶解速率提高，与石膏的反应也会加快，迅速生成硫铝酸钙，并且使钙矾石与单硫酸型硫铝酸钙之间的转化速度加快。硫铝酸钙生成量增多，必然降低液相中 Ca^{2+}、Al^{3+} 的浓度，进一步促进 C_3S 水化。

（3）复合类

① 有机物类和无机盐类复合早强剂。

单一早强剂由于其组成成分单一，对于水泥水化反应的促进作用有限，往往不能十分有效地提高胶凝体系的早期力学性能。为了充分发挥各种早强剂的优点，达到优优组合的目标，复合类早强剂的研究已成为早强剂研究的重点。早强剂复合要遵循以下原则：各种早强剂之间不会发生化学反应；各种早强剂之间不能有相互抑制作用；各种早强剂不会对后期抗压强度产生明显的不利作用；早强剂无毒且来源广泛。

通过对以上几类早强剂早强机理的研究可知，无论是无机盐类早强剂还是有机物类早强剂，其作用机理都是降低水泥熟料颗粒与水接触的表面张力，增大其在水中的溶解度，同时通过添加的早强剂降低水泥水解产物在水中的浓度，从而促进 C_3S、C_2S、C_3A、C_4AF 等水泥组分溶解速度的提高，加速钙矾石、C-S-H 凝胶等水化产物的生成，加快水泥的凝结和硬化。

② 早强剂与其他外加剂的复合。

各种早强剂组分之间的复合，以及早强剂组分与减水剂组分之间的复合，可以发挥更好的使用效果，起到如下作用：大幅度提高混凝土的早期强度发展速率；既能较好地提高混凝土的早期强度，又能降低对混凝土后期强度发展的损害；既具有一定减水作用，又能大幅度加速混凝土早期强度发展；既达到良好的早强效果，又能避免有些早强组分引起混凝土内部钢筋锈蚀等。

2. 早强剂的研究发展现状

混凝土早强剂是外加剂发展历史中最早使用的外加剂品种之一。截至目前，人们已先后开发除氯盐和硫酸盐以外的多种早强型外加剂，如亚硝酸盐、铬酸盐等，以及有机物类早强剂，如三乙醇胺、甲酸钙、尿素等，并且在早强剂的基础上，研制成功多种复合型外加剂，如早强减水剂、早强防冻剂和早强型泵送剂等。这些种类的早强型外加剂都已经在实际工程中使用，在改善混凝土性能，提高施工效率和节约投资成本方面发挥了重要作用。

自 1885 年英国发表第一个氯化钙早强剂的专利以来，早强剂的应用已有 100 多年的历史。苏联外加剂的研究和使用较早，于 20 世纪 30 年代就开始在混凝土中应用表面活性剂，由于地处寒冷地区，其在早强剂的应用研究上处于领先水平，我国曾在 20 世纪 50—60 年代大量使用氯盐早强剂。20 世纪 60 年代，硫酸盐早强剂得到普遍应用。20 世纪 70 年代后，发现一些掺氯化钙的钢筋混凝土出现了因混凝土劣化和钢筋锈蚀而造成结构破坏的现象，为此对混凝土中的氯盐含量进行了限制，现在工程上普遍使用的早强剂为硫酸盐复合剂。此外，如果在掺有氯盐的混凝土中同时也加入亚硝酸钠作为阻锈剂，可以起到一定的阻锈作用。目前，早强剂及早强减水剂成为我国产量最大和应用最广的外加剂品种之一，其种类多为氯化物、硫酸盐、硝酸盐和三乙醇胺。

国外常将早强剂称为促凝剂，字面意思是指能够缩短水泥混凝土凝结时间的外加剂，实际上也是早强剂。不过按照《混凝土外加剂》（GB 8076），要求早强剂和早强减水剂的凝结时间之差均为 ±90min，即要求早强剂或早强减水剂对混凝土凝结时间不能有太大影响。

根据电解质盐类对水泥-水体系凝结过程的影响规律和难溶电解质的溶度积规则，高价阳离子对水泥的凝聚和水化有促进作用，而阴离子中，SO_4^{2-}、OH^-、Cl^-、Br^-、I^-、NO^{3-} 等对水泥的凝结和水化有加速作用，这些离子组成的盐（或碱）可以作为混凝土的早强剂。不过盐类物质作为混凝土早强剂使用时，不仅需要理论指导，还要考虑其他因素，如这些物质对混凝土其他性能的影响及产品价格等。

锂盐是一种有效的促凝剂，试验中掺入少量的锂盐可显著提高水泥浆体的凝结速率和早期强度。以碳酸锂为例，在水灰比为 0.27 的条件下其适宜添加量为水泥质量的 0.08%～0.1%，可使水泥浆体 8h 抗压强度提高到 164%，但会对 28d 抗压强度产生不利影响。也有研究发现，当硝酸锂掺量为水泥质量的 0.1% 时，早强效果最好，在水灰比为 0.36 的条件下可使水泥浆体 3d 抗压强度提高到 115%。

选用无水硫酸钠、硫酸铝、硅酸钠、硫铝酸盐水泥熟料以及不同种类的石膏对大掺量矿渣水泥进行早强活性试验。结果表明：在标准稠度需水量条件下，硫酸钠适宜掺加量范围为 1.0%～2.0%，可使 1d、3d 净浆抗压强度分别提高到 498%、153%；硫铝酸盐水泥熟料适宜掺加量范围为 3.0%～5.0%，可使 1d、3d 净浆抗压强度分别提高到 438%、131%；硫酸铝比较合适的加入量不得大于 0.3%，可使 1d 抗压强度提高到 176%，但会对 3d 以后的抗压强度产生不利影响，因此在早期强度比较理想的情况下，可以取消其掺加量；硅酸钠对于少熟料矿渣体系基本不起作用，添加多了还会降低强度；石膏比较合适的掺加量为 4%～6%，可使 1d、3d 净浆抗压强度分别提高到 438%、144%。

以上研究表明，添加适量的无机盐类（锂盐、氯化钙、硫酸钠、硅酸钠、铝酸盐水泥熟料等）及有机物类（三乙醇胺等）早强剂可以提高胶凝体系的抗压强度，在单一早强剂试验中，效果较好的早强剂为硫酸钠、硫酸钙、硫铝酸盐水泥熟料等。

采用三乙醇胺和氯化钙对水泥进行复合活化试验，结果表明，氯化钙为显著影响因素，三乙醇胺和氯化钙的最佳掺量为水泥质量的 0.03% 和 2%，可使水泥净浆 3d 抗压强度提高到 236%，7d 抗压强度提高到 207%，28d 抗压强度提高到 186%。三乙醇胺和硫酸钠复合使用效果的研究表明，在水灰比为 0.46 的条件下，三乙醇胺和硫酸钠的掺量分别为水泥质量的 0.03% 和 2%，可使水泥浆体 1d、7d 的抗压强度分别提高到 234%、152%。

在对水泥复合早强剂及硝酸锂早强效果的研究试验中指出，在水灰比为 0.36 的条件下，采用正交试验设计对硝酸锂、三乙醇胺、硫酸钠复合早强效果进行研究，结果表明，硝酸锂为显著影响因素，复合类早强剂的最佳配比为硝酸锂掺量 1.00%、硫酸钠掺量 1.07%、三乙醇胺掺量 0.04%，可使水泥 1d、3d 抗压强度分别提高到 145%、125%。

在复合油井水泥早强剂时，将有机酸、醇胺类物质和硝酸盐按一定比例复合，并且通过正交试验确定早强剂最佳配比为：有机酸：醇胺类物质：硝酸盐＝1%：0.04%：4%，其最佳掺加量为水泥质量的 2.5%。在水灰比为 0.44 的条件下，可以使水泥石 6h 抗压强度由 4MPa 提高到 11MPa，具有明显的早强效果，这三种早强剂对早强效果影响的大小顺序为醇胺类物质＞有机酸＞硝酸盐。

以三乙醇胺、有机物 T、硝酸钙为原料，采用正交试验设计确定早强剂配比为三乙醇胺 0.04%、有机物 T 0.06%、硝酸钙 2.00%。结果表明，在水灰比为 0.285 的条件下，制备出的复合类早强剂可使水泥石 1d、3d、7d 和 28d 的抗压强度分别提高到 184%、156%、137% 和 115%，抗折强度分别提高到 176%、144%、128% 和 112%。以 2-丙烯酰胺基-2-甲基丙磺酸（AMPS）、二乙醇胺和硝酸钙为主要原料，采用正交试验设计的方法考察早强剂的复合效果，结果表明，影响水泥浆体早期强度的因素顺序为 AMPS＞二乙醇胺＞硝酸钙，早强剂的最佳配比为 w_{AMPS}：$w_{二乙醇胺}$：$w_{硝酸钙}$＝3%：0.04%：2%，可使水泥石 1d、3d 和 7d 的抗压强度提高到 159%、136% 和 122%。

通过对早强组分三乙醇胺、无机盐 A、甲酸钠、氯化钙和缓凝组分蔗糖、三聚磷酸钠、有机酸 B 等的研究，最终确定高效复合类早强剂组成方案为三乙醇胺 0.02%＋无机盐 A 0.06%＋甲酸钠 0.06%＋有机酸 B 0.01%，掺量为胶凝材料总量的 0.15%，在标准稠度需水量条件下，可使胶凝体系 3d 抗压强度提高 78.3%，7d 抗压强度提高 46.1%。

以甲酸钙、硫酸铁及晶胚为主要组分，采用正交试验设计方法对复合类早强剂进行配方设计，结果表明，早强剂的最佳配比为：甲酸钙：晶胚：硫酸铁＝4：5：3，在标准稠度需水量条件下，可使受检混凝土比基准混凝土的 1d、3d、7d 和 28d 抗压强度分别提高 54%、47%、39% 和 31%。

以上研究表明，复合类早强剂可以充分发挥各种早强剂的优点，效果明显优于单一类早强剂，对水泥体系有明显的早强作用。在复合类早强剂体系中，研究较为广泛和深入的为无机类与有机类早强剂的复合，并且晶种、晶胚、高价阳离子等新型早强剂也被引入复合早强剂体系中。

编者对新型的 C-S-H 早强剂开展了研究，在水溶液体系中进行 C-S-H 的可控合成，制备出了微纳级的 C-S-H 晶核早强剂。在混凝土中掺入这类早强剂，可以为大量生成 C-S-H 产物提供更多反应位点，降低产物生成的表面能。可使混凝土 24h 以内的抗压强度提高 100% 以上。

从以上阐述可以看出，氯盐及钠、钾系早强剂的本身缺陷使研制开发无氯离子和钠、钾早强剂成为亟待解决的问题。国内外很多混凝土科技工作者已认识到氯盐早强剂使混凝土存在较严重的质量问题，在近年来已着手研发新型早强剂产品，而无氯离子和钠、钾系早强剂的适应性较强，作用效果明显，且成本不高，因此，需要该种产品早日批量生产并应用于工程中。无氯离子和钠、钾系早强剂的研发前景是极其广阔的，因为大量混凝土工程需要此类产品。

为防止掺加氯盐早强剂或早强减水剂的混凝土内部所配钢筋的锈蚀，一般都考虑在这些种类的外加剂中复合亚硝酸盐组分。如果将早强剂组分与高效减水剂组分复合使用，则增塑、减水、早强和后期增强效果都是相当显著的。通过试验，研究复合型外加剂新品种不仅能够方便多种外加剂的复合掺加，而且能够起到事半功倍的效果，是今后外加剂产品发展的方向之一。

🔲 任务实施

学生制订学习计划，系统学习相关知识，重点掌握早强剂的种类、作用、微观机理等内容。学习过程中要将外加剂的相关标准作为重要拓展资源，特别是定量指标和重要概念的定义要严格参照标准，加深记忆，树立标准意识和质量意识。选取某种早强剂，结合所学知识，完成实施步骤报告。

> **具体实施步骤**
> 1. 早强剂的名称：_____。
> 2. 早强剂的特点。

3. 作用机理。

4. 实施总结。

✓ 结果评价

根据学生在完成任务过程中的表现，给予客观评价，学生亦可开展自评。任务评价参考标准见表 5-1-2。

表 5-1-2　任务评价参考标准

一级指标	分值	二级指标	分值	得分
自主学习能力	20	明确学习任务和计划	6	
		自主查阅《混凝土外加剂》（GB 8076）和《混凝土外加剂术语》（GB /T 8075）等标准	8	
		自主查阅早强剂相关技术资料和政策	6	
对早强剂的认知	60	掌握早强剂的常见种类	15	
		掌握早强剂的作用	15	
		掌握早强剂的微观机理	10	
		了解早强剂的研究现状	10	
		了解早强剂的行业背景	10	
文本撰写能力	20	实施报告撰写规范，无明显错误	20	
总分		100		

📑 知识巩固

1. 按照化学组成，早强剂可分为_____ 、_____ 、_____ 。

2. 早强剂可以显著提高混凝土 3d 的强度，且无论是哪一类早强剂，其掺量越多越好。（　　）

3. 复合类早强剂在满足早强性能要求的同时，兼顾了混凝土和易性和后期力学性能的发展，故其在实际工程中应用最广泛。（　　）

4. 研究和工程实践均表明，在常见无机盐类早强剂中，氯化钠和氯化钾等氯盐的早强效果非常突出，因此，是复合类早强剂中必不可少的成分。（　　）

5. 随着早强剂掺量的增加，混凝土的早期和后期力学性能都将显著提升。（　　）

拓展学习

复合类早强剂

混凝土是最主要的也是使用最多的建筑材料之一。然而，在实际施工过程中，往往面临着许多问题。其中最为突出的是混凝土需要较长的时间来凝固和硬化，进而才能达到最理想的抗压强度。早强剂作为混凝土外加剂之一，具有来源广泛、性能稳定、普适性强、所需成本低且效果显著等诸多优点。将不同种类早强组分以单掺和复合的形式加入混凝土中，能够起到加快水泥水化速度、增强混凝土早期强度的作用。在抢险应急类工程、低温环境施工等方面，有着不可小觑的辅助作用。

减少含氯盐、钠盐和钾盐类早强剂的使用是大趋势。氯离子的过量掺入会使钢筋钝化锈蚀，对工程产生不利影响。而钠、钾离子则会在多次干湿交替循环中，形成结晶析出，甚至使得混凝土膨胀开裂。早强剂的开发还要考虑具体的使用场景。对于冬期施工混凝土使用的早强剂，除了考虑增强效果外，还需要考虑其抗冻效果。在混凝土构件的生产中，通常采取蒸汽养护以提高混凝土的早期强度，但成本较高，使用早强剂要综合考虑构件的拆模时间要求和养护成本。对于大掺量矿物掺合料混凝土，不同种类早强剂的增强效果差异较大，需要对所选早强剂原料进行系统研究，确定最佳用量。因此，开发新型的复合类早强剂需要同时考虑对混凝土性能的影响、使用场景和性价比。

任务5.2　应用早强剂

学习目标

❖ 能列举至少三种常见早强剂的原料种类
❖ 能阐述早强剂的关键性能指标
❖ 能检测早强剂的关键性能

任务描述

将学生分为若干小组，教师分配早强剂检测任务，学生完成原材料的选取和试验步骤的制定。在完成任务时，结合相关的水泥混凝土材料基础知识，正确选取原料，熟悉测试过程，按照《混凝土外加剂》（GB 8076）等标准对早强剂的性能开展检测。同时要主动查阅资料，了解最新的行业发展动态。在完成任务的过程中，要注重培养学生科学严谨的试验态度和安全意识，加强团队协作。

◈ 知识准备

1. 早强剂对混凝土性能的影响

通过在混凝土中掺加不同掺量和种类的无机盐类早强剂与聚羧酸减水剂组分，观察测试新拌混凝土的流动性、保塑效果以及硬化混凝土的 3d、7d、28d 抗压强度，来研究探索复配组分对新拌混凝土和硬化混凝土的各种性能的影响规律（表 5-2-1、表 5-2-2）。试验原材料采用 P·O 42.5 级水泥、Ⅱ级粉煤灰、细度模数为 2.6 的中砂（河砂）、最大粒径 31.5mm 的连续级配碎石、聚羧酸高性能减水剂（20%固含量）、早强剂（NaCl、$CaCl_2$、Na_2SO_4、$Na_2S_2O_3$、$NaNO_2$、$NaNO_3$）。混凝土配合比为水泥 300kg、粉煤灰 100kg、水 175kg、砂率 44%，减水剂掺量为 1%。

码 5-1 早强剂对新拌混凝土性能的影响

表 5-2-1 早强剂对凝结硬化性能的影响

早强剂种类	掺量（%）	初始坍落度（mm）	初始比（%）	60min 坍落度（mm）	60min 比（%）
空白	0	220	100.00	210	100.00
NaCl	0.25	220	100.00	205	97.62
NaCl	0.50	220	100.00	200	95.24
NaCl	0.75	220	100.00	200	95.24
$CaCl_2$	0.25	215	97.73	200	95.24
$CaCl_2$	0.50	215	97.73	200	95.24
$CaCl_2$	0.75	200	90.91	170	80.95
Na_2SO_4	0.25	205	93.18	180	85.71
Na_2SO_4	0.50	200	90.91	170	80.95
Na_2SO_4	0.75	200	90.91	160	76.19
$Na_2S_2O_3$	0.25	220	100.00	200	95.24
$Na_2S_2O_3$	0.50	200	90.91	180	85.71
$Na_2S_2O_3$	0.75	200	90.91	180	85.71
$NaNO_2$	0.25	220	100.00	210	100.00
$NaNO_2$	0.50	220	100.00	200	95.24
$NaNO_2$	0.75	220	100.00	200	95.24
$NaNO_3$	0.25	220	100.00	200	95.24
$NaNO_3$	0.50	220	100.00	190	90.48
$NaNO_3$	0.75	220	100.00	185	88.10

表 5-2-2 早强剂对硬化混凝土力学性能的影响

早强剂		3d 抗压强度（MPa）	3d 抗压强度比（%）	7d 抗压强度（MPa）	7d 抗压强度比（%）	28d 抗压强度（MPa）	28d 抗压强度比（%）
种类	掺量（%）						
空白	0	11.5	100.00	23.9	100.00	35.2	100.00
NaCl	0.25	14.7	127.83	26.0	108.79	35.9	101.99
	0.50	15.6	135.65	25.3	105.86	40.8	115.91
	0.75	17.0	147.83	28.2	117.99	37.1	105.40
$CaCl_2$	0.25	16.3	141.74	24.6	102.93	42.1	119.60
	0.50	16.9	146.96	23.4	97.91	43.2	122.73
	0.75	16.4	142.61	21.8	91.21	39.8	113.07
Na_2SO_4	0.25	16.5	143.48	22.6	94.56	36.6	103.98
	0.50	16.8	146.09	25.3	105.86	40.1	113.92
	0.75	17.0	147.83	22.6	94.56	38.5	109.38
$Na_2S_2O_3$	0.25	17.4	151.30	22.2	92.89	37.3	105.97
	0.50	14.5	126.09	24.3	101.67	38.1	108.24
	0.75	15.4	133.91	22.2	92.89	33.1	94.03
$NaNO_2$	0.25	12.1	105.22	25.3	105.86	39.8	113.07
	0.50	12.8	111.30	28.6	119.67	38.8	110.23
	0.75	13.5	117.39	26.5	110.88	36.4	103.41
$NaNO_3$	0.25	14.9	129.57	25.8	107.95	38.1	108.24
	0.50	14.0	121.74	26.8	112.13	38.4	109.09
	0.75	15.9	138.26	25.3	105.86	39.2	111.36

综合表 5-2-1 和表 5-2-2 可知：

① NaCl 作为早强组分复配后对混凝土的流动性无不利影响，坍落度经时损失小，随着掺量的增加，初始坍落度均能保持在 220mm 的水平。早强效果也随着掺量的增加逐渐增强，当掺量达到 0.75% 时，3d 抗压强度为 17.0MPa 是空白试验同龄期抗压强度的 147.83%。

② $CaCl_2$ 在各掺量下，对新拌混凝土的流动性也无不利影响。当掺量达到 0.50% 时，混凝土各龄期抗压强度发展均达到最大，其中 3d、28d 抗压强度分别为 16.9MPa 和 42.1MPa，是空白组同龄期抗压强度的 146.96% 和 122.73%。

③ Na_2SO_4、$Na_2S_2O_3$ 与聚羧酸复配后对新拌混凝土的流动性、保塑效果均有一定影响。当掺量为 0.50% 时对混凝土各龄期抗压强度产生明显促进作用。

④ NaNO$_2$、NaNO$_3$ 与聚羧酸复配使用，新拌混凝土具有流动性和保塑效果良好、坍落度经时损失小的特点。其中以 NaNO$_3$ 在掺量为 0.75% 时的效果显著，3d 抗压强度为 15.9MPa，是空白组同龄期抗压强度的 138.26%，且后期抗压强度也有提升。

码 5-2　早强剂对硬化混凝土性能的影响

以三乙醇胺为例讨论早强剂对水泥凝结时间的影响。表 5-2-3 为波特兰水泥掺加不同掺量的三乙醇胺后凝结时间的测试结果。掺量小于 0.050% 时，水泥的初凝时间稍有延长，而终凝时间略有缩短。掺量为 0.100% 和 0.500% 时，初凝和终凝时间显著延长。

表 5-2-3　三乙醇胺掺量对水泥凝结时间的影响

三乙醇胺掺量（%）	初凝时间（h）	终凝时间（h）
0	4.3	8.3
0.010	4.7	8.1
0.025	4.9	8.1
0.050	4.8	8.4
0.100	6.8	24.0
0.500	8.2	—

以三乙醇胺及其复合类早强剂、甲酸钙复合类早强剂为例，掺加适当的三乙醇胺可明显提高混凝土的抗压强度，中国科学院工程力学研究所与中国铁道科学研究院集团有限公司的部分试验结果见表 5-2-4、表 5-2-5。

表 5-2-4　三乙醇胺对水泥胶砂强度的影响

三乙醇胺掺量（%）	抗压强度比（%）		
	3d	7d	28d
0	100	100	100
0.02	140	129	113
0.04	132	129	120
0.06	36	89	112

表 5-2-5　三乙醇胺复合类早强剂对混凝土强度的影响

水泥品种	外加剂掺量（%）			抗压强度比（%）				
	三乙醇胺	氯化钙	亚硝酸钙	2d	3d	5d	7d	28d
哈尔滨普通水泥	—	—	—	100	100	100	100	100
	0.05	0.5	—	162	153	134	131	116
	0.05	0.5	1.0	167	175	—	—	116

续表

水泥品种	外加剂掺量（%）			抗压强度比（%）				
	三乙醇胺	氯化钙	亚硝酸钙	2d	3d	5d	7d	28d
首都矿渣水泥	—	—	—	—	100	100	100	100
	0.05	0.5	—	—	143	123	134	135
	0.05	0.5	1.0	—	157	130	146	139
抚顺矿渣水泥	—	—	—	100	100	100	100	100
	0.05	0.5	—	180	180	168	161	134
	0.05	0.5	1.0	172	175	175	152	136

2. 早强剂的工程应用

为了加快工程的施工进度，加速模板及台座的周转，提高混凝土构件制品的产量，取消或缩短蒸汽养护时间，满足某些特殊工程的需要，对混凝土的早强要求越来越迫切。因此，从某种意义上讲，工程上对早强的要求往往高于高强。

碱金属的硫酸盐都有一定的促凝早强作用。碱土金属的硫酸盐都有早强作用，而对凝结时间的影响则一般与其掺量有关，例如，硫酸钙在掺量较小时对水泥起缓凝作用，但掺量较大时具有明显的促凝作用。铁、铜、锌、铅的硫酸盐因在水泥离子表面形成难溶薄膜而具有缓凝性，一般不能提高混凝土的早期强度。

（1）硫酸盐类

采用硫酸钠早强剂时，应避免其结块，一旦发现受潮结块，应将硫酸钠仔细过筛，防止团块掺入，并适当延长搅拌时间。如果硫酸钠早强剂以水溶液形式掺加，则应注意由于温度较低析出晶体而造成的浓度变化。

硫酸钠由于早强作用，在激发活性混合材料的活性、加速火山灰反应方面更强烈，而对纯熟料硅酸盐水泥的激发、活化和早强效果则较差。硫酸钠早强剂除了存在的一般性问题外，其钠（钾）离子本身的缺陷也是近年混凝土工程界谈论的重要话题。主要有以下两点。

① 返碱现象（盐析）。

由于 K^+、Na^+ 不与水泥水化产物化合，且其盐类均易溶解，因而较多残留于混凝土的液相中，这是混凝土表面盐析的主要原因之一。硫酸钠在混凝土中使用，当掺量过大或养护条件不好时，容易在混凝土表面产生反碱现象，进而影响混凝土表面的光洁程度，也不利于表面的进一步装饰处理。冬期施工或干燥天气尤其容易发生。盐析使混凝土表面形成白色污染。这对于目前要求无表面装修的铁道、交通混凝土工程是不利的。更有甚者，钠盐在混凝土表层结晶发生膨胀，极有可能造成混凝土的表层开裂甚至脱落，对工程造成极大危害。因而在此类工程中应限制钠（钾）系早强剂的应用。

② 碱-骨料反应。

碱-骨料反应发生的基本条件之一是碱的存在。混凝土中的含碱量，既来自水泥，也来自外加剂，尤其是早强剂。水泥中的含碱量以氧化钠、氧化钾的当量含量计算，计算公式如下：

$$含碱量＝Na_2O＋0.658K_2O$$

一些无机盐类早强剂包括 Na_2SO_4、K_2SO_4、$NaCl$、$NaNO_3$、K_2CO_3 等，虽然都具有较高的早强性能，但其中含有 K^+、Na^+ 离子，会增加混凝土的含碱量而不利于混凝土性能的提高。由此可见，钠（钾）系早强剂有着天然的缺陷——存在导致碱-骨料反应的潜在危险。这也在很大程度上限制了此系列早强剂的使用。

近年来，硫酸钠已逐渐发展成为我国非氯盐早强剂的主要原料，并且已成为复合类早强剂的一个重要组分。硫酸钠及其复合外加剂对水泥混凝土的早强作用已被人们确认，但关于它对混凝土长期性能的影响，国内外学者的看法尚不一致，有待进一步深入地研究。有些研究者指出，硫酸钠对混凝土会有如下的不良影响：在水泥混凝土凝结、硬化一定时间后，若硫酸盐与水泥水化产物（水化铝酸盐）继续反应生成大量钙矾石，将产生体积膨胀而导致混凝土强度和耐久性降低，若混凝土所用骨料中含有活性二氧化硅，就更容易促使碱-骨料反应的发生，从而导致混凝土的破坏。因此，对于硫酸钠的使用必须加以适当的限制或采取相应的措施，以确保达到预期的技术经济效果和长期稳定性要求。

混凝土中掺入硫酸钠后所引起的硫铝酸盐反应程度，主要取决于硫酸钠的掺量和细度、水泥的品种和矿物组分等因素。一般认为硫酸盐的总含量（折合成 SO_3）若不超过水泥质量的 4.0%，则不会由于发生有害的硫铝酸盐反应而引起混凝土强度及耐久性降低。例如，若某种水泥的 SO_3 含量为 2.5%，硫酸钠的掺量为 2%（折合成 SO_3 含量为 1.13%），则此时的 SO_3 含量为 3.63%（小于 4.0%），不会发生有害的硫铝酸盐反应。在某些情况下，为了达到早强或防冻等方面的要求，可将硫酸钠与减水剂复合使用。选用矿渣水泥，则硫酸钠的掺量可适当增加。

金属腐蚀的基本理论指出，Cl^-、SO_4^{2-} 都能穿透金属表面的钝化保护膜，促使金属锈蚀的产生。在一般情况下，当硫酸钠的掺量不高时（水泥质量的 2% 以内），可以认为它对于钢筋及金属预埋件没有锈蚀的危害。为慎重起见，对于处在高温、高湿、干湿循环或有氯盐等侵蚀性电解质作用下的预应力钢筋混凝土结构物，以及采用高强钢丝等特殊钢材配筋的先张法预应力结构和后张法孔道灌浆，以不单独使用硫酸钠外加剂为妥。当硫酸钠以干粉形式掺入时，应预先将硫酸钠仔细过筛，防止团块混入，并应适当地延长搅拌时间；以水溶液形式掺用时，应注意由于温度较低容易析出结晶而造成的浓度变化。对于单独掺用硫酸钠的混凝土，更应注意早期的保湿养护，适当地加薄膜覆盖，以保证早强效果和防止析白起霜。

（2）氯盐类

提高混凝土耐久性和延长混凝土使用寿命是高性能混凝土与绿色混凝土追求的主要目标。众所周知，氯化物会造成钢筋的腐蚀，并且以电化学腐蚀为主。其腐蚀破坏作用可归纳为：

① 同离子效应使混凝土体系碱性降低。掺加 2％ $CaCl_2$ 时，混凝土的 pH 值从 13 降到 11；当 pH 值小于 9.5 时，就会促进锈蚀作用。

② 氯离子增大了混凝土的导电率，因而增大了电腐蚀的"电流"。

③ 高浓度氯离子抵消了氢氧根离子对钢筋的钝化作用。有研究结果显示，氯化物含量 0.4％是抵消氢氧根离子钝化作用的最低含量。

由于氯化物存在上述一系列的问题，因此在混凝土（特别是钢筋混凝土）中应限量使用氯化物类早强剂。此外，一些溶解度较大的早强剂，如硫酸钾、硫酸钠等，在掺量较大、早期养护条件不好时，会因水分蒸发而在混凝土表面产生盐析现象，影响了混凝土表面的光洁程度，也不利于混凝土表面的装饰与底层的黏结。上述这些情况都会严重影响混凝土的耐久性，因此在实际施工过程中应加以重视。

目前，工程技术界一致认为，掺入大量氯盐有加速混凝土中钢筋及其他金属预埋件锈蚀的作用。但依据各自试验和分析，人们提出了不同的观点：第一种观点认为既然氯盐有促进钢筋锈蚀的作用，从工程安全角度来考虑，在钢筋混凝土和预应力钢筋混凝土结构中就不应该掺带氯盐的外加剂；第二种观点认为氯盐与水泥中铝酸盐矿物生成氯铝酸盐络合物，少量或微量氯盐在混凝土中呈络合状态，不会促进钢筋锈蚀，因此可允许钢筋混凝土和预应力钢筋混凝土掺入少量或微量氯盐；第三种观点认为氯盐对钢筋的锈蚀影响，很大程度上取决于混凝土的密实度、水灰比、水泥用量、养护条件和工程结构的工作环境，因此难以确定统一的掺量限值，对氯盐的限值可不做规定。实际上从理论和短期观察来看，少量氯盐不会影响钢筋混凝土结构物的耐久性，但从工程的长期安全角度考虑，应当限制氯盐的使用。

我国在相关标准中规定，处于露天的钢筋混凝土和预应力钢筋混凝土结构中不得掺氯化钙，而对于普通混凝土中氯离子的允许限量未做明确规定，但对水泥中氯离子含量有明确的限定，见标准《通用硅酸盐水泥》（GB 175）。在某些国家的标准中，对氯化物的掺入量和混凝土内氯盐限制都做了明确规定（表 5-2-6）。

表 5-2-6　不同国家对氯盐限值的规定

结构分类	中国	美国 ACI	英国 BS	德国 GIN	日本 JASS
预应力钢筋混凝土	不得掺入	0.06％	0.06％	0.02％	0.02％
处于露天的钢筋混凝土	不得掺入	接触氯 0.10％，不接触氯 0.15％	0.50％（试验结果的 95％应在 0.35％以内）	以保证钢筋不受锈蚀为准	0.20％～0.30％

三乙醇胺作为早强剂使用具有如下特点。

① 用量小：只有水泥用量的万分之几，即有明显的早强作用。与某些无机盐类早强剂复合使用能达到事半功倍的效果，因而有早强催化剂的美誉。

② 适应温度范围宽：从 -5℃ 到 90℃ 均有同样早强作用，因而不仅可以在冬期施工，而且在混凝土蒸养工艺中也广泛采用。

③ 不锈蚀钢筋：三乙醇胺是弱碱性物质，而且不含氯离子，因此对钢筋无不良作用。

④ 不影响后期强度：三乙醇胺在适合掺量范围内使用不但能大幅度提高混凝土早期强度，而且28d抗压强度仍有显著增加。

三乙醇胺的常用掺量为0.02%～0.05%，当三乙醇胺掺量过大时，反而引起水泥过度缓凝，并且引气现象十分严重，这对混凝土的强度是十分不利的。三乙醇胺常与氯盐早强剂复合使用，早强效果更佳。但需要注意的是，三乙醇胺也是一种常用的助磨剂，若生产水泥时掺入了三乙醇胺，在后续混凝土的生产过程中再使用三乙醇胺作早强剂，则可能观察不到明显的增强效果。

常用的有机化合物早强剂还有甲酸钙、乙酸和乙酸盐等。

3. 技术要点与注意事项

（1）早强剂的掺加方式

① 以粉剂形式掺加的早强减水剂如受潮结块，应通过0.63mm的筛，筛后方可使用。

② 掺早强减水剂混凝土的搅拌和振捣方法与不掺的混凝土相同。如以粉剂形式加入，应先与水泥、骨料干拌后再加水，搅拌时间不得少于3min。

码5-3 早强剂的注意事项

③ 掺早强减水剂混凝土进行自然养护时，应使用塑料薄膜覆盖，低温时应用保温材料覆盖。

④ 蒸汽养护时，其养护制度应根据早强剂和水泥品种、浇筑温度等条件，通过试验确定。

⑤ 早强剂、早强减水剂进入工地的检验项目应包括密度（或细度），1d或3d抗压强度及对钢筋的锈蚀作用，早强减水剂应增测减水性能。混凝土有饰面要求的还应观测硬化后混凝土表面是否析盐，符合要求后方可入库、使用。

⑥ 粉剂早强剂和早强减水剂直接掺入混凝土干料中应延长搅拌时间30s。

⑦ 常温及低温下使用早强剂或早强减水剂的混凝土采用自然养护方法时宜使用塑料薄膜覆盖或喷洒养护液，终凝后应立即浇水进行潮湿养护。最低气温低于0℃时，除塑料薄膜外还应加盖保温材料，最低气温低于-5℃时应使用防冻剂。

（2）掺用复合早强剂的注意事项

① 氯化钙会与某些引气剂和减水剂产生化学反应，因此，不同外加剂不能随便混合使用，一般先加入引气剂或减水剂，在判明没有发生化学反应时，才能混合使用。

② 氯盐可能会促使混凝土中钢筋锈蚀，世界各国混凝土规范中，对氯盐的允许掺量（含量）的规定不一致，因此，在预应力钢筋混凝土或钢筋混凝土结构（制品）中所掺用氯盐或含氯的外加剂，应严格按有关规范规定控制其掺量。

③ 我国混凝土规范对硫酸钠的允许最大掺量未做规定，但对水泥、骨料和拌合水的SO_3含量都有明确限定。因此外掺硫酸钠时，其掺量应慎重选定。另外，硫酸钠对

水泥品种很敏感，它比较适应于矿渣水泥，对某些硅酸盐水泥和普通水泥较不适应，因此选用硫酸钠时应通过试验，不能掺用于含有活性骨料的混凝土中。

④ 冬期施工混凝土推荐采用引气剂复合早强剂（如引气剂＋早强剂、引气剂＋抗冻剂或引气剂＋早强剂＋抗冻剂）和引气减水剂复合早强剂（如引气减水剂＋早强剂、引气减水剂＋抗冻剂或引气减水剂＋早强剂＋抗冻剂）。复合剂不仅能克服单剂（早强剂、抗冻剂）的固有副作用，还能减轻早期冰冻的危害（如气温突然剧降）。这样工程质量较有保证，工程造价仍有可能进一步降低。

（3）早强剂掺量的限制

根据国家标准《混凝土外加剂应用技术规范》（GB 50119）的要求，三乙醇胺掺入混凝土的量不应大于胶凝材料质量的 0.05%，其他品种早强剂的掺量应经试验确定。硫酸钠的掺量应符合表 5-2-7 中的规定。

表 5-2-7　硫酸钠掺量限值

混凝土种类	使用环境	掺量限值（胶凝材料质量的百分比，%）
预应力混凝土	干燥环境	≤1.0
钢筋混凝土	干燥环境	≤2.0
	潮湿环境	≤1.5
有饰面要求的混凝土	—	≤0.8
素混凝土	—	≤3.0

▣ 任务实施

学生以小组为单位，根据所领取的早强剂的性能检测任务，完成相关知识的学习。查阅文献资料了解原料的性质、配制原理等，制定配制方案，写出配制的具体步骤。根据所学的各类早强剂的特点，确定关键性能指标检测方法，列出参考标准，制定性能检测方案。具体实施步骤如下。

具体实施步骤

1. 选择检测项目：□抗压强度　□泌水率比　□凝结时间差　□抗压强度比
2. 制定检测方案。
　（1）原料选择。
　　　① _____。
　　　② _____。
　　　③ _____。
　　　④ _____。
　　　⑤ _____。

（2）检测步骤。

①_____。

②_____。

③_____。

④_____。

⑤_____。

（3）结果分析。

3. 实施总结。

☑ 结果评价

根据学生在完成任务过程中的表现，给予客观评价，学生亦可开展自评。任务评价参考标准见表 5-2-8。

表 5-2-8　任务评价参考标准

一级指标	分值	二级指标	分值	得分
自主学习能力	20	明确学习任务和计划	5	
		自主查阅《混凝土外加剂应用技术规范》（GB 50119）等标准	15	
正确使用早强剂	60	能正确检测，使用早强剂	20	
		掌握早强剂的工程应用要点	20	
		掌握早强剂对混凝土性能的影响规律	20	
职业素养	10	具有质量意识、严谨的科学态度、团队合作意识	10	
标准意识	10	熟悉标准《混凝土外加剂》（GB 8076）对早强剂的规定	10	
总分		100		

▤ 知识巩固

1. 早强剂性能的评价指标包括_____、_____、_____等。

2. 常见的混凝土早强剂品种主要有_____、_____、_____等三种。

3. 硫酸盐早强剂除了存在的一般性问题外，其中的钠（钾）离子可能带来的风险包括_____、_____。

4. 氯盐的早强性能突出，它的缺点是_____。

5. 三乙醇胺早强剂的掺量通常不超过_____。

6. 硫酸盐早强剂对_____水泥具有较好的活性激发作用。

7. 水泥和混凝土中的硫酸盐含量通常折合成_____计算。

8. 水泥和混凝土中的碱含量通常是指_____的当量含量。

📖 拓展学习

装配式构件的早强问题

装配式建筑用预制构件，具有生产效率高、施工周期短、不易受外界干扰等工程特性，以及产品质量稳定、构件尺寸精度高的性能优点，随着工业化进程的推进而得到不断发展。为了进一步加快模具的周转、缩短厂内养护时间，提高预制混凝土构件的早期强度就成为研究的热点问题。如预应力钢管混凝土管道脱模时间为 9h，为缩短模具周转周期、节省养护成本，往往要求在 6h 左右脱模，且制品脱模强度不低于 20MPa。室温条件下养护的浇筑型轻质陶粒板的脱模时间为 24h 以上，但实际应用希望缩短为 6～12h，此时强度应以 2～3MPa 为宜。

目前提高混凝土早期强度的方法有三种：①改进混凝土配合比，如降低水胶比、提高水泥用量等；②改进制备工艺或养护方式；③使用早强型外加剂。提高预制混凝土构件早期强度常用的方式是蒸汽养护，但无疑会增加养护成本和碳排放，对环境不友好，且蒸汽养护后混凝土脆性进一步增大，耐久性下降。因此，配制适合混凝土构件用的早强剂，以节约成本和提高产品的生产效率是重要方向。

项目6 配制与应用引气剂

项目概述

我国北方地区天气寒冷，环境恶劣，尤其是一些盐碱土地区，因混凝土耐久性问题而造成的混凝土结构的安全问题层出不穷，越来越多地受到人们的关注。混凝土的抗冻性是反映混凝土耐久性能的关键指标，也是直接影响建筑物整体质量和水平的重要因素。然而，普通混凝土很难达到较高的抗冻性要求。在混凝土中加入引气剂，从而增加其含气量，是截至目前我国建筑工程领域较为常用的保证混凝土抗冻性的最有效的方式。引气剂在机制砂和碎石配制的混凝土中也发挥着重要作用。由于机制砂和碎石级配较差，颗粒球形度差，通过引入适量微气泡，可以起到良好的填充效果，能提升混凝土的保水能力，避免混凝土出现严重泌水和离析现象。另外，在配制轻质混凝土时，可使用陶粒等轻质骨料替代碎石，并掺入适量引气剂，达到降低混凝土容重的目的。本项目内容涵盖引气剂的品种及作用机理、引气剂对混凝土性能的影响、引气剂引气效果的影响因素、引气剂的应用技术要点等内容。学生通过学习能了解引气剂的品种、作用原理等，能配制常用引气剂并能正确应用引气剂。同时在完成任务的过程中，培养团队合作意识、科学严谨的态度、工程质量意识等。

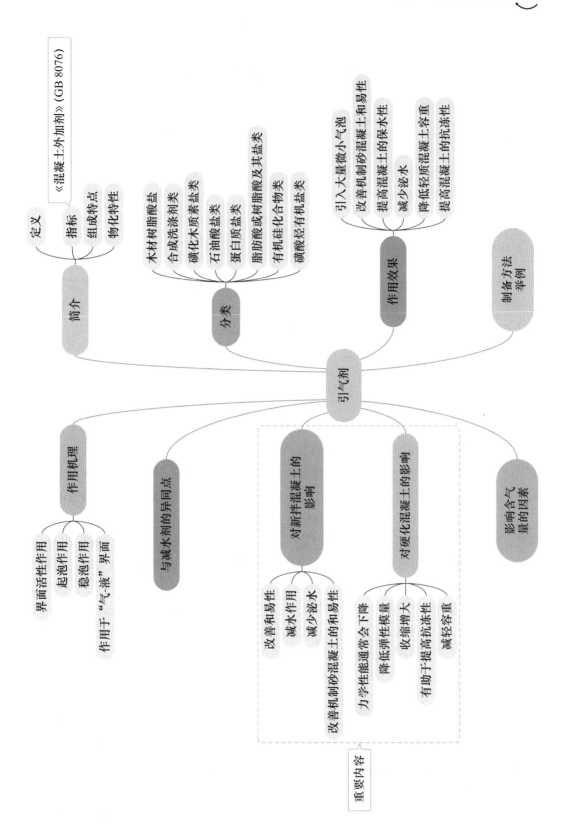

任务 6.1　认识引气剂

📑 **学习目标**

❖ 能阐述引气剂的作用
❖ 能列举常用的引气剂种类
❖ 能阐述引气剂的作用原理

📋 **任务描述**

引气剂是非常重要的一种外加剂，有着不可或缺的地位和作用。学生需对常用的引气剂加以了解，熟悉引气剂的基本作用和原理，同时查阅资料，了解引气剂的发展历史和研究现状，为进一步配制和应用引气剂奠定基础。

◈ **知识准备**

1. 引气剂的定义及分类

引气剂是一种能使混凝土在搅拌过程中产生大量均匀、稳定、封闭的微小气泡，从而改善其和易性，并在硬化后仍然能保留微小气泡以改善混凝土抗冻融耐久性的外加剂。优质引气剂还具有改善混凝土抗渗性，以及有利于减小碱-骨料反应产生的危害性膨胀的优点，与减水剂及其他类型的外加剂复合使用，可进一步改善混凝土的性能。

引气剂掺量虽然非常小，却能使混凝土在搅拌过程中引气而大幅度改善混凝土的抗冻性，应用在道路、桥梁、大坝和港口建设等方面，大大提高混凝土结构的使用寿命，因此，它是一种非常重要的外加剂。所以，引气剂问世至今，仍然被看作混凝土材料科学发展过程中的一大重要发现。

根据化学成分，引气剂主要有以下几类：①木材树脂酸盐；②合成洗涤剂类；③磺化木质素盐类；④石油酸盐类；⑤蛋白质盐类；⑥脂肪酸或树脂酸及其盐类；⑦有机硅化合物类；⑧磺酸烃有机盐类等。

20 世纪 30 年代，美国的汽车交通发展迅速，而混凝土路面破坏十分严重，尤其在北方地区的冬季，为防止混凝土路面结冰而喷撒除冰盐（如氯化钙、氯化钠）的路面破坏更加严重。通过试验研究发现，用掺入树脂和油类等助剂作为助磨剂的水泥所配制的混凝土，破坏程度较轻。这一发现促使人们对引气剂的作用机理和作用效果进行了深入的研究，并促使人们开发研制出了有效的引气剂。目前已有多种引气剂产品，并且针对引气剂为何能改善混凝土的抗冻融性、和易性，也进行了深入的研究。

最早取得技术专利的混凝土引气剂是文沙树脂，它是松香精制过程中的一种副产品。我国 20 世纪 50 年代研制了以松香热聚物为主要成分的引气剂，但当时由于整个技术水平较低，复合技术还没有得到较好的掌握，因此在水工混凝土以外的混凝土中应用时，由于强度下降明显而停止了使用。在 20 世纪 70 年代后由于引气减水剂的出现而得到了广泛的应用。

引气剂是混凝土工程中的一项重大发明，在混凝土中掺入极少量（万分之几甚至十万分之几）的引气剂，就可以成倍数地增强混凝土的抗冻能力。吴中伟院士研制的中国最早的混凝土外加剂——松香热聚物引气剂，成功应用于塘沽新港、治淮工程等，提高了工程耐久性，对工程实践起到重要作用。现如今，经过技术人员的大量实践和研究发现，引气剂在提高机制砂混凝土的和易性方面也有良好的效果。引气剂的应用范围随着市场需求的发展和技术的进步正在逐步拓展开来。

2. 引气剂的作用机理

引气剂属于阴离子型表面活性剂，表面活性作用类似于减水剂，区别在于减水剂的界面活性作用主要发生在液-固界面，而引气剂的界面活性作用主要在气-液界面上。

由于能显著降低水的表面张力和界面能，引气剂使水溶液在搅拌过程中极易产生许多微小的封闭气泡，气泡直径多在 $20\sim250\mu m$。同时，引气剂定向吸附在气泡表面，形成较为牢固的液膜，使气泡稳定而不破裂。按混凝土含气量 $3\%\sim5\%$ 计（不加引气剂的混凝土含气量为 1%），每 $1m^3$ 混凝土拌合物中含数百亿个气泡。由于大量微小、封闭并均匀分布的气泡的存在，混凝土的某些性能得到明显改善或改变。

概括来讲，引气剂的作用机理在于，在混凝土搅拌过程中能产生大量包裹微小的气泡，而这些微小的气泡又能稳定地存在于混凝土体内。

具体分析，引气剂的作用机理包括以下几个方面。

（1）界面活性作用

不加引气剂时，搅拌混凝土过程中，也会裹入一定量的气泡。但是当加入引气剂后，在水泥-水-空气体系中，引气剂分子很快被吸附在各相界面上。在水泥-水界面上，形成憎水基指向水泥颗粒，而亲水基指向水的单分子（或多分子）定向吸附膜。在气泡膜（水-气界面）上，形成憎水基指向空气，而亲水基指向水的定向吸附层。表面活性剂的吸附作用，大大降低了整个体系的自由能，使得在搅拌过程中，容易引入小气泡。

（2）起泡作用

泡可分为气泡、泡沫和溶胶性气泡三种。混凝土中的泡属于溶胶性气泡。纯净的水不会起泡，即使在剧烈搅动或振荡作用下，水中卷入搅得细碎的小气泡而混浊，但静置后，气泡立即上浮而破灭。但是当水中加入引气剂（如洗衣粉）后，经过振荡或搅动，便引入大量气泡。其原因是，液体表面具有自动缩小的趋势，而起泡是一种界面面积大量增加的过程，在表面张力不变的情况下，必然导致体系自由能大大增加，是热力学不稳定的系统，会导致气泡缩小、破灭。但在引气剂存在的情况下，由于它能吸附到气-液界面上，降低了界面能，即降低了表面张力，因而使起泡较容易。概括起来，引气剂的起泡作用主要有两个方面：一是使引入的空气易于形成微小气泡；二是防止气泡兼并增大、上浮破灭，也就是要保持微小气泡稳定，并均匀分布在混凝土中。

（3）稳泡作用

通过试验发现，将有些表面活性剂加入混凝土中，在搅拌过程中也能引入大量微小气泡，但是当将混凝土静置一定时间或经过运输、装卸、浇筑后，混凝土的含气量大大下降，大部分气泡都溢出消失了，而引气剂则不同，掺入后，不但能使混凝土在搅拌过程中引入大量微小气泡，而且这些气泡能较稳定地存在，这使硬化混凝土中存在一定结构的气孔的重要保证。

研究表明，气泡的稳定性与静表面张力之间并非简单的关系，还取决于一些其他条件，包括在气泡周围形成有一定机械强度和弹性的膜，要有适当的膜表面黏度、适当的液相介质黏度，使泡膜不易流失等，对于混凝土这样的多相系统，情况就更复杂了。

由于上述作用，掺加引气剂的混凝土在搅拌过程中所形成的气泡大小均匀，迁移速度小，且相互聚集兼并的可能性也很小，基本上都能稳定地存在于混凝土体内。

也有学者对引气剂的界面活性，起泡、稳泡作用机理进行了以下几点归纳。

（1）降低液-气界面张力作用

含气量一定时，体系的液-气界面面积增大，体系总界面自由焓增大，体系处于热力学不稳定状态。

掺入引气剂后，由于降低了液-气界面张力，即使气泡不相互兼并增大，也使体系总的液-气界面面积保持不变，整个体系的液-气界面自由焓不增大，或者还有所降低，使体系处于热力学较为稳定的状态。

（2）气泡表层液膜之间的静电斥力作用

离子型表面活性剂作为引气剂时，其分子在水中电离成阴、阳离子，使气泡表面液膜带上相同的负电荷。当气泡相互靠近时，气泡之间便产生静电斥力作用，从而阻止气泡进一步靠近，提高气泡的稳定性。

（3）水化膜厚度及机械强度增大作用

引气剂在气泡表面吸附时均是非极性基深入气相，而极性基留于液相。吸附了引气剂分子的气泡表面水化膜增大，机械强度提高，气泡表面黏度及液膜弹性增大，这样当气泡碰撞接触时，气泡间液膜便不易排液薄化，同时气泡的弹性变形还有利于抵消气泡所受的外力作用。

（4）微细固体颗粒沉积气泡表面形成的"罩盖"作用

阴离子型引气剂，会吸收和集中在气泡表面，使混凝土中的气泡实际上成为气固液三相气泡，固体颗粒"罩盖"薄膜使气泡表层膜厚度增大，机械强度和弹性提高。此层"罩盖"薄膜使气泡靠近时水化膜更不易排液薄化，因而气泡更难兼并增大，并且有助于阻止气泡上浮和凝聚，从而使大量微小气泡能够稳定地均匀分布在混凝土拌合物中。

还有一项试验数据，也能够帮助说明掺加引气剂混凝土中引入的气泡的稳定性：一些阴离子型引气剂在含钙量高的水泥浆溶液中有钙盐沉淀，当微细的水泥颗粒周围和气泡膜上的这种沉淀物浓度适当时，能防止气泡破灭，见表6-1-1。

表 6-1-1　由松香溶液产生的泡沫在清水和饱和石灰水中的稳定情况

松香溶液浓度（%）	泡沫存在时间（min）	
	清水	饱和石灰水
0.02	31	380
0.04	54	410
0.08	103	390

任务实施

学生分组制订任务实施计划，系统学习相关知识，学习过程中结合思维导图、微课、文本等资源开展学习，完成介绍一种自选引气剂的实施报告。具体实施步骤如下。

> **具体实施步骤**
>
> 1. 引气剂的名称：＿＿＿＿＿。
>
> 2. 引气剂的特点。
>
> 3. 作用机理。
>
> 4. 实施总结。

结果评价

根据学生在完成任务过程中的表现，给予客观评价，学生亦可开展自评。任务评价参考标准见表 6-1-2。

表 6-1-2　任务评价参考标准

一级指标	分值	二级指标	分值	得分
自主学习能力	20	明确学习任务和计划	8	
		自主查阅资料	12	
对引气剂的认知	60	掌握引气剂的常见种类	15	
		掌握引气剂的作用机理	15	
		了解引气剂的研究现状	15	
		了解引气剂的行业背景	15	

续表

一级指标	分值	二级指标	分值	得分
职业素养	20	工程质量意识	20	
总分		100		

知识巩固

1. 列举所知道的引气剂：_____。

2. 引气剂是指_____。

3. 引气剂属于_____型表面活性剂。

4. 引气剂引入的气泡的特点是_____。

5. 按照化学成分分类，引气剂主要分为_____、_____、_____、_____、_____、_____等种类。

拓展学习

引气剂在龙滩水电工程中的应用

龙滩水电工程位于红水河上游的广西天峨县境内，是红水河梯级开发龙头骨干控制性工程，也是国家西部大开发的十大标志性工程和"西电东送"战略项目之一。

龙滩水电工程项目主要由三个部分组成：大坝、地下电站和通航建筑物。龙滩水电工程混凝土包括碾压混凝土、抗冲耐磨混凝土、常态和泵送混凝土等多种类型。龙滩水电工程很大一部分混凝土为水灰比很小的碾压混凝土。这些因素对混凝土引气剂的性能造成了极大的影响，对引气剂的性能提出了更高的要求。某公司的 YQJ 高性能混凝土引气剂以很低的掺量、稳定的产品质量和优异的产品性能及适应性在众多引气剂产品中脱颖而出，分别应用于大坝主体碾压混凝土、C50 抗冲耐磨混凝土、导流洞和地下厂房的普通混凝土和泵送混凝土中。使用效果表明，YQJ 高性能混凝土引气剂能显著改善混凝土的和易性，减小拌合物的离析、泌水率，气泡稳定性能优异，极大地提高了混凝土的耐久性能。图 6-1-1 为龙滩水电站。

图 6-1-1 龙滩水电站

任务 6.2　制备引气剂

学习目标

❖ 能简述至少两种常见引气剂的制备方法
❖ 能正确选取引气剂的原料，并阐述工艺流程

任务描述

学生分小组完成任务，根据要求正确进行原材料的选取和合成工艺的制定。在任务完成的过程中，要团队分工合作，养成科学严谨的态度，牢筑安全绿色生产意识。参考任务题目见表 6-2-1。

表 6-2-1　参考任务题目

序号	引气剂种类	要求
1	松香皂类引气剂	
2	松香热聚物类引气剂	
3	烷基苯磺酸盐类引气剂	熟悉引气剂的性能特点，能正确选取原料，绘制工艺流程图，确定合成工艺参数
4	脂肪醇硫酸钠类引气剂	
5	皂角苷类引气剂	

知识准备

在混凝土生产过程中常用引气剂的主要品种有松香热聚物、松香皂、烷基苯磺酸钠、脂肪醇硫酸钠、烷基酚环氧乙烷缩合物等。引气剂的用量一般为水泥质量的 $(0.5\sim1.2)/10000$。

1. 松香类引气剂

我国的松香产量目前居世界第一，除自用外还大量出口。这类引气剂包括松香皂和松香热聚物。松香由松树树脂制得，主要成分是松香酸，分子结构如图 6-2-1 所示。这类引气剂的突出优点是性能可靠、制备简便、价格便宜，是最早生产并用于砂浆及混凝土中的引气剂。

松香酸与碱发生皂化反应生成松香皂，松香皂的合成反应见式（6-2-1）。

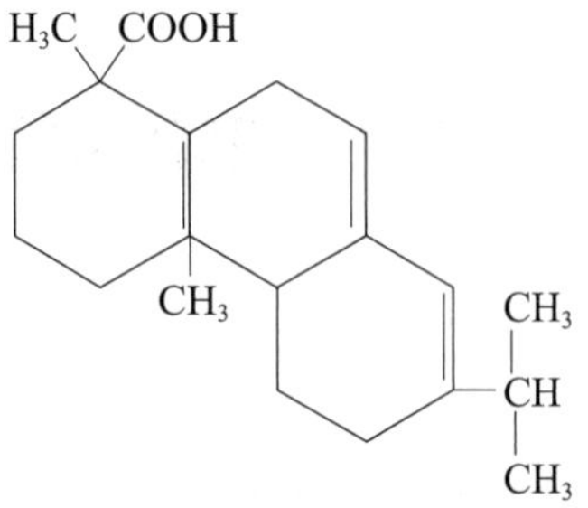

图 6-2-1　松香酸分子结构

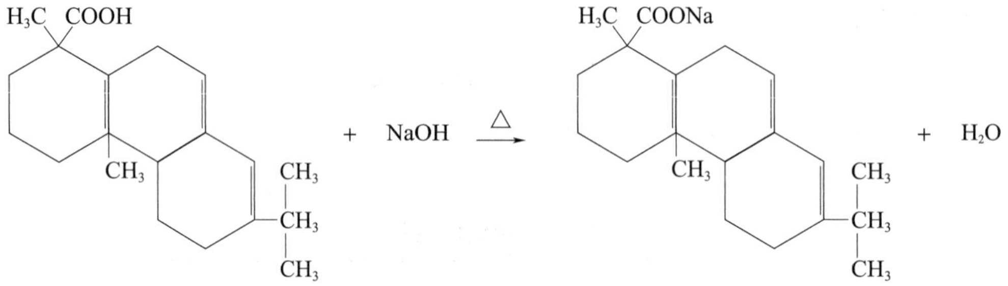

$$(6-2-1)$$

松香皂化物制备过程如下。

通常在带蒸汽夹套的反应釜中进行，反应温度在 80～100℃。首先将氢氧化钠配制成一定浓度溶液，浓度由皂化系数确定。皂化系数为中和 1kg 松香所需的氢氧化钠质量，一般皂化系数为 160～180。皂化 1kg 松香所需碱用量可按式（6-2-2）算出。

$$\alpha = K \frac{100B}{C} \qquad (6-2-2)$$

式中　α——碱用量，g；

　　　C——碱纯度；

　　　K——0.71，NaOH 换算系数；

　　　B——松香皂化系数。

将松香（一般二、三级松香即可，一级松香在 100℃ 附近温度范围内容易形成结晶而影响皂化反应）粉碎成粉状，适当放在空气中氧化一段时间，至粉末颜色略加深即可。

先将碱液加热至沸腾，再徐徐加入粉状松香，边加边搅拌防止爆沸。当物料添加完毕，反应结束时，pH 值在 8～10。此时取出少量成品加热水稀释后，溶液应澄清透明，无浑浊、无沉淀，此时可视为皂化完全。松香皂是一种棕色透明的膏状体，含水量约在 22%。经稀释后可作为引气剂加入外加剂中。但这种松香皂由于功能不够全面，使用也不方便，所以在皂化后还要加入一些其他成分来改性。另外，还可以加入一些载体制成粉状产品，也可以与其他减水剂复合制成引气减水剂。

将松香与苯酚（俗称石碳酸）、硫酸和氢氧化钠以一定比例在反应釜中加热，松香中的羧基与苯酚中的羟基进行酯化反应，所形成的大分子再经过氢氧化钠处理变为缩聚物的钠盐，即松香热聚物。其反应式见式（6-2-3）。

$$(6-2-3)$$

松香热聚物制备过程如下。

将松香与苯酚、硫酸、氢氧化钠和原料按比例放入反应釜，在 $70\sim80℃$ 反应 6h 即得所需的产品。

松香热聚物性能与松香皂化物差不多，无明显优点，由于在生产过程中要使用对环境有污染的苯酚，因此成本略高于松香皂化物。

松香类引气剂至今已沿用了几十年，但仍存在两点明显的不足：①难溶解，使用时需加热，加碱；②和其他外加剂的相容性较差，与其他外加剂联合使用时，往往产生沉淀，影响效果。

2. 烷基苯磺酸盐类引气剂

烷基苯磺酸盐类引气剂具有代表性的产品为十二烷基苯磺酸钠（SDBS），属阴离子表面活性剂。产品为黄色油状体，中性，易溶于水，引气能力强。较十二烷基磺酸钠的泡沫稳定性好，但耐硬水性较差，脱脂能力强，在合成洗涤剂中大量应用，是国际安全组织认定的安全化工原料。

十二烷基苯磺酸钠合成工艺简单，原料为丙烯、苯、硫酸（H_2SO_4 或液态 SO_3）、氢氧化钠（$96\%\sim98\%$）、$AlCl_3$（无水）、H_3PO_4。

以丙烯为原料先聚合成丙烯四聚体——十二烯，再与苯共聚成十二烷基苯，经发烟硫酸磺化成十二烷基苯磺酸，再中和成钠盐，具体的反应步骤如下。

（1）聚合，见式（6-2-4）

$$4C_3H_6 \xrightarrow{H_3PO_4} C_{12}H_{24} \qquad (6-2-4)$$

在温度为 $200\sim240℃$，压力为 $60\sim80$ 倍大气压，磷酸作为接触剂的情况下，丙烯发生聚合生成四聚体，即十二烯（$C_{12}H_{24}$），同时有二、三、五聚体及低分子聚合物产生，其中三聚体及五聚体可以与四聚体一同进行烷基化反应得到烷基苯。

（2）烷基化，见式（6-2-5）

$$(6-2-5)$$

苯与丙烯聚合体进行烷基化，可采用 $AlCl_3$、H_2SO_4、H_2F_2 等为接触剂，反应在

40～60℃时进行，烷基化时要用过量的苯，即苯与四聚丙烯的比例为 6～8：1。

（3）磺化，见式（6-2-6）

$$\text{（）}-C_{12}H_{25} + H_2SO_4 \longrightarrow HO_3S-\text{（）}-C_{12}H_{25} + H_2O \qquad (6\text{-}2\text{-}6)$$

磺化剂一般为发烟硫酸，也有用液体 SO_3 为磺化剂的，后者磺化程度高达 96％～98％，前者一般为 80％。

（4）皂化，见式（6-2-7）

$$HO_3S-\text{（）}-C_{12}H_{25} + NaOH \longrightarrow NaO_3S-\text{（）}-C_{12}H_{25} + H_2O \quad (6\text{-}2\text{-}7)$$

在搅拌过程中将 NaOH 溶液滴加到烷基苯磺酸溶液中，用水浴控制温度在 30℃左右，加入碱液直至 pH 值达 8～9 为止，皂化完毕经过干燥，即可得烷基苯磺酸钠。

用 NaOH 溶液将烷基苯磺酸中和时，可以在磺化后即用 40％NaOH 溶液将反应物全部中和，这样需要较多的 NaOH，成品中 Na_2SO_4 含量较多。也可以在磺化后，先加入冰水搅拌，静置几小时，待废液与烷基苯磺酸分开后，移去废液，再用 20％ NaOH 溶液中和，这样成品浓度较高。

3. 脂肪醇硫酸钠类引气剂

脂肪醇硫酸钠类引气剂中具有代表性的产品是十二烷基硫酸钠（商品名称为 K12 或 FAS-12）和脂肪醇聚氧乙烯醚硫酸钠（AES）。十二烷基硫酸钠有液体和粉剂两种，后者有刺鼻的特征气味，无毒，1％水溶液的 pH 值为 7.5～9.0，对碱稳定。在 20℃水中溶解度为 60g/L。十二烷基硫酸钠是一种重要的阴离子表面活性剂，它不仅分散性、泡沫性能好，而且具有良好的乳化性和增溶性，尤其对钙盐增溶作用强。此外，十二烷基硫酸钠还具有很好的生物降解性、耐碱和耐硬水性，但在强酸性溶液中容易发生水解。

十二烷基硫酸钠的起泡性强，泡沫细小且稳定持久，可与十二烷基苯磺酸钠以 1：3 的比例复配或与螯合剂复配使用，属于安全化工原料。

十二烷基硫酸钠是由月桂醇（十二烷基醇）与氯磺酸反应，再用碱中和而制得的。其反应式见式（6-2-8）。

$$C_{12}H_{25}OH + ClSO_3OH \longrightarrow C_{12}H_{25}OSO_3OH + HCl$$
$$C_{12}H_{25}OSO_3OH + NaOH \longrightarrow C_{12}H_{25}OSO_3ONa + H_2O \qquad (6\text{-}2\text{-}8)$$

生产工艺简单，通常在有搅拌器和带蒸汽夹套的反应釜中进行，反应温度在 40～45℃。首先将月桂醇加入反应釜中，在室温下按摩尔比 1：1 徐徐加入氯磺酸，并加以搅拌。加完后在 40～45℃下反应 2～3h。冷却至 25℃，慢慢加入 30％的氢氧化钠溶液，至反应液呈中性为止。搅拌条件下滴入 30％的双氧水溶液，继续搅拌 30～40min，得到十二烷基硫酸钠液体。

脂肪醇聚氧乙烯醚硫酸钠是一种用途极广的阴离子表面活性剂，商业产品通常是白色或浅黄色凝胶状，含水约 30%。易溶于水，具有优良的去污、润湿、乳化、分散和发泡能力。脂肪醇聚氧乙烯醚硫酸钠的制法是脂肪醇醚与 SO_3 或氯磺酸发生硫酸化反应后，再用 NaOH 中和制得。基本过程如下：将月桂醇投入反应釜中，再把氢氧化钾投入配减槽中，配制成 50% 的水溶液后投入反应釜中。抽真空，控制真空度在 13.3kPa，逐步升温至 120℃ 左右进行脱水。脱水完成后利用氮气置换空气，驱尽空气后升温至 140～150℃，开动搅拌，通入环氧乙烷，然后将釜温逐渐降至 5℃ 左右。加入 SO_3 或氯磺酸进行酸化反应，反应完全后用碱液进行中和。中和后压滤除去滤渣，滤液脱醇得到成品。

在使用时需注意，脂肪醇聚氧乙烯醚硫酸钠呈凝胶状，所以通常配制成溶液或与减水剂混合后使用，在需要使用干粉引气剂的场合，比如在干混砂浆中是无法使用的。

4. 烯烃磺酸盐

这一类用途最广的是 α-烯基磺酸钠（AOS），它是以 α-烯烃为原料，经 SO_3 磺化、中和、水解得到的一类阴离子表面活性剂。α-烯基磺酸钠具有优良的发泡性和较强的抗硬水能力，对皮肤温和、毒性低、易生物降解，在民用洗涤、混凝土添加剂、油田开采等方面均有广泛应用。作为引气剂在干混砂浆中使用较多。

5. 天然引气剂

皂角树果实中含有一种微辛辣刺鼻的提取物，主要成分为三萜皂苷，它具有很好的引气性能。三萜皂苷由单糖基、苷基和苷元基组成。苷元基由两个相连的苷元组成，一般情况下一个苷元可以连接 3 个或 3 个以上单糖，形成一个较大的五环三萜空间结构。单糖基中的单糖有很多羟基（—OH）能与水分子形成氢键，因而具有很强的亲水性，而苷元基中的苷元具有亲油性是憎水基。三萜皂苷属于非离子表面活性剂。当三萜皂苷溶于水后，大分子被吸附在气-液界面上，形成两种基团的定向排列，从而降低了气-液界面的张力，使新界面的产生更容易。若用机械方法搅动溶液，会产生气泡。由于三萜皂苷分子结构较大，形成的分子膜较厚，气泡壁的弹性和强度较高，气泡能保持相对的稳定性。三萜皂苷引气剂的优点是能显著降低水的表面张力，起泡能力强，泡沫细腻，稳定性好；缺点是容易变质、使引气能力减弱，故不宜久置。有过储存期达 4 个月以上，引气能力显著减弱的报道。皂角苷引气剂的生产方法是，利用皂角植物的豆荚或豆粒经榨油后的残渣破碎后经浸泡，过滤再将浸出液熬成膏状或加工成粉状。

凡是动物脂肪经皂化后生成的脂肪酸盐均具有引气性质，但引气量不大。这类脂肪酸中碳链的碳原子个数一般为 12～20，如硬脂酸、动物油脂等均属于此类。

此外，动物皮毛和水解动物血都能作为引气剂，但一般泡沫大，稳定性各不相同，多作为发泡剂使用。

任务实施

学生以小组为单位，领取任务，查阅文献资料完成实施报告。具体实施步骤如下。

具体实施步骤

1. 选择合成任务：□松香皂类引气剂　□松香热聚物类引气剂
　　□烷基苯磺酸盐类引气剂　□脂肪醇硫酸钠类引气剂　□皂角苷类引气剂

2. 编制工艺流程图，注明关键合成条件。

3. 制定合成步骤。

（1）选择原料：＿＿＿＿＿＿＿＿＿＿＿＿＿＿＿＿＿＿＿＿＿＿＿＿＿＿＿。

（2）合成步骤。

　　①＿＿＿＿＿＿＿＿＿＿＿＿＿＿＿＿＿＿＿＿＿＿＿＿＿＿＿＿＿＿＿＿＿。

　　②＿＿＿＿＿＿＿＿＿＿＿＿＿＿＿＿＿＿＿＿＿＿＿＿＿＿＿＿＿＿＿＿＿。

　　③＿＿＿＿＿＿＿＿＿＿＿＿＿＿＿＿＿＿＿＿＿＿＿＿＿＿＿＿＿＿＿＿＿。

　　④＿＿＿＿＿＿＿＿＿＿＿＿＿＿＿＿＿＿＿＿＿＿＿＿＿＿＿＿＿＿＿＿＿。

　　⑤＿＿＿＿＿＿＿＿＿＿＿＿＿＿＿＿＿＿＿＿＿＿＿＿＿＿＿＿＿＿＿＿＿。

4. 实施总结。

☑ 结果评价

教师根据学生在完成任务过程中的表现对自主学习能力、引气剂合成相关知识的掌握情况、职业素养等方面给予客观评价。任务评价参考标准见表 6-2-2。

表 6-2-2　任务评价参考标准

一级指标	分值	二级指标	分值	得分
自主学习能力	20	明确学习任务和计划	5	
		自主查阅资料，了解原料性能和合成方法	10	
		自主查阅引气剂的关键性能指标	5	
引气剂合成相关知识的掌握情况	60	了解常见引气剂的原料与合成方法	15	
		原料选取合理，熟悉原料的基本性能	15	
		合成方案制订合理	15	
		熟悉引气剂的关键性能指标	15	

续表

一级指标	分值	二级指标	分值	得分
职业素养	20	合成方案撰写规范，文字清晰流畅，排版美观，无明显错误	5	
		能践行安全意识、质量意识、成本意识	10	
		分工明确，完成任务及时	5	
总分		100		

知识巩固

1. 引气剂的用量一般为水泥质量的_____。

2. 松香的主要成分是_____。

3. 烷基苯磺酸盐类引气剂最具代表性的产品是_____。

4. 松香皂类引气剂的缺点是_____。

5. 干粉砂浆中宜使用_____（粉状、液体）引气剂。

6. 讨论减水剂与引气剂均是表面活性剂，减水剂是否可当作引气剂使用？为什么？

拓展学习

引气剂存在的问题

引气剂是一种为改善混凝土拌合物的和易性、保水性和黏聚性，提高混凝土流动性，在混凝土拌合物的拌合过程中引入大量均匀分布的、闭合而稳定的微小气泡的外加剂。

引气剂研究至今，在解决低坍落度塑性混凝土中一直存在引气较难、稳泡性差，以及引入混凝土的气泡直径太大、太小或者不均匀等诸多难题。松香皂类引气剂，引气性较好，但水溶性较差，且与其他外加剂的配合性能不是很好，混凝土强度较低；松香热聚物类引气剂，减水率较高，但水溶性较差；烷基苯磺酸盐类引气剂，起泡性好，泡沫量大而丰富，但其稳泡性能很差；三萜皂苷引气剂，水溶性较好，气泡的膜较厚，稳泡能力较强，但是起泡性较差；脂肪醇盐类引气剂，所引气泡泡膜比较密实，不易破裂，但是也存在发泡能力弱的问题。

目前，绝大部分引气剂都是从界面活性、起泡原理与稳泡原理出发，从分子结构角度来设计和研发的，包括不同分子结构的设计及不同分子量的设计。有研究表明，通过基础的化学手段改变引气剂分子的结构、在引气剂分子链中引入具备不同功能的亲水结构或疏水结构取得了成效，但其合成过程较复杂，价格昂贵，对生产工艺要求高。

任务6.3 应用引气剂

学习目标

- ❖ 能根据需要正确选择引气剂
- ❖ 能阐述引气剂对混凝土性能的影响
- ❖ 能正确使用引气剂
- ❖ 能鉴别引气剂使用不当引起的质量事故

任务描述

将学生分为若干小组，教师分配任务，学生查阅资料，熟悉引气剂的使用要点，掌握引气剂对混凝土性能的影响，能正确使用引气剂，会分析实际工程案例。任务实施过程中要践行质量意识，培养强烈的责任感、科学严谨的态度和团队合作意识。

知识准备

1. 引气剂对混凝土性能的影响

掺加引气剂可以使混凝土在搅拌过程中引入大量微小、封闭、分布均匀的极性气泡，这对改善混凝土和易性、提高混凝土耐久性都十分有益，也能起到一定的减水效果。但应注意的是，有些引气剂对混凝土强度的负面影响较大，所以应严格控制混凝土的含气量。掺加引气减水剂则可以同时达到引气和减水的效果。

（1）对新拌混凝土性能的影响

掺加引气剂或引气减水剂可以在混凝土中引入大量微小且独立的气泡，这种球状气泡如滚珠一样使混凝土的和易性得到较大改善。这种作用在骨料粒形不好的碎石或机制砂混凝土中更为显著。掺加引气剂或引气减水剂对新拌混凝土的和易性的改善主要表现为坍落度增大，泌水离析现象减少等。

码6-1 引气剂对新拌混凝土性能的影响

① 对混凝土坍落度的影响。

在保持水泥用量和水灰比不变的情况下，在混凝土中掺加引气剂，由于混凝土含气量的增加，相应增大了混凝土的坍落度。掺加引气减水剂由于有引气和塑化双重作用，所以坍落度将大幅度增加。

图6-3-1为混凝土含气量对坍落度的影响，可以看出，在水灰比不变的情况下，随着含气量的增加，坍落度增加。相当于含气量每增加1%，混凝土坍落度可提高10mm。

② 减水作用。

如果保持坍落度不变，则在混凝土内部引气后可以减小水灰比，所以可以认为，掺

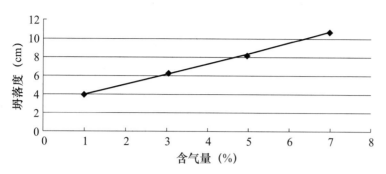

图 6-3-1　混凝土含气量对坍落度的影响

加引气剂也有助于减水。一般而言，混凝土含气量每增加 1%，在保持相同坍落度的情况下，水灰比可以减小 2%～4%（单位用水量减少 4～6kg）。如果掺加引气减水剂，则由于其引气和减水双重作用，对于降低混凝土水灰比十分有益。

引气剂的减水率常因引气量大小、骨料大小及级配、水泥种类和用量等的不同而有差异。但是有一点是肯定的，即引气剂掺量越大，混凝土含气量越大，减水率越高。尽管引气剂的减水作用有助于弥补引气对强度所产生的负面效应，但是混凝土的含气量仍不得过高，否则强度会严重下降。

③ 对混凝土泌水、沉降的影响。

引气剂或引气减水剂减少混凝土泌水、沉降现象的效果十分显著。Kreijger 通过试验，提出了相对泌水速度与外加剂浓度的关系式。对于 $W/C=0.50$ 的水泥浆，掺阴离子型减水剂时，相对泌水速率见式（6-3-1）。

$$Q_x/Q=1-10x \tag{6-3-1}$$

而对于掺加阴离子型引气剂和非离子型减水剂者，相对泌水速率见式（6-3-2）。

$$Q_x/Q=1-4x \tag{6-3-2}$$

式中　Q_x/Q——相对泌水速度；

　　　Q_x——不掺外加剂的水泥浆的泌水速率，mL/min；

　　　Q——掺外加剂的水泥浆的泌水速率，mL/min；

　　　x——外加剂浓度，%。

泌水和沉降的程度如何，与混凝土中水泥浆的黏度有密切关系，而水泥浆的黏度又与其微粒对引气剂的吸附及气泡在粒子表面的附着情况有关。由于大量微小气泡的存在，整个浆体体系的表面积增大，黏度提高，必然使得泌水和沉降的现象减少。另外，大量微小气泡的存在和相对稳定，实际上相当于阻碍混凝土内部水分向表面的迁移，堵塞了泌水通道。再者，由于吸附作用，气泡和水泥颗粒、骨料表面都带有相同电荷，这样一来，气泡、水泥颗粒，以及骨料之间处于相对的"悬浮"状态，阻止重颗粒沉降，也有助于减少泌水和沉降现象。

因掺加引气剂所带来的减少沉降和泌水的效果，极大地改善了混凝土的均匀性，骨料下方形成水囊的可能性减小。另外，复合掺加引气剂或者使用引气减水剂也是配制大流动度混凝土、自流平混凝土的技术保证之一。

④ 对混凝土凝结硬化的影响。

由于引气剂的掺量非常小（0.01%～0.1%），掺加引气剂的混凝土，其凝结时间与不掺的相当，差别不大。引气剂的掺加对水泥水化热的影响也不大。

（2）对硬化混凝土性能的影响

掺加引气剂对混凝土的力学性能和耐久性均有较大影响，具体如下。

码 6-2　引气剂对硬化混凝土性能的影响

① 对混凝土强度的影响。

在混凝土单位水泥用量和坍落度不变的情况下，掺入引气剂或引气减水剂，一方面可以增加混凝土的含气量，另一方面可减少混凝土的单位用水量，即降低水灰比，因而会对其强度产生影响。

从减水的结果来讲，混凝土的强度会提高，然而，从引气的角度来讲，混凝土的强度一般是下降的（多数情况如此）。因此，引气剂或引气减水剂对混凝土强度的影响是两种作用的综合结果。

一般在混凝土单位水泥用量和坍落度不变的情况下，含气量每增加 1%，28d 抗压强度降低 2%～3%；若保持水灰比不变，则含气量每增加 1%，28d 抗压强度降低 5%～6%。另外，强度的降低还受到骨料最大粒径的影响，最大粒径越大，强度降低率越小。掺加引气减水剂，由于减水率较大，混凝土的强度可以不降低或略有提高。

牺牲少量强度来大幅度提高混凝土耐久性或延长混凝土结构使用寿命是值得的，损失的强度通过其他技术得到弥补。另外，引气剂使混凝土成本增加很小，带来许多施工便利，那么混凝土结构的综合成本只会降低。

② 对弹性模量的影响。

掺加引气剂或引气减水剂的混凝土，其弹性模量比不掺的普遍降低，且降低的幅度大于强度的变化幅度。其原因是水泥浆体中大量微小气泡的存在，使浆体的弹性模量降低了。

③ 对干缩的影响。

掺加引气剂或引气减水剂对于干缩的影响情况是这样的：引气作用会使干缩率增大，而减水作用又会使干缩率减小，所以其最终结果实际上是两种作用的综合。

一般来说，掺加引气剂后，混凝土的干缩率会增大，但增大不多。而掺加引气减水剂的混凝土，由于减水率较大，其干缩率与不掺的基本相当。

④ 对抗渗性的影响。

掺加引气剂或引气减水剂，使得混凝土用水量减小，泌水沉降率降低，即硬化浆体中大毛细孔减少，骨料浆体界面结构改善，泌水通道、沉降裂纹减少。另外，引入的气泡占据了混凝土中的自由空间，破坏了毛细管的连通性，这些作用都将提高混凝土的抗渗透性。

掺加引气剂或引气减水剂等外加剂以提高混凝土抗渗性的方法已应用于工程实践，并取得了较好的效果。

中国水利水电科学研究院等单位的试验结果表明，在水灰比相同的条件下，掺引气剂混凝土的抗渗性比不掺的有所提高。在同坍落度、同水泥用量的情况下，掺引气剂混凝土的抗渗性比不掺的有显著提高。表 6-3-1 为掺加引气剂对混凝土抗渗性影响的部分试验结果。

表 6-3-1　掺加引气剂对混凝土抗渗性的影响

集灰比	水灰比	砂率（%）	含气量（%）	坍落度（cm）	试件最大不透水压力值（MPa）
7.1	0.55	45.0	1.3	5.5	0.53
			4.8	10.5	0.68
			9.5	14.6	0.82

⑤ 抗化学侵蚀性。

与基准混凝土相比，掺加引气剂或引气减水剂的混凝土，由于抗渗性提高和独立微气泡的存在，其抗化学侵蚀性有所提高。但有关单位的试验证明，引气剂或引气减水剂的作用仅表现在使混凝土受化学介质作用的破坏程度减轻，而不存在质的变化。影响混凝土抗化学侵蚀性的最根本的因素是水泥品种、矿物组成和水灰比。

⑥ 抗冻融循环性能。

如果在混凝土中掺加一定量引气剂或引气减水剂，则在拌合过程中，混凝土内部产生适量微小气泡，将大大改善混凝土的耐久性，尤其是混凝土的抗冻融循环性能将显著提高（几倍甚至几十倍），这对延长混凝土结构的使用寿命十分重要。

米伦兹（Mielenz）和鲍威尔斯（Powers）等认为，要使混凝土的抗冻融性能良好，气泡间隔系数 L 最好控制在 $100\sim200\mu m$。试验表明，混凝土的含气量与其抗冻融循环性能密切相关。

图 6-3-2 为引气混凝土的含气量与耐久性指数的关系。可见，当混凝土含气量为 3%～6% 时，混凝土有良好的耐久性，而当含气量超过 6% 时，耐久性随含气量的增大而呈下降趋势。混凝土含气量太大，其耐久性不但不随含气量的增加而提高，反而有下降趋势，其原因之一，是由于其强度大幅度下降，如图 6-3-3 所示。表 6-3-2 为几个国家对引气混凝土适宜含气量的推荐值，可供参考。应注意的是，砂浆的含气量为 9% 时，改善抗冻融循环性能的效果最好。

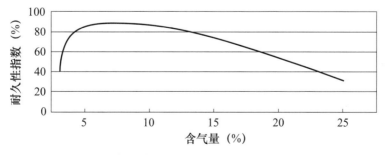

图 6-3-2　引气混凝土的含气量与耐久性指数的关系

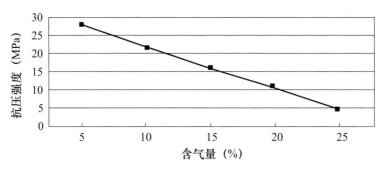

图 6-3-3　混凝土强度与含气量的关系

表 6-3-2　几个国家对引气混凝土适宜含气量的推荐值　　　　（单位：%）

骨料最大粒径（mm）	中国国家铁路集团有限公司	美国认证协会	美国垦务局	德国标准化学会	日本土木学会
15		7		≥4	6
20		6	5±1		5
25	5±1	5	4.5±1		4.5
40	4±1	4.5	4±1	≥3.5	
50		4	4±1	≥3	3.5
80	3.5±1	3.5	3.5±1		3
100	3±1	3	3±1		

当掺加引气减水剂时，由于其同时具备较强的减水作用，对混凝土的抗冻融性的改善效果更佳。使用不同种类的引气剂，在引气量相同的情况下，由于引入气泡的大小和分布状态不同，其对混凝土抗冻融性的改善效果有差异，见表 6-3-3。

表 6-3-3　掺加不同引气剂对混凝土抗冻融性的改善效果

水泥用量（kg/m³）	引气剂种类及掺量（%）		水灰比	含气量（%）	冻融 25 次		冻融 75 次	
					质量损失（%）	强度损失（%）	质量损失（%）	强度损失（%）
276	0		0.70	1.6	11.4	65.0	溃散	溃散
	松香热聚物	0.004	0.65	3.7	0	11.9	2.1	28.0
	烷基苯磺酸钠	0.008	0.65	4.4	0.1	9.0	1.4	13.0
	烷基磺酸钠	0.008	0.65	3.7	0.2	13.0	4.0	32.0
	脂肪醇硫酸钠	0.012	0.65	3.6	0.5	4.0	3.6	41.0

2. 影响引气量的因素

掺加引气剂或引气减水剂改善混凝土性能的效果，不仅与混凝土的含气量有关，还与所引入气泡的大小、结构等因素有关。引气剂的引气效果也受到诸多因素的影响，如引气剂掺量、水泥品种和用量、掺合料品种和用量、骨料、搅拌方式和时间、混凝土拌合物的停放时间、温度、振捣方法和振捣时间等。下面具体分析。

码 6-3　影响混凝土含气量的因素

（1）引气剂掺量

在推荐掺量范围内，混凝土的含气量随引气剂的掺量增加而增大。对于某种混凝土来说，要引入一定量的气泡，还应考虑水泥用量、混凝土配合比等其他因素，最好通过试验确定其最佳掺量。

（2）水泥品种和用量

掺引气剂混凝土的含气量与水泥品种及用量有关。试验表明，引气剂掺量相同时，硅酸盐水泥所配制混凝土的含气量高于用火山灰水泥或粉煤灰水泥所配制的混凝土，而低于用矿渣水泥所配制的混凝土。这是因为火山灰、粉煤灰对引气剂的吸附作用很强，而矿渣粉颗粒对引气剂的吸附作用较弱。

在引气剂掺量相同时，随着混凝土中水泥用量的增加，含气量减小。所以，对于粉煤灰水泥和火山灰水泥所配制的混凝土，如果要达到相同的引气量，掺加的引气剂要高于硅酸盐水泥所配置的混凝土，而矿渣水泥混凝土的引气剂掺量应低一些。

（3）掺合料品种和用量

掺合料品种和用量对引气剂的引气效果也有很大影响。粉煤灰、沸石粉和硅灰，由于对引气剂的吸附作用较强，替代部分水泥后，将削弱引气剂的引气效果，且随着替代量的增大，混凝土含气量减小。所以对掺加这几种掺合料的混凝土，应适当增加引气剂的掺量。试验表明，要引入相同量的空气，对于掺硅灰的混凝土，其引气剂掺量要比纯水泥混凝土增加 25%～75%。

（4）骨料

当混凝土配合比和引气剂掺量相同时，粗骨料最大粒径增大，混凝土的含气量趋于减小。卵石混凝土的含气量一般大于碎石混凝土。

对于细骨料，当其中 0.16～0.63mm 粒径范围内的砂子所占比例增大时，引气剂的引气效果增强。当粒径小于 0.16mm 或大于 0.63mm 的砂子的比例增大时，混凝土的含气量减小。

当需要引入相同量的空气时，采用人工砂作为细骨料所配制混凝土的引气剂掺量通常要比天然砂混凝土高出一倍多。

在混凝土集灰比、水灰比都相同的情况下，掺加引气剂的引气效果随着砂率的提高而增大。

（5）搅拌方式和时间

搅拌方式、搅拌机的种类、搅拌的混凝土量和搅拌速率等均会对混凝土的含气量产生影响。试验发现，采用人工拌合，混凝土的含气量要比机械搅拌小得多；搅拌量从搅拌机额定量的 40％增大到 100％时，混凝土的引气量亦有所增加。

搅拌混凝土时的投料顺序对混凝土的引气量也有影响。混凝土的含气量随着搅拌时间的过于延长而减小，即掺加引气剂的混凝土有一个最佳的搅拌时间范围。掺加松香热聚物引气剂的混凝土，在搅拌时间小于 12min 时，含气量随搅拌时间而增加，但是超过 12min 后，含气量有所减小。

（6）混凝土拌合物的温度

环境温度不仅影响混凝土原材料的温度，而且影响混凝土拌合物的温度。混凝土拌合物温度每升高 10℃，混凝土的含气量约减小 20％。

（7）混凝土拌合物的停放时间

混凝土拌合物制备后，若长时间运输和停放，将导致含气量减小。但是掺加不同种类引气剂的混凝土，其含气量随时间减小的程度是不同的，即含气量经时损失率不同。

（8）振捣方法和振捣时间

混凝土在振捣密实的过程中，含气量会降低。采用人工振捣的混凝土，其含气量的损失比采用机械振捣的小，采用高频振捣方式时，含气量损失更大。通过对采用振动台进行振动密实的混凝土的研究发现，振捣时间越长，含气量损失越大。振动时间在 50s 以内，混凝土的含气量损失较大，以后的变化则小一些。

因此，对于要求具有较高抗冻融性的引气混凝土，应严格控制振捣时间，尤其不能采用高频机械振捣。当然，为了保证混凝土浇筑振捣后的含气量，经过试验，可以在进行混凝土配合比设计时，通过提高引气剂的掺量来增大混凝土初始含气量，以弥补施工过程中造成的含气量损失。

混凝土在泵送过程中，受到泵压作用，含气量也将有所损失，应引起重视。不过含气量的损失率与引气剂种类有关。

3. 混凝土引气剂的应用要点

正确使用引气剂或引气减水剂，可以在混凝土强度损失较小或不损失的情况下，大幅度改善混凝土的抗冻融循环性能和耐久性。另外，使用引气剂也可以改善混凝土的和易性和施工性。然而，引气剂虽然掺量较小，但对混凝土性能的影响较大。掺引气剂混凝土的含气量也受到很多因素的影响，所以使用引气剂应注意以下几个方面。

（1）严格控制混凝土的含气量

应该根据有关设计规范和施工规程，在设计混凝土配合比时正确选择混凝土的含气量，并根据各种因素对混凝土含气量的影响规律进行试验研究，通过试验得出引气剂的适宜掺量。一般来说，对于需要提高混凝土耐久性的工程，可以适当增加硬化混凝土的含气量。

掺加引气剂及引气减水剂混凝土的含气量，不宜超过表 6-3-4 的规定，对于抗冻融性要求高的混凝土，宜采用表 6-3-4 规定的含气量数值。

表 6-3-4　掺加引气剂及引气减水剂的混凝土含气量

粗骨料最大粒径（mm）	混凝土含气量（%）	粗骨料最大粒径（mm）	混凝土含气量（%）
10	7.0	40	4.5
15	6.0	50	4.0
20	5.5	80	3.5
25	5.0	150	3.0

（2）正确选择引气剂品种

引气剂品种有很多，性能有所不同，尤其是引入气泡的大小和分布，以及气泡的稳定性都不同。应选择使用引入的气泡结构合理，稳泡性能好的引气剂品种。

（3）确定正确的掺加方法并严格控制掺量

由于引气剂掺量很小，在应用时，最好将引气剂溶于水，配制成具有一定浓度的溶液使用，这样既能增强引气剂的作用，又能使计量比较容易和准确。

在掺加引气剂时，计量一定要准确，掺量小时，不能达到设计的含气量，而当发生超掺情况时，会使混凝土含气量增加，强度严重下降，必然会导致惨重的工程质量事故。

（4）保证正确的施工方法

要求配制的引气混凝土在原材料性质、配合比及搅拌、装卸、浇筑密实等方面的控制指标都尽可能保持一致，这样才能使混凝土的含气量的波动范围最小。

施工时应该采用一般频率的振捣器，如果工地现场没有条件而必须采用高频振捣器捣实时，应该保持不同部位的振捣方法和振捣时间一致。

任务实施

学生分组合作，制订实施计划，完成实施报告。具体实施步骤如下。

具体实施步骤

1. 任务题目：某住宅小区工程，共有 7 个单位工程，结构为钢筋混凝土框架-剪力墙结构，地下 1 层，上部 18 层，总建筑面积 78952m²，混凝土采用预拌商品混凝土。当施工至上部 3～8 层时，发现部分柱和剪力墙施工缝处已成型的混凝土呈泡沫状，厚度在 30～50mm，如图 6-3-4 所示。已知供应单位在预拌混凝土生产过程中，自行采购聚羧酸缓凝高效减水剂母料进行配置使用。

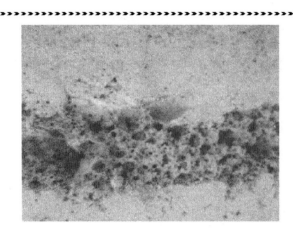

图 6-3-4　混凝土呈泡沫状

2. 事故原因分析。

3. 预防措施。

4. 实施总结。

☑ 结果评价

根据学生在完成任务过程中的表现，给予客观评价。任务评价参考标准见表 6-3-5。

表 6-3-5　任务评价参考标准

一级指标	分值	二级指标	分值	得分
自主学习能力	20	明确学习任务和计划	5	
		自主查阅资料	15	
正确使用引气剂	60	质量事故原因分析正确	20	
		能正确使用引气剂	20	
		掌握引气剂对混凝土性能的影响规律	20	
职业素养	20	具有质量意识、严谨的科学态度、团队合作意识	10	
		具有强烈的工程质量意识	10	
总分		100		

知识巩固

1. 衡量引气剂的关键性指标是_____。
2. 掺加引气减水剂可同时达到_____和_____的效果。
3. 关于抗冻混凝土的选材说法，不正确的是（　　）。
A. 选择热膨胀系数和周围砂浆膨胀系数差别较大的骨料
B. 掺加引气剂，引入一定量微小气泡
C. 选择早强效果好的水泥品种，加快混凝土 3d 内的早期强度发展
D. 掺加早强型混凝土外加剂
4. 关于引气剂的说法，错误的是（　　）。
A. 引气剂能在混凝土中引入大量分布均匀的气泡
B. 适量引气剂可以提高混凝土的和易性
C. 引气剂通常会降低混凝土的强度
D. 掺引气剂的混凝土需要采用高频振捣
5. 阐述引气剂在使用过程中需注意的问题。

拓展学习

引气混凝土配合比设计的注意事项

相对于非引气混凝土而言，两个基本因素会决定引气混凝土的配合比设计，即气泡的引入提高了混凝土的坍落度和工作性，与此同时降低了混凝土的强度。

如果坍落度保持不变，引气剂能提高混凝土所需的均质性并减少水的用量。引气混凝土由于含气量的增加而导致的强度损失，至少部分能通过减少水和细骨料的用量来弥补。水泥含量高、强度高的"富"混凝土，由于水泥含量高、水灰比较低，所以引气剂加入导致的水灰比的降低和混凝土强度的提高，不足以弥补由于引气而造成的混凝土强度的降低。因此，为了保证混凝土的强度，必须要加大水泥的用量。另外，对于水泥含量低的"贫"混凝土而言，同样用水量的降低将会导致水灰比的更大降低和强度相对更大的增加。因此，由于引气而导致的混凝土强度损失能够得到补偿而不需要增加水泥的用量。

上述结论在工程实践中仅供参考，在决定最终设计的混凝土配合比之前，拌合试验和反复尝试是必不可少的。

项目 7　配制与应用膨胀剂

项目概述

　　混凝土在硬化和干燥过程中，由于化学收缩、干燥收缩、自收缩等原因，存在体积收缩的问题，而混凝土的抗拉强度低、脆性较大、抵抗变形的能力较弱，所以实际混凝土结构中很容易产生裂缝。这给混凝土的体积稳定性、耐久性带来很大的危害，因此混凝土的裂缝防治是混凝土工程界长期以来致力解决的一大技术难题。控制混凝土裂缝最常用的一种方法是掺入膨胀剂，以补偿混凝土的收缩，减小体积变形。本项目详细介绍了常用膨胀剂的种类、膨胀机理、生产工艺、应用特点等。通过学习，学生应根据要求合理选择膨胀剂，熟悉膨胀剂对混凝土性能的影响，熟悉膨胀剂的应用要点等内容。

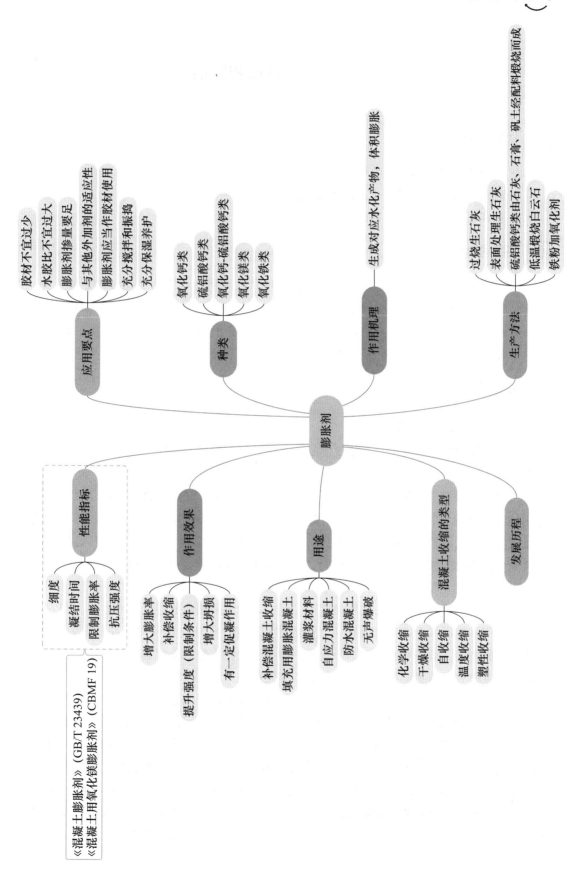

认识膨胀剂

学习目标

❖ 能列举出常用膨胀剂的种类
❖ 能阐述常用膨胀剂的作用机理及特点
❖ 能阐述膨胀剂的关键性能指标

任务描述

膨胀剂的使用很好地解决了普通混凝土的硬化收缩问题，降低混凝土的开裂风险，促进自应力混凝土的发明，在防水混凝土配制中发挥了重要作用。在完成任务的同时，学生要充分认识到膨胀剂的重要性，要重点学习各类膨胀剂的作用原理和特点，掌握常用膨胀剂的关键性能指标，为配制膨胀剂和应用膨胀剂奠定基础。

知识准备

1. 膨胀剂的发展历程

膨胀剂是指掺入混凝土后，能使混凝土在硬化过程中因化学作用产生一定体积膨胀的外加剂。

在保证结构安全和耐久性的前提下，裂缝是一种可以接受的材料特征，许多混凝土结构是允许混凝土带缝工作的。然而，近年来，随着混凝土结构尺寸的增大和结构形式的复杂化，以及混凝土强度等级的提高，结构裂缝出现的概率大大增加，有些已危及结构的安全性和耐久性，影响其使用功能。在众多裂缝控制方法中，利用膨胀剂的补偿收缩作用控制混凝土裂缝的方法在工程中最为普遍。

在混凝土结构修补、设备底座灌浆等工程中，如果采用普通混凝土或砂浆，则它们在硬化过程和随后的干燥失水过程中会造成体积收缩，无法与结构原有部分有效黏结，而灌浆材料则会与设备底座接触部分脱开，起不到紧密接触、承担载荷的作用，在这一类混凝土或砂浆中掺加膨胀剂是解决问题的有效途径。

预应力混凝土的发明成功解决了混凝土的抗拉和抗开裂问题，但是对于形状复杂的结构物，预应力钢筋难以张拉，如薄壁混凝土管、异形截面梁等。在这些结构混凝土中，如果掺加了膨胀剂，则可以利用混凝土硬化过程中本身产生的膨胀作用，对内部所配制的钢筋进行各个方向上的"张拉"，从而产生预应力，这就是所谓的自应力混凝土。

为了解决混凝土收缩开裂的问题，人们最开始利用导致混凝土膨胀破坏的破坏源——水泥杆菌，即钙矾石的膨胀作用，变害为利，补偿混凝土的收缩，取得成功。在这项工作中，美国科学家 Lossier 于 1936 年前后奠定了重要基础，他利用钙矾石的膨胀作用制备了化学预应力混凝土。随后，美国开始开发研制膨胀水泥。

1958 年，美国人 A. 克莱因（A. Klein）研制成功了一种硫铝酸盐型水泥，取名 K 型水泥，并取得了膨胀水泥的专利。该水泥在 1963 年开始用于收缩补偿混凝土，并大量生产，在多种结构中推广应用。

美国材料与试验协会（ASTM）将膨胀水泥分为 K 型、M 型和 S 型三种类型。其中：K 型膨胀水泥由波特兰水泥、无水硫铝酸钙、石膏和煅烧石灰以一定比例配合而成；M 型膨胀水泥由波特兰水泥、高铝水泥和石膏配合而成；S 型膨胀水泥则由波特兰水泥、C_3A 和石膏配合而成。

1965—1972 年，日本购买了美国 K 型膨胀水泥专利，并在此技术基础上，研制成功了硫铝酸钙（Calcium Sulpho-Aluminate，CSA）膨胀剂。这种膨胀剂是用石灰石、铝矾土和石膏配制生料，经电熔烧制成的一种含有 C_4A_3S、CaO 和 $CaSO_4$ 的熟料，然后将其粉磨成粉状产品，这种产品应用于收缩补偿混凝土和自应力混凝土，取得很大成功。可见，混凝土膨胀剂是在膨胀水泥基础上发展而来的一种外加剂。

1970 年，日本小野田公司还成功开发了石灰系膨胀剂，它是用石灰石、石膏和黏土配制成生料，于 1400℃左右煅烧成含有 40％～50％的游离氧化钙膨胀熟料，再经粉磨制成的。它通过 CaO 水化生成 $Ca(OH)_2$ 使混凝土产生膨胀，但是由于水化后的 $Ca(OH)_2$ 的稳定性受许多因素影响，其胶凝性和防渗性较差，抗硫酸盐侵蚀性能不良，这种膨胀剂并未受到普遍重视。

20 世纪 90 年代后期，美国的 P. K. Mehta 等为解决大体积混凝土温差裂缝问题，提出了在水泥中掺入 5％MgO 的设想。他们认为，只要 MgO 煅烧温度控制在 900～950℃，物料粒径控制在 300～1180μm，MgO 所产生的膨胀速率就是符合补偿大体积混凝土收缩要求的，MgO 膨胀剂也是膨胀剂中重要的种类之一。

我国从 20 世纪 70 年代开始进行混凝土膨胀剂的研究，中国建筑材料科学研究院（现名为中国建筑材料科学研究总院）研制成功了类似日本 CSA 硫铝酸钙膨胀剂，与日本电熔法的区别是，中国采用回转窑烧结法制备 CSA 熟料，粉磨至比表面积为 2000～3000cm^2/g 而制成膨胀剂。

1979 年，安徽省建筑科学研究设计院在明矾石膨胀水泥基础上成功研制明矾石膨胀剂（EA-L），由不煅烧明矾石与石膏粉磨而成。由于其掺量大、碱含量高，目前已经被淘汰。

1985 年后，中国建筑材料科学研究院（现名为中国建筑材料科学研究总院）成功研制氧化钙-硫铝酸钙型复合膨胀剂（CEA），用含 40％～50％的游离氧化钙膨胀熟料，与明矾石和石膏粉磨而成，随后又成功研制用铝酸盐水泥熟料、明矾石和石膏磨制而成的铝酸钙膨胀剂（AEA），以及用特制硫铝酸盐熟料、明矾石和石膏粉磨而成的 U 型膨胀剂（UEA）。

此后国内各科研单位相继研制出了更多种类的膨胀剂。例如，同济大学研制的早强型硫铝酸盐膨胀剂，长江科学院研制的大坝混凝土膨胀剂，以及山东省建筑科学研究院有限公司研制的 PNC 膨胀剂等。

2. 膨胀剂的作用原理

（1）氧化钙类膨胀剂

氧化钙遇水发生水化反应，形成氢氧化钙见式（7-1-1）。

$$CaO + H_2O \Longrightarrow Ca(OH)_2 \qquad (7\text{-}1\text{-}1)$$

这是一个放热过程，且水化产物的体积将增加近1倍。氧化钙类膨胀剂就是利用这一原理研制成功的。但由于氧化钙接触水后水化反应十分激烈，且放热量大，生石灰不能直接用作膨胀剂，否则掺入这种物质的水泥混凝土拌合后还未硬化，氧化钙却已水化完毕，不能使硬化混凝土产生体积膨胀。

为了延缓氧化钙的水化，使其在混凝土硬化后才开始缓慢水化，产生膨胀能，一般可采取两种措施，即过烧生石灰或对生石灰进行表面处理，所以目前有两种石灰类膨胀剂。一种是通过高温过烧得到的石灰膨胀剂，另一种是物理表面改性的石灰膨胀剂。

S. Chatterjiee 和 J. W. Jeffery 认为，CaO膨胀剂的膨胀作用分为两个阶段。先是水泥水化初期，水泥颗粒间生成微细的凝胶状 $Ca(OH)_2$，产生第一期膨胀，接着发生 $Ca(OH)_2$ 重结晶，开始第二期膨胀。在这个过程中，$Ca(OH)_2$ 全部转变为较大的异方形、六角板状晶体。

（2）硫铝酸钙类膨胀剂

硫铝酸盐类膨胀剂是工程中最常见的膨胀剂。硫铝酸盐类膨胀剂包括很多品种，但其产生膨胀能的原因都是由于硫铝酸钙水化物（钙矾石）的生成，其反应通式见式（7-1-2）。

$$6CaO + 3Al_2O_3 + 3SO_3 + 96H_2O \longrightarrow 3CaO \cdot Al_2O_3 \cdot 3CaSO_4 \cdot 32H_2O \quad (7\text{-}1\text{-}2)$$

关于钙矾石的膨胀机理存在一定争议，但国内外学者对于钙矾石膨胀机理的认识比较一致的意见可以概括为以下几个方面。

① 膨胀相是钙矾石，在水泥中有足够浓度的 CaO、Al_2O_3 和 $CaSO_4$ 的条件下均可生成钙矾石，并非一定要通过固相反应生成的钙矾石才能膨胀，通过液相反应也可以产生钙矾石膨胀。

② 在液相 CaO 饱和时，通过固相反应形成针状钙矾石，其膨胀能较大。在液相 CaO 不饱和时，通过液相反应生成柱状钙矾石，其膨胀力较小，但有足够数量钙矾石时，也能产生体积膨胀。

③ 关于膨胀原动力，一种观点认为是晶体生长压力，另一种观点认为是吸水膨胀。

此外，研究还表明，钙矾石的形成速率和生成数量决定着混凝土的膨胀效能。若钙矾石形成速度太快，其大部分膨胀能消耗在混凝土塑性阶段，相当于做了无用功。

钙矾石形貌有多种，但最常见的是长度为几微米的结晶体（针状或柱状），它在水泥硬化过程中，于 C-S-H 胶粒间结晶生长，使水泥石宏观体积不断膨胀。在有钢筋等约束的情况下，钙矾石晶体引起的膨胀可以使混凝土内部产生 0.2MPa 以上的自应力，这就能对混凝土起到补偿收缩、防止开裂的作用。由于所生成的钙矾石首先填充于水泥石的毛细孔或气孔中，并能与 C-S-H 凝胶交织成网络状，使水泥石结构更为致密，所以混凝土的强度和抗渗性均有较大幅度的提高。

属于硫铝酸盐类膨胀剂的主要有 CSA 膨胀剂和明矾石膨胀剂。

CSA 膨胀剂来源于 K 型水泥的膨胀组分（$CaO\text{-}SO_3\text{-}Al_2O_3$），故名 CSA。CSA 膨胀剂是由石灰、石膏和矾土经配料煅烧而成的，其主要成分是无水硫铝酸钙（C_4A_3S）。CSA 膨胀剂的掺量可以根据现场需要进行调整，便于控制质量。一般情况下，收缩补偿混凝土中掺加 CSA 膨胀剂 $25\sim30kg/m^3$，自应力混凝土中掺加 $40\sim60kg/m^3$。

明矾石膨胀剂是由天然明矾石和无水石膏磨细而成的。明矾石和石膏与水泥中硅酸钙水化过程中析出的 $Ca(OH)_2$ 相互作用，形成大量的水化硫铝酸钙，使混凝土体积膨胀，明矾石形成钙矾石的速度较慢，在 $7\sim28d$ 形成，晶体生长压力小，膨胀量也小，与其他膨胀剂相比，达到相同膨胀率时，掺量要大。

与明矾石相比，若采用高铝水泥替代部分明矾石与石膏配合，则在相同掺量情况下，膨胀能较大，而且膨胀产生的龄期可以提前，这样不仅有助于降低膨胀剂的掺量，而且可以降低膨胀剂中的碱含量。图 7-1-1 为以明矾石为主提供铝相配制的膨胀剂（E1）和以明矾石、高铝水泥共同提供铝相配制的膨胀剂（E2），当掺量同为 12％时砂浆膨胀率（水中）的对比结果。

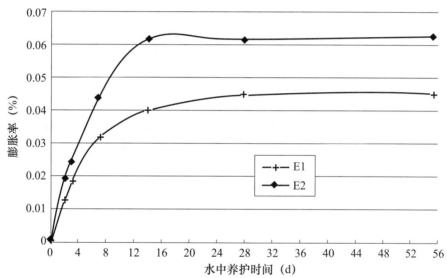

图 7-1-1　两种膨胀剂的膨胀率随湿养护时间变化的比较

注：按《混凝土膨胀剂》（GB/T 23439）进行试验，掺量为 12％，砂浆试件，水养。

（3）硫铝酸钙-氧化钙类复合膨胀剂

含有两种及两种以上膨胀源的膨胀剂通常称为复合膨胀剂。硫铝酸钙-氧化钙类膨胀剂有效利用了钙矾石的膨胀作用和生石灰水化形成氢氧化钙结晶体的膨胀作用。我国的 CEA 膨胀剂则由含 30％～40％游离氧化钙的高钙熟料和明矾石、石膏等组成，就属于这类复合膨胀剂。

CEA 膨胀剂的水化反应见式（7-1-3）。

$$CaO+H_2O \longrightarrow Ca(OH)_2$$

$$C_4A_3S+6Ca(OH)_2+8CaSO_4+90H_2O \longrightarrow 3\,(C_3A \cdot 3CaSO_4 \cdot 32H_2O) \qquad (7\text{-}1\text{-}3)$$

硫铝酸钙-氧化钙类膨胀剂的掺量较硫铝酸钙类膨胀剂的掺量小，但比氧化钙类膨胀剂的掺量大。掺加这种膨胀剂的混凝土的耐淡水侵蚀性要优于掺加氧化钙类膨胀剂的混凝土。

（4）氧化镁类膨胀剂

氧化镁类膨胀剂主要通过氧化镁水化生成氢氧化镁结晶（水镁石）而产生膨胀，体积可增加 94.0%～123.8%，其水化反应见式（7-1-4）。

$$MgO + H_2O \longrightarrow Mg(OH)_2 \tag{7-1-4}$$

由于石灰石中含有 $MgCO_3$，硅酸盐水泥熟料是经过 1450℃左右煅烧而成的，因而其中含有 2%～4%的方镁石（MgO），这种 MgO 水化成 $Mg(OH)_2$ 的过程十分缓慢，过量高温煅烧 MgO 会产生后期膨胀，导致混凝土结构破坏，因而《通用硅酸盐水泥》（GB 175）中规定硅酸盐水泥和普通硅酸盐水泥的 MgO 含量不大于 5.0%，其他水泥不能超过 6.0%。也就是说，水泥中经过高温煅烧的 MgO 是有害成分。

然而，1000℃以下煅烧的轻质 MgO 则较易水化，MgO 水化生成 $Mg(OH)_2$ 时体积增大 94.1%～123.8%。

因此，氧化镁类膨胀剂一般是在 800～900℃温度下煅烧的白云石，再经过磨细制得的。按水泥质量 5%～9%掺加到混凝土中，能够得到符合要求的膨胀性能。白云石煅烧制度、氧化镁的粒度以及养护条件等对这种膨胀剂的膨胀率等性能指标影响很大。

（5）氧化铁类膨胀剂

当氧化铁类膨胀剂与混凝土拌合物接触时，铁的氧化物被逐渐溶解。随着水泥水化的不断进行，液相中的碱性不断增强，铁离子（Fe^{3+}）或亚铁离子（Fe^{2+}）会与碱结合形成胶状的氢氧化铁或氢氧化亚铁，引起膨胀，其水化反应见式（7-1-5）。

$$Fe + RX_n + H_2O \longrightarrow FeX_n + R(OH)_n + H_2$$
$$FeX_n + R(OH)_n \longrightarrow Fe(OH)_n + RX_n \tag{7-1-5}$$

式中　R——阳离子；

　　　X——阴离子；

　　　n——2，3。

此类膨胀剂的主要特点是膨胀稳定期较早、耐热性好，适用于干热高温环境，但膨胀量不太大，主要作为收缩补偿剂使用，适用于浇筑机器底板空隙、填灌热车间的底脚螺杆和填缝等。

3. 膨胀剂的研究发展现状

我国对补偿收缩混凝土的研究始于 1960 年，中国建筑材料科学研究院（现名为中国建筑材料科学研究总院）先后成功研制硅酸盐膨胀水泥、石膏矾土膨胀水泥、明矾石膨胀水泥、矿渣膨胀水泥、硫铝酸盐膨胀水泥等，对这些膨胀水泥配制的补偿收缩混凝土进行了大量的系统研究。

吴中伟院士是我国膨胀混凝土研究的奠基人，他于 1979 年出版的《补偿收缩混凝土》一书，是当代第一本论述补偿收缩混凝土的专著。该书提出了补偿收缩的原理、补偿收缩模式，以及补偿收缩混凝土的设计和工程应用等。在他的指导下，我国科技工作者进行大量试验研究和工程实践，使补偿收缩混凝土得到广泛应用。

目前我国生产的膨胀剂，其膨胀源大多是水化硫铝酸钙（钙矾石）。从水化机理来看，在水泥石中，由 CaO、Al_2O_3、SO_3 来源所形成的钙矾石都可能引起膨胀。我国大多数的膨胀剂采取固定 CaO、SO_3 来源，变换 Al_2O_3 来源的技术路线，即 CaO 由硅酸盐水泥提供，SO_3 由硬石膏提供，通过改变 Al_2O_3 来源，如铝酸钙（高铝水泥熟料）、硫铝酸钙（硫铝水泥熟料）、明矾石、含铝矿渣、煅烧矾土、高铝煤矸石、高铝粉煤灰、煅烧高岭土等，各生产厂据此制定不同的生产配方，形成不同组分和配比的膨胀剂。所以，我国的膨胀剂通常是用硬石膏和含可溶 Al_2O_3 的矿物配制而成的。

关于膨胀剂的标准有《混凝土膨胀剂》（GB/T 23439），该标准中规定了硫铝酸钙类膨胀剂、氧化钙类膨胀剂、硫铝酸钙-氧化钙类膨胀剂的性能指标，见表 7-1-1。《混凝土外加剂应用技术规范》（GB 50119）则对膨胀剂的适用范围、砂浆和混凝土的限制膨胀率等进行了规定。在《混凝土用氧化镁膨胀剂》（CBMF 19）中还对近几年发展起来的氧化镁类膨胀剂的关键性能指标进行了规定。

表 7-1-1　《混凝土膨胀剂》（GB/T 23439）中规定的性能指标

项目		指标值	
		Ⅰ型	Ⅱ型
细度	比表面积（m^2/kg）	≥200	
	1.18mm 筛筛余（%）	≤0.5	
凝结时间	初凝（min）	≥45	
	终凝（min）	≤600	
限制膨胀率（%）	水中 7d	≥0.035	≥0.050
	空气中 21d	≥−0.015	≥−0.010
抗压强度（MPa）	7d	22.5	
	28d	42.5	

任务实施

学生完成相关知识的学习，重点掌握常用膨胀剂的种类、特点、作用机理以及相关标准中规定的指标，同时要了解膨胀剂的发展历程和研究现状。查阅相关标准了解膨胀剂的适应范围、砂浆和混凝土性能的测试方法等内容。在充分学习的基础上，完成下列任务。

1. 补充表 7-1-2 的内容。

表 7-1-2　常见膨胀剂的种类

序号	知识点	主要成分	反应机理
1	氧化钙类膨胀剂		
2	硫铝酸钙类膨胀剂		
3	氧化钙-硫铝酸钙类膨胀剂		
4	氧化镁类膨胀剂		

2. 学习标准《混凝土膨胀剂》（GB/T 23439），完成填空。

（1）混凝土膨胀剂是与水泥、水拌合后经水化反应生成钙矾石、_____或钙矾石和氢氧化钙，使混凝土产生_____的外加剂。

（2）混凝土膨胀剂中的碱含量按_____计算，低碱膨胀剂碱含量不超过____%，或由供需双方协商确定。

（3）混凝土膨胀剂的 7d 抗压强度不低于_____MPa，28d 抗压强度不低于_____MPa。

☑ 结果评价

根据学生在完成任务过程中的表现，给予客观评价。任务评价参考标准见表 7-1-3。

表 7-1-3　任务评价参考标准

一级指标	分值	二级指标	分值	得分
自主学习能力	20	明确学习任务和计划	6	
		自主查阅《混凝土膨胀剂》（GB/T 23439）和《混凝土外加剂应用技术规范》（GB 50119）等标准	8	
		自主查阅膨胀剂相关技术资料和政策	6	
对膨胀剂的认知	60	掌握膨胀剂的常见种类	15	
		掌握膨胀剂的作用和关键性能指标	20	
		掌握膨胀剂的水化机理	15	
		了解膨胀剂的研究现状	10	
标准意识与质量意识	20	掌握标准中规定的重要指标	15	
		了解掺膨胀剂砂浆或混凝土限制膨胀率的测试方法	5	
总分		100		

知识巩固

1. 在混凝土结构修补、设备底座灌浆等工程中，采用大流动度的混凝土或砂浆即可完成。（　　）

2. 硫铝酸钙类膨胀剂的耐水性优于氧化钙类膨胀剂。（　　）

3. 普通生石灰即氧化钙，可以直接当成膨胀剂使用。（　　）

4. 膨胀剂常用于提高普通商品混凝土的防水性能，原因在于它能提高混凝土的密实度。（　　）

5. 从反应机理知，膨胀剂的水化过程均需要消耗水分，因此可能会造成混凝土用水量增加或流动性变差。（　　）

6. 水泥中的游离氧化钙在缓慢水化过程中能起到良好的补偿收缩的作用。（　　）

7. 补充表 7-1-4 内知识点及相关描述。

表 7-1-4　知识点及相关描述

知识点	描述
硫铝酸钙类膨胀剂	水化产物为_____，具有较好的耐水性
_____类膨胀剂	煅烧制度对膨胀剂性能影响较大
氧化钙类膨胀剂	水化产物为_____，耐水性较_____
_____类膨胀剂	膨胀量较小，主要作为收缩补偿剂使用

拓展学习

静态爆破剂

静态爆破剂，又称无声爆破剂，是由膨胀剂发展而来的一种专用于爆破作业的特殊材料。它与水拌合成浆体灌入混凝土或岩石的钻孔中，经 3～12h 便可在无震动、无噪声、无飞石情况下进行破碎作业。在 20℃ 时可达 30MPa 以上的膨胀压，在 4～24h 内体积膨胀 1.5～2 倍，当膨胀应力超过基体的抗拉强度时，被破碎物发生开裂，最终破裂。高效的静态爆破技术属于无公害的安全爆破，特别适用于钢筋混凝土的安全拆除和贵重石材如大理石、花岗岩、玉石等的开采。使用时无需停工停产，在人口稠密、交通繁忙地区均可使用，与传统的爆破技术相比，具有安全方便、绿色环保等优点。

任务 7.2 **配制膨胀剂**

学习目标

❖ 能选择制备不同膨胀剂的原材料
❖ 能阐述不同膨胀剂的基本制备方法
❖ 会检测掺膨胀剂砂浆或混凝土的性能

任务描述

从原材料方面讲，膨胀剂的种类并不多，常见的有氧化钙类、硫铝酸钙类、氧化镁类等。制备方法均包括煅烧、配料、粉磨等过程，但每一类膨胀剂的具体煅烧制度有所区别。学生在完成任务的过程中，要从根本上了解煅烧制度的设置原因，掌握每种膨胀剂的常用原料，以及掺膨胀剂砂浆或混凝土的基本性能检测方法。参考任务题目见表 7-2-1。

表 7-2-1　参考任务题目

序号	膨胀剂种类	要求
1	氧化钙类	选择原料，设置正确的煅烧温度，制定制备方案
2	硫铝酸钙类	选择原料，确定基础的制备工艺
3	氧化镁类	选择多种原料，制定制备方案
4	氧化铁类	选择主要原料和氧化剂，制定制备方案
5	硫铝酸钙类	检测掺硫铝酸钙类膨胀剂混凝土的限制膨胀率，制定检测方案

知识准备

1. 膨胀剂的制备方法

（1）石灰类膨胀剂

石灰大多来源于碳酸钙的分解，分解温度约 800℃，此时生产得到的生石灰水化反应较快，与水泥的水化速率不匹配，通常会在水泥水化硬化之前便完全反应，达不到补偿收缩的作用。因此需要采取特定的方法来延缓普通生石灰的水化。

① 过烧生石灰。

将碳酸钙加热到 1400℃ 左右，分解后得到过烧生石灰。将过烧生石灰粉磨至一定细度，就得到过烧生石灰膨胀剂。

常用的生石灰是将石灰石在 800℃ 左右煅烧，石灰石分解出 CO_2 而产生的。与常用的生石灰相比，过烧生石灰的水化活性大大降低，因而实现了控制其水化速率的目的。

过烧生石灰膨胀剂的水化速率取决于过烧温度、粉磨细度以及水泥本身的水化速率和水泥的化学、矿物组成等。

日本的氧化钙类膨胀剂是以石灰石、黏土和石膏为原料烧制而成的。这种膨胀剂成本较低，耐热性也优于硫铝酸盐类膨胀剂。与 CSA 膨胀剂相比，两者掺量相近，但氧化钙类膨胀剂的膨胀速率快，一般 3～4d 便稳定。其限制膨胀率与水泥品种的关系不大。这种氧化钙类膨胀剂的掺量在 7%～10% 范围内，比纯的过烧生石灰膨胀剂掺量高，比硫铝酸盐类膨胀剂略低。它具有早期膨胀效果好、需水量相对较小、含碱量低、原材料资源丰富等特点。

② 表面处理的生石灰。

为了延缓生石灰的水化，采用具有憎水或隔离作用的有机物对生石灰颗粒表面进行处理，延缓其水化速率，也是生产氧化钙类膨胀剂的主要方法。

生石灰的表面处理有两种方法：一种方法是将生石灰与一定量的硬脂酸钠（或钙）共同粉磨，在粉磨过程中，硬脂酸钠（或钙）便吸附在生石灰颗粒表面；另一种方法是用松香酒精溶液浸泡生石灰粉末，酒精挥发后，松香便附着在生石灰颗粒表面。由于硬脂酸钠（或钙）是憎水的，硬脂酸钠（或钙）将生石灰与水完全隔离，所以掺有这类膨胀剂的水泥混凝土在一开始都不会发生膨胀剂的水化反应，而随着水泥水化的进行，混凝土孔溶液中的碱性不断增强，在碱不断对硬脂酸钠（或钙）膜层进行皂化的作用下，硬脂酸钠（或钙）变成可溶性物质而溶解于水，最终导致憎水膜层破坏，氧化钙得以与水接触，开始发生水化反应。附着在生石灰颗粒表面的松香膜层也是不溶于水的，但是在水泥水化产生的碱性作用下，松香树脂层最终溶解于水。因此，生石灰接触水的快慢取决于其表面隔离层或憎水层的厚度，以及水泥水化产生碱的多少。

（2）硫铝酸钙类膨胀剂

此类膨胀剂的来源有两种，一种是以人为合成的硫铝酸钙水泥熟料为主，另一种是以天然的明矾石为主。

硫铝酸盐熟料是以适当成分的石灰石、矾土、石膏为原料，经 1300～1350℃ 煅烧而成的以无水硫铝酸钙（C_4A_3S）和硅酸二钙（C_2S）为主要矿物组成的熟料。将熟料与适量石膏复掺后进行粉磨处理，即可得到硫铝酸钙类膨胀剂。根据石膏用量的多少，可生成不同数量的高硫型水化硫铝酸钙（钙矾石）和低硫型水化硫铝酸钙，因而产生不同的膨胀量。

明矾石膨胀剂是由天然明矾石和无水石膏按一定比例混合磨细而成的。天然明矾石主要矿物是硫酸钾铝 $K_2SO_4 \cdot Al_2(SO_4)_3 \cdot 4Al(OH)_3$，可以为生成钙矾石提供 Al^{3+} 与 SO_4^{2-}，所以其主要的膨胀源也是钙矾石。

（3）氧化镁类膨胀剂

氧化镁大多来源于菱镁矿或白云石的煅烧分解产物。生产时通常将原料粉磨，再将细粉置于 800～900℃ 下进行煅烧分解，然后经过 950℃ 煅烧使原料中杂质矿物滑石脱水生成 $MgSiO_3$。也有研究表明，在燃烧过程中掺入少量的钠基膨润土可以降低膨胀剂的需水量。

（4）氧化铁类膨胀剂

氧化铁类膨胀剂的制备方法是在铁粉中掺加适量的氧化剂（如过铬酸盐、高锰酸盐等）和催化剂（离子型），使铁氧化，然后利用氧化铁与碱的作用生成氢氧化铁、氢氧化亚铁而使混凝土体积膨胀。

2. 膨胀剂性能检测

根据国家标准《混凝土膨胀剂》（GB/T 23439）的规定，膨胀剂的比表面积要求采用勃氏法进行检测，细度检测采用 1.18mm 筛，进行手工干筛检测。凝结时间、限制膨胀率、抗压强度等性能检测要求使用基准水泥和标准砂。

码 7-1　膨胀剂
的性能指标

（1）凝结时间

参照国家标准《水泥标准稠度用水量、凝结时间、安定性检验方法》（GB/T 1346）进行检测，膨胀剂内掺 10%。

（2）抗压强度

参照国家标准《水泥胶砂强度检验方法（ISO 法）》（GB/T 17671）进行，原料用量见表 7-2-2。

表 7-2-2　掺膨胀剂砂胶强度检测试验的配合比

材料	代号	材料质量（g）
水泥	C	427.5±2.0
膨胀剂	E	22.5±0.1
标准砂	S	1350±5.0
拌合水	W	225.0±1

注：$\dfrac{E}{C+E}=0.05$；$\dfrac{S}{C+E}=3.00$；$\dfrac{W}{C+E}=0.50$。

（3）限制膨胀率

限制膨胀率是指在有限制条件的情况下所测得的砂浆或混凝土的膨胀率，测试原理基本类似，这里重点介绍混凝土的限制膨胀率测试方法。

① 主要仪器。

测试使用的仪器有千分表、纵向限制器等。千分表主要用于测量试件的尺寸变化，其组成结构如图 7-2-1 所示。纵向限制器为混凝土提供限制作用，需要预埋进被测混凝土中，结构如图 7-2-2 所示。

② 实验室环境条件。

用于混凝土试件成型、测量和养护的实验室的温度为（20±2）℃，湿度为（60±5）%。

③ 试件制作。

用于成型试件的试模宽度和高度均为 100mm，长度为 360mm。同一条件有 3 条试件供测长用，试件全长 355mm，其中混凝土部分尺寸为 100mm×100mm×300mm。

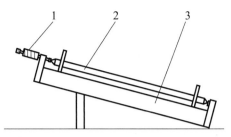

图 7-2-1　混凝土千分表测试仪

1—千分表；2—标准杆；3—支架

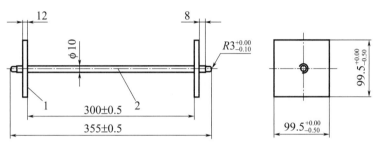

图 7-2-2　纵向限制器（单位：mm）

1—端板；2—钢筋

首先把纵向限制器放入试模中，然后将混凝土一次装入试模，把试模放在振动台上振动至表面呈现水泥浆，不泛气泡为止，刮去多余的混凝土并抹平。然后把试件置于温度为（20±2）℃的养护室内养护，试件表面用塑料布或湿布覆盖，防止水分蒸发。当混凝土抗压强度达到 3～5MPa 时拆模。

④ 养护与测量。

养护时，应注意不损伤试件测头，试件之间应保持 25mm 以上间隔。

测长的龄期从加水搅拌开始计算，一般测量 3d、7d 和 14d 的长度变化。14d 后，将试件移入恒温恒湿室中养护，分别测量空气中 28d、42d 的长度变化，也可根据需要安排测量龄期。

⑤ 结果计算。

长度变化率按式（7-2-1）计算。

$$\varepsilon = \frac{L_1 - L}{L_0} \times 100 \tag{7-2-1}$$

式中　ε——所测龄期的长度变化率，%；

　　　L_1——所测龄期试件的长度测量值，mm；

　　　L——初始长度测试值，mm；

　　　L_0——试件的基准长度，300mm。

取相近的 2 个试件测定值的平均值作为长度变化率的测量结果，计算精确至 0.001%。

🔲 任务实施

学生在完成相关知识学习的基础上，要查阅膨胀剂相关标准，了解膨胀剂的性能参数和检测方法。然后按如下步骤完成任务。

具体实施步骤

1. 选择制备任务：□氧化钙类　□硫铝酸钙类　□氧化镁类　□氧化铁类
　　　　　　　　□其他_____

2. 编制工艺流程图，注明关键制备条件。

3. 制定合成步骤。
　（1）选择原料：_____。
　（2）制备步骤。
　　　　①_____
　　　　②_____
　　　　③_____
　　　　④_____
　　　　⑤_____
　（3）测试关键性能。
　　　□凝结时间　□抗压强度　□细度　□比表面积　□限制膨胀率
　　　□其他_____
　　　写出关键测试步骤：_____
　　　_____。

4. 实施总结。

☑ 结果评价

在实施完任务后，对任务完成情况进行评价。任务评价参考标准见表 7-2-3。

表 7-2-3　任务评价参考标准

一级指标	分值	二级指标	分值	得分
自主学习能力	10	明确学习任务和计划	5	
		自主查阅资料，了解膨胀剂原料性能和制备方法	3	
		自主查阅相关标准	2	

续表

一级指标	分值	二级指标	分值	得分
膨胀剂制备相关的知识掌握情况	60	掌握常见膨胀剂的原料与制备方法	10	
		原料选取合理，熟悉原料的基本性能	15	
		制备方案制定合理	15	
		掌握膨胀剂的关键性能指标	10	
		掌握膨胀剂性能的检测方法	10	
安全意识与质量意识	15	掌握一定的实验室安全常识，如高温防护、旋转设备的使用等	8	
		掌握膨胀剂性能检测标准中规定的关键指标	7	
文本撰写能力	15	制备方案撰写规范，文字清晰流畅，排版美观，无明显错误	15	
总分		100		

📋 知识巩固

1. 补充表 7-2-4 中不同种类膨胀剂的主要原料及特点。

表 7-2-4　不同种类膨胀剂的主要原料及特点

膨胀剂种类	主要原料	特点
氧化钙类	石灰石	水化产物是_____，不能用于与水接触的混凝土工程
_____类	硫铝酸钙熟料、石膏等	煅烧温度为_____，水化产物为_____
氧化铁类	铁粉和_____	主要成分为氧化铁，水化生成氢氧化铁或氢氧化亚铁
氧化镁类	菱镁矿或白云石	煅烧温度为_____，水化产物为_____

2. 经 1450℃ 煅烧的石灰石，也能得到 CaO，产物具有较强的补偿混凝土收缩的作用。（　　）

3. 在普通生石灰表面附着一定量的硬脂酸钙，可以减缓生石灰的水化速率。（　　）

4. 明矾石膨胀剂是由天然明矾石和无水石膏按一定比例混合磨细而成的，具有膨胀量大、耐水性好等优点。（　　）

5. 硫铝酸钙水泥熟料与适量石膏复配再共同粉磨至一定细度，即可得到硫铝酸钙膨胀剂，其水化产物主要是钙矾石。（　　）

6. 用白云石煅烧制备氧化镁膨胀剂，产品中会含有少量的 CaO。（　　）

7. 国家标准《混凝土膨胀剂》（GB/T 23439）要求膨胀剂的初凝时间不短于 45min，而终凝时间不超过 600min。（　　）

8. 限制膨胀率是检测膨胀剂膨胀性能的关键指标。（　　）

📖 **拓展学习**

吴中伟院士简介

吴中伟 (1918 年 7 月 20 日—2000 年 2 月 4 日), 江苏张家港人, 1994 年当选中国工程院院士, 1998 年当选中国工程院资深院士, 是我国最早从事混凝土科学研究的专家之一。吴中伟院士对中国混凝土科学和工程应用的发展做出了巨大的贡献。

他开拓了中国混凝土科研事业, 率先提出"混凝土科学"概念, 创建了中国第一个混凝土研究室, 组织起第一支混凝土科研队伍, 开展了中国最早的混凝土科研工作。创造性地提出防止引起混凝土结构破坏的碱-骨料反应的措施; 研究开发了膨胀混凝土并首创膨胀混凝土后浇缝, 保证了混凝土建筑的整体性; 首次提出混凝土中心质假说, 为混凝土的组成结构和技术发展提供了理论基础。他指导的膨胀混凝土机理及应用的研究, 为解决中国混凝土工程的抗裂、防渗问题做出重大贡献。

早在 1940 年, 吴中伟院士就参与了无熟料水泥的研究, 开创了中国无熟料水泥研究的先河。1945—1947 年, 赴美国学习深造。回国后积极筹建华北窑业公司研究所 (中国建筑材料科学研究总院前身), 大力推广科学的混凝土配合比设计, 指导现场质量控制与冬期施工技术。1951 年, 带领团队研发了我国最早的松香热聚物引气剂, 并成功应用于塘沽新港、治淮工程等。1959 年, 吴中伟首次发表"混凝土中心质假说", 开创了通过亚微观、微观方法研究混凝土组分、结构对性能影响的先河。1979—1991 年, 他担任中国建筑材料科学研究院总工程师、副院长、技术顾问等。为解决混凝土的抗裂防渗问题, 指导与推进膨胀混凝土的研究, 提出了混凝土的补偿收缩模式, 并结合工程实际进行推广。1992 年, 吴中伟在国内首先提出研究推广高性能混凝土的建议。根据可持续发展战略, 提出"环保型胶凝材料"与"绿色高性能混凝土"的概念。针对中国水泥工业现状提出产业结构改革建议, 大量利用工业废渣, 使水泥与混凝土逐渐成为环境友好型的大宗建筑材料。从 1995 年开始, 他担任中国自然科学基金项目"三峡大坝混凝土耐久性及破坏研究"、国家"九五"重点攻关项目"重点工程混凝土安全性的研究"等的技术顾问。吴中伟院士关于混凝土的研究对我国混凝土事业产生了深远影响, 他提出的补偿收缩理论、引气混凝土、绿色高性能混凝土等概念依然是现今研究的热点。

任务 7.3 应用膨胀剂

📑 **学习目标**

❖ 能阐述膨胀剂的使用范围

❖ 能正确选择和使用膨胀剂

❖ 会分析膨胀剂对混凝土性能造成的影响

❖ 能阐述膨胀剂的工程应用要点

📋 任务描述

膨胀剂在补偿收缩混凝土、自应力混凝土和防水混凝土的生产中发挥着重要作用，是一种用途广泛的混凝土外加剂。在使用方面，它区别于其他外加剂，是一种胶凝材料，会直接参与水化反应，所以在计量时需要按内掺计算，在完成任务的过程中需要重点掌握。另外，膨胀剂的适用范围、对混凝土性能的影响等也是重点内容。

根据参考任务题目（表 7-3-1），选择合适的膨胀剂种类，并制定应用和检测方案。

表 7-3-1　参考任务题目

序号	题目
1	用于配制填充用膨胀混凝土，使用场合是高温流体管道的铺装
2	用于制备自应力混凝土构件，使用场合为海洋工程
3	用于配制灌浆料
4	用于外墙体裂缝修补砂浆的配制

📚 知识准备

1. 膨胀剂的适用范围

混凝土膨胀剂的用途十分广泛，主要用在补偿收缩混凝土、填充用膨胀混凝土、填充用膨胀砂浆和自应力混凝土、无声爆破中，见表 7-3-2。混凝土膨胀剂还常作为防水剂的原材料，膨胀剂与减水剂、缓凝剂等复配使用可以同时满足混凝土在减水、缓凝和防水、膨胀等方面的技术要求。商品混凝土浇筑后在有限制条件的情况下硬化，能够增加体系的密实度，起到良好的防水效果。

表 7-3-2　混凝土膨胀剂的适用范围

用途	适用范围
补偿收缩混凝土	地下、水中、海水中、隧道等构筑物、大体积混凝土（除大坝外）、配筋路面和板、屋面与厕浴间防水、构件补强、渗漏修补、回填槽等
填充用膨胀混凝土	结构后浇带、隧洞堵漏、管道与隧道之间的填充等
填充用膨胀砂浆	机械设备的底座灌浆、地脚螺栓的固定、梁柱接头、构件补强、加固等
自应力混凝土	主要用于常温下使用的自应力钢筋混凝土压力管
无声爆破	石材的开采和混凝土拆除等

值得注意的是，含硫铝酸钙类、硫铝酸钙-氧化钙类膨胀剂的膨胀混凝土（砂浆）不得用于长期环境温度为 80℃以上的工程，因为其中生成的钙矾石在超过 80℃时易失

171

去结晶水影响结构安全。由于氢氧化钙在水中会缓慢溶解出来，所以含氧化钙类膨胀剂的膨胀混凝土（砂浆）不得用于海水或有侵蚀性水的工程。另外，掺膨胀剂的混凝土只适用于钢筋混凝土工程和填充性混凝土工程，即需要在有一定限制的条件下进行施工浇筑。掺膨胀剂的大体积混凝土，其内部最高温度控制应参照有关规范进行，混凝土内外温差不宜超过 25℃。

2. 膨胀剂对混凝土性能的影响

与其他外加剂相比，膨胀剂在混凝土中的掺量较大，如氧化钙类膨胀剂的掺量一般为水泥质量的 3%～5%，而硫铝酸钙类膨胀剂的掺量一般为水泥质量的 8%～12%，且需要膨胀率更大时，它们的掺量应更大。如在自应力混凝土中，为了获得大于 0.5MPa 的自应力，硫铝酸钙类膨胀剂的掺量往往超过 15%。

码 7-2　膨胀剂对混凝土性能的影响

膨胀剂一般采用内掺法，即膨胀剂可以等量替代部分水泥，膨胀剂的掺量计算方法见式（7-3-1）。

$$膨胀剂掺量 = \frac{m_{膨胀剂}}{(m_{水泥} + m_{膨胀剂})} \times 100\% \tag{7-3-1}$$

式中　$m_{膨胀剂}$——膨胀剂质量；

　　　$m_{水泥}$——水泥等胶凝材料的质量。

膨胀剂对混凝土性能的影响，与膨胀剂的掺量、水泥品种、其他外加剂的品种和掺量、养护方式等有关。

（1）对混凝土膨胀率的影响

在水泥品种和用量、水灰比、配合比以及养护制度相同的情况下，膨胀剂的掺量对混凝土膨胀率起决定性作用。随着膨胀剂掺量增加，混凝土的膨胀率逐渐增大，如图 7-3-1 所示。

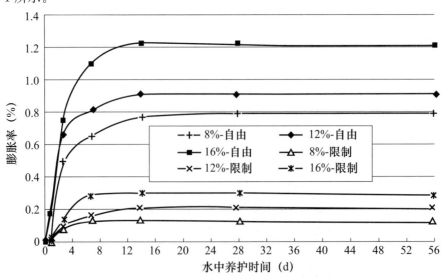

图 7-3-1　混凝土膨胀率与水中养护时间的关系

　　混凝土的膨胀率还与混凝土所受约束情况存在很大关系，在膨胀剂和掺量相同的情况下，混凝土配筋率越大，膨胀率越小，但混凝土的结构越密实。

　　膨胀剂水化需要大量的水分，如钙矾石分子中有 32 个结晶水，所以只有在良好的湿养条件下，膨胀剂的膨胀能才能正常发挥。许多研究表明，掺膨胀剂的混凝土至少湿养护 14d 才能正常发挥其膨胀能。

　　膨胀率还与水泥品种、骨料性质、混凝土配合比等因素有关。

　　（2）对混凝土凝结时间的影响

　　膨胀剂对混凝土凝结时间的影响不大，这是因为膨胀剂的组分一般要在水泥水化硬化以后才开始产生作用。但是掺硫铝酸钙类膨胀剂的混凝土的凝结时间一般要比不掺者缩短 20～60min，其原因是硫铝酸钙类膨胀剂中含有石膏组分和铝酸盐组分，促进了水泥的水化。

　　（3）对混凝土抗压强度的影响

　　掺膨胀剂的混凝土一般早期抗压强度有所增长，但后期抗压强度与膨胀剂掺量关系较大。对于自由膨胀的混凝土，当膨胀剂掺量较大时往往导致混凝土后期抗压强度有所降低。但是对于受约束作用的混凝土，即使膨胀剂掺量较大，由于混凝土的膨胀能受到钢筋的约束，混凝土的内部结构更加密实，混凝土抗压强度增大。

　　（4）对混凝土收缩和徐变的影响

　　膨胀结束后的膨胀混凝土，其收缩和徐变值与普通混凝土相似。但是在限制条件下，膨胀混凝土的干缩值略低于普通混凝土。

　　（5）对钢筋的握裹力、弹性模量与泊桑比的影响

　　掺膨胀剂的混凝土，其与钢筋的黏结力、握裹力与同强度等级普通混凝土相近或稍高，当膨胀率不大时，其弹性模量与泊桑比与普通混凝土相近。

　　（6）对混凝土和易性的影响

　　掺膨胀剂的混凝土，一般需水量稍大，拌合物黏聚性好，保水性优良。但是掺加膨胀剂的混凝土一般坍落度损失较快，尤其是同时掺加膨胀剂和减水剂的混凝土，有时坍落度损失过快，以至于无法满足运输和施工要求。

　　所以商品混凝土搅拌站比较头痛的是掺加膨胀剂的混凝土，因为普通混凝土可以满足坍落度损失控制要求，而掺膨胀剂的混凝土往往难以满足，所以应该提前进行大量试验，选择与膨胀剂适应性较强的减水剂或泵送剂。

　　（7）对混凝土抗渗性、抗冻性的影响

　　对于自由膨胀的混凝土，膨胀剂掺量较低时，膨胀产物主要填充混凝土内部毛细孔和大孔，起到密实作用，对于提高混凝土抗渗性很有帮助。对于限制膨胀的混凝土，掺膨胀剂更加有助于提高混凝土的抗渗性。但是对于自由膨胀的混凝土，当膨胀剂掺量过大时，过高的膨胀会导致混凝土内部出现微裂纹，反而使混凝土抗渗性下降。

　　由于混凝土抗渗性提高，掺膨胀剂可以同时改善混凝土的抗冻性。

　　（8）关于延迟钙矾石的形成问题

　　20 世纪 80 年代以来，国内外对掺硫铝酸盐类膨胀剂的混凝土中延迟钙矾石的生成

问题及其破坏机理开展了研究。清华大学阎培渝教授的研究结果表明，在大体积补偿收缩混凝土内部，由于胶凝材料水化放热，其最高温度可能超过钙矾石的分解温度，使水化初期生成的钙矾石分解，并在温度降低以后，在硬化混凝土内重新生成。发现延迟钙矾石生成在水化初期表现为补偿收缩混凝土的膨胀能损失，不能达到补偿温度收缩的目的，而后期表现为混凝土的延迟膨胀。但也有学者对该忧虑提出了质疑，认为在这种养护条件下掺硫铝酸盐类膨胀剂的混凝土不会产生收缩变形。中国建筑材料科学研究总院研制的硅酸盐自应力水泥和硫铝酸盐自应力水泥大量用于制造自应力混凝土管，经 70～80℃蒸养后放在常温水下养护，混凝土试件都呈膨胀变形状态，未出现收缩变形。后者同时提出在掺膨胀剂的大体积混凝土中不存在延迟钙矾石生成的可能性。有关这一问题，尚待继续研究论证。

3. 膨胀剂的工程应用要点

在混凝土中掺加膨胀剂，最主要的目的是使混凝土硬化过程中产生一定的体积膨胀，补偿混凝土干燥过程中产生的收缩，或者在配筋情况下，产生一定的预压应力，得到自应力混凝土，如图 7-3-2 所示。

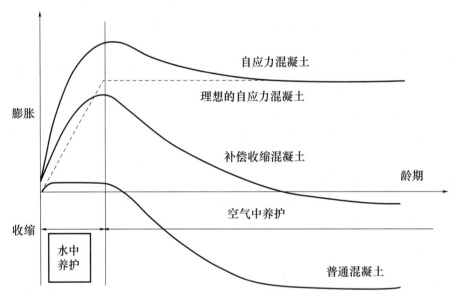

图 7-3-2　补偿收缩混凝土和自应力混凝土变形图

普通混凝土硬化后在失水干燥过程中产生（300～800）×10^{-6} 的收缩。如果混凝土结构收缩时受到约束，那么这种收缩变形过程将会导致混凝土内部产生拉应力，当混凝土内部拉应力超过其本身的抗拉强度时，就会产生开裂现象。混凝土属于准脆性材料，抗拉强度低，抵抗变形的能力也很弱，所以干燥收缩导致开裂的现象时有发生。开裂不仅会导致力学性能下降，而且会引起结构渗水、外界化学介质侵蚀、钢筋锈蚀等危害。

掺加膨胀剂的混凝土，在混凝土硬化后湿养护阶段内部生成一定量膨胀性物质，使混凝土发生体积膨胀，待混凝土暴露于干空气中，失水时虽然仍会产生体积收缩变形，但是前期的膨胀可以补偿这部分收缩，这样有效地防止了开裂。

实际上混凝土自由膨胀也会导致内应力，从而产生裂缝，影响建筑结构安全。所以说对于掺膨胀剂的混凝土来说，配筋尤其重要。通过配筋可以将混凝土的膨胀能转化为预压力，就相当于预应力混凝土。当膨胀剂掺量较大和混凝土内部配筋充足时，可以生产出自应力混凝土。

根据膨胀剂的品种、特性、膨胀剂对混凝土性能的影响规律，以及使用膨胀剂的目的，膨胀剂使用中应注意的问题包括以下几个方面。

（1）掺膨胀剂的混凝土的胶凝材料用量不得太低

掺膨胀剂的混凝土，其胶凝材料用量过低，一方面不能满足混凝土和易性要求，另一方面也不能有效发挥膨胀作用和补偿收缩作用。胶凝材料用量（水泥、膨胀剂和掺合料总量）应符合表 7-3-3 的规定。

表 7-3-3　掺膨胀剂混凝土胶凝材料最少用量

膨胀混凝土种类	胶凝材料最少用量（kg/m³）
补偿收缩混凝土	300
填充用膨胀混凝土	350
自应力混凝土	500

（2）水泥用量

用于有抗渗要求的补偿收缩混凝土，水泥用量应不小于 $320kg/m^3$，当掺入掺合料时，其水泥用量应不小于 $280kg/m^3$。

（3）水胶比

水胶比太大，一方面会使混凝土抗压强度过低，另一方面也不利于混凝土的抗渗性和耐久性。掺膨胀剂混凝土的水胶比不宜大于 0.50。

（4）膨胀剂掺量

不同膨胀剂的掺量范围不同，但为了保证膨胀率，必须掺入足够量的膨胀剂。同时，膨胀剂的掺量又不得过大，否则将危害到混凝土的强度和耐久性。

对于硫铝酸盐类膨胀剂，其在补偿收缩混凝土中的掺量不宜大于 12%，但不宜小于 6%；在填充用膨胀混凝土中的掺量不宜大于 15%，但也不宜小于 10%。

（5）膨胀剂与其他外加剂的适应性

膨胀剂可与其他大多数外加剂，如减水剂、缓凝剂、缓凝减水剂等复合使用。复合使用时，外加剂的品种和掺量应通过试验确定。但膨胀剂不宜与氯盐类外加剂复合使用，与防冻剂复合使用时应慎重。膨胀剂与泵送剂复合使用时往往会影响混凝土的坍落度保持性，因此需要进行试验来检验它们的适应性。膨胀剂与聚羧酸减水剂的适应性较好。

（6）掺膨胀剂的混凝土配合比

对于以水泥和膨胀剂为胶凝材料的混凝土，设基准混凝土配合比中水泥用量为 m_{c0}，膨胀剂取代水泥率为 K，膨胀剂用量 $M_E = m_{c0} K$，水泥用量为 $m_c = m_{c0} - M_E$。

对于以水泥、掺合料和膨胀剂为胶凝材料的混凝土，设膨胀剂取代胶凝材料率为 K，设基准混凝土配合比中水泥用量为 m_c、掺合料用量为 m_A，膨胀剂用量 $M_E = (m_c + m_A) K$，掺合料用量 $m_A = m_A (1-K)$，水泥用量 $m_c = m_c (1-K)$。

（7）膨胀剂的掺加方法和掺膨胀剂混凝土的搅拌

粉状膨胀剂应与混凝土其他原材料一起投入搅拌机，拌合时间应延长 30s。

（8）掺膨胀剂混凝土的浇筑、振捣

掺膨胀剂混凝土在计划浇筑区段内应连续浇筑，不得中断。混凝土浇筑进行阶梯式推进，浇筑间隔时间不得超过混凝土的初凝时间，不得出现冷缝。混凝土以机械振捣为宜，不得漏振、欠振或过振。混凝土终凝前，应采用抹面机械或人工多次抹压，以封闭表面发丝裂纹，防止开裂。

（9）掺膨胀剂混凝土的养护

掺膨胀剂是防止混凝土产生收缩裂缝的措施之一，但绝不能认为掺加膨胀剂的混凝土开裂危害一定小，实际上，养护不当的掺膨胀剂的混凝土更易产生裂缝。所以，掺膨胀剂的混凝土的养护更加重要，只有加强湿养护，才能实现膨胀和补偿收缩、预防裂缝的目的。

对于大体积混凝土和大面积板面混凝土，表面抹压后用塑料薄膜覆盖，混凝土硬化后，宜采用蓄水养护、喷雾养护、喷洒养护剂养护或用湿麻袋覆盖，以保持混凝土表面潮湿，养护时间不应少于 14d。

对于墙体等不易保水的结构，宜从顶部设水管喷淋，拆模时间不宜少于 3d，拆模后宜用湿麻袋紧贴墙体覆盖，并浇水养护或采用喷洒养护剂的方法，保持混凝土内部潮湿，养护时间不宜少于 14d。

冬期施工时，混凝土浇筑后，应立即用塑料薄膜和保温材料覆盖，养护期不应少于 14d。对于墙体，带模板养护不应少于 7d，拆模后仍应洒水养护，直到 14d 龄期。

📋 任务实施

学生要充分掌握各类膨胀剂的性能特点，了解掺量范围和计算方法，根据使用场合科学合理地选择膨胀剂的种类，并熟知掺膨胀剂砂浆或混凝土的常见性能检测方法。具体实施步骤如下。

具体实施步骤

1. 领取任务：_____。

2. 选择膨胀剂种类，并注明主要成分、水化产物、耐水性、耐高温性能等特点。

   氧化钙类膨胀剂：_____。

   硫铝酸钙类膨胀剂：_____。

氧化镁类膨胀剂：_____。

氧化铁类膨胀剂：_____。

氧化钙-硫铝酸钙类膨胀剂：_____。

其他膨胀剂：_____。

3. 制定使用方案。

(1) 确定用量范围：_____。

(2) 选择掺加方式：□内掺　□外掺

(3) 说明应用要点：_____
_____。

4. 砂浆或混凝土性能的检测方案。

(1) 需要检测的性能：_____。

(2) 参照的标准：_____。

(3) 检测步骤。

① _____
② _____
③ _____。

5. 实施总结。

☑ 结果评价

在实施完成任务后，对任务完成情况进行评价。任务评价参考标准见表 7-3-4。

表 7-3-4　任务评价参考标准

一级指标	分值	二级指标	分值	得分
自主学习能力	15	明确学习任务和计划	5	
		自主查阅资料，了解膨胀剂的适用范围	5	
		自主查阅膨胀剂的最新研究成果	5	
膨胀剂应用相关知识的掌握情况	60	能正确选择膨胀剂和使用方法，并阐述原因	10	
		能阐述膨胀剂对混凝土性能的影响	15	
		膨胀剂的使用方案制定合理	15	
		能对掺膨胀剂混凝土的性能进行检测	10	
		会分析膨胀剂的工程应用要点	10	

续表

一级指标	分值	二级指标	分值	得分
标准意识与质量意识	10	掌握《混凝土膨胀剂》（GB/T 23439）中对膨胀剂基本性能指标的规定	5	
		能按标准检测掺膨胀剂砂浆和混凝土的性能	5	
文本撰写能力	15	实施过程文案撰写规范，无明显错误	15	
总分		100		

知识巩固

1. 为不同的使用场合，选择合理的膨胀剂种类或计算用量。

膨胀剂：A. 氧化钙类　B. 氧化镁类　C. 硫铝酸钙类　D. 氧化铁类

（1）刚性防水屋面：＿＿＿＿＿＿＿＿＿＿＿＿＿＿＿＿＿＿＿＿＿＿＿。

（2）机座地脚螺栓与混凝土基础之间的无收缩灌浆：＿＿＿＿＿＿＿＿＿＿＿。

（3）高温处防水混凝土的浇筑，胶凝材料总质量为 $380kg/m^3$，膨胀剂掺量为 12％，则需称取膨胀剂的质量为＿＿＿＿＿，可选膨胀剂有＿＿＿＿＿＿＿＿＿＿＿＿＿。

2. 掺膨胀剂砂浆的抗压强度检测试验中，各原料的质量比为水泥：膨胀剂：标准砂：拌合水＝＿＿＿＿＿＿＿＿。

3. 混凝土膨胀率与膨胀剂的掺量直接相关，而与受约束状态无关。（　　）

4. 在使用膨胀剂时要保证足够的掺量，以保证产生足够的膨胀量，其掺量一般都大于 5％。（　　）

5. 掺膨胀剂的砂浆和混凝土的搅拌时间要与普通砂浆或混凝土保持一致。（　　）

6. 掺膨胀剂的砂浆和混凝土浇筑后需要加强湿养护，为膨胀剂的水化提供足够的水分。（　　）

7. 膨胀剂通常会缩短混凝土的凝结时间，并造成坍落度损失增加。（　　）

8. 解释含硫铝酸钙膨胀剂的混凝土耐高温性较差的原因。

拓展学习

氧化镁膨胀剂

氧化镁膨胀剂的发明来源于过高含量氧化镁会造成混凝土产生膨胀裂缝这一现象。水泥刚被发明出来时，人们并未意识到死烧氧化镁的破坏作用，那时的水泥中氧化镁的含量甚至高达 16％～30％。19 世纪末，法国修建的许多桥梁建筑因氧化镁含量过高而出现了安定性问题。德国的 Cassel 市政大楼也因为水泥中氧化镁高达 27％而出现了安定性破坏。从此，人们才意识到氧化镁含量过高会导致混凝土结构出现安定性问题，并限制了水泥中氧化镁的含量。实际上，如果能实现氧化镁反应速率和膨胀量的可控，则可以利用它的膨胀来补偿混凝土的收缩。最早提出这一设想，并开展研究的是 Mehta，他在 1980 年前后开展了利用氧化镁的水化膨胀补偿大体积混凝土的温降收缩的应用研究。差不多在同一时期，我国专家开始了对氧化镁混凝土筑坝技术的研究。利用高镁水泥中氧化镁水化产生的延迟膨胀，补偿大坝基础混凝土的温降收缩，简化温控措施，降低温控费用，节约工程投资，加快了施工进程。为解决高镁水泥受原料来源条件限制的问题及更好地控制氧化镁的质量，研究者通过单独煅烧菱镁矿制备了氧化镁膨胀剂，并在此基础上发展了外掺氧化镁混凝土筑坝技术。此外，还研究了煅烧白云石、蛇纹石等含镁矿物来制备氧化镁膨胀剂。目前，煅烧菱镁矿是工业化生产氧化镁膨胀剂的一个重要方法。

氧化镁膨胀剂具有水化需水量少、膨胀过程可调控、水化产物稳定等优点，能够适应低水灰比、高强度、构型复杂的现代混凝土收缩补偿的需求。但其安定性依然存在较多争议。深入研究氧化镁膨胀剂的水化膨胀机理，完善膨胀性能的调控机制，建立科学的工业化生产工艺，并制定科学合理的安定性评价方式是全面推广氧化镁膨胀剂使用的重要前提，也是目前氧化镁膨胀剂的研究重点。

项目 8　认识与应用防水剂

项目概述

  混凝土的防水能力对建筑结构的耐久性影响很大，因为环境中的氯离子、二氧化碳、酸性氧化物等侵蚀介质均是以水为载体对混凝土产生破坏作用的，并且单纯的水对混凝土结构也会造成破坏作用，所以建筑结构的防水显得特别重要。除了常用的柔性防水外，提升混凝土自身的防水能力也需要重视。在混凝土中使用防水剂是有效提升混凝土抗渗能力的重要方法。特别是国家标准《建筑与市政工程防水通用规范》（GB 55030）实施以来，对混凝土防水剂的重视程度越来越高。本项目涵盖了防水剂的种类、作用机理、防水剂对混凝土性能的影响及工程应用要点等内容。通过学习，学生应能掌握防水剂的基本知识、分类及不同防水剂的作用机理，掌握防水剂的工程应用要点，为正确使用防水剂奠定基础。

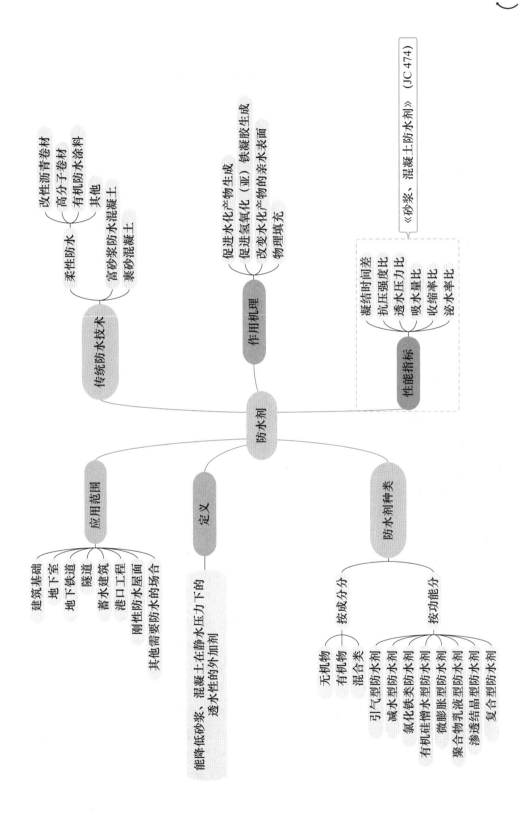

任务 8.1 **认识防水剂**

📑 学习目标

❖ 能阐述混凝土刚性防水的常用方法

❖ 能阐述防水剂的基本作用

❖ 能列举常用防水剂的种类并阐述机理

🗓 任务描述

防水剂是一种能提高混凝土抗渗性的外加剂，在混凝土中使用防水剂是提高混凝土刚性防水能力的重要途径。学生在完成学习任务的过程中，要充分认识到防水剂的重要性。从混凝土结构理论方面着手，了解混凝土防水性差的原因，掌握常用防水剂的种类和作用机理。

◈ 知识准备

1. 刚性防水简介

码 8-1 常见防水措施

随着混凝土应用范围的日益扩大，在屋面、水塔、水池、水坝、地下室、隧道、输油管道、输水管道、输气管道、储油罐及地下建筑物、海工建筑物等工程中，混凝土已经几乎成为不可替代的材料，且这些工程对混凝土抗渗性和防水性提出了严格要求。尤其是屋面、墙面、地下室等与人们生活质量息息相关的部位，渗漏所带来的危害和间接损失，更是令人头痛。鉴于此，人们常用"屋漏偏逢连夜雨"来形容对渗漏问题的无奈。众所周知，传统的油毡屋面由于使用寿命短，加之施工质量难以保证，已逐渐被淘汰，而代之以改性沥青屋面材料，以及高分子防水卷材、高分子防水涂料。但防水层的铺设总的来说都不是永久性的。而对于越来越多的上人屋面、绿化屋面来说，铺设柔性防水层显然是不合适的，因此，刚性防水的需求量将越来越大。所以，混凝土、砂浆本身抗渗能力的提升是水泥基材料长久以来的热点问题。

混凝土是一种非匀质性材料，从微观结构上看属于多孔结构。混凝土中的孔按其成因可以分为施工孔隙和构造孔隙两类。施工孔隙是由于浇筑时振捣不良而引起的。构造孔隙主要取决于水灰比，是在混凝土凝结硬化过程中形成的。构造孔隙包括水泥水化产物凝胶本身所固有的凝胶孔、水泥水化过程中多余水分蒸发后在混凝土中遗留下来的毛细孔、水泥和骨料在重力作用下产生不同程度的相对沉降而形成的沉降孔隙等，当然，粗细骨料本身内部也存在孔隙，其中，凝胶孔的尺寸极小（15～30Å），可以认为是不渗水的，骨料的渗透性一般要比水泥石低得多，骨料会切断水泥石基体的渗水通道。水泥石中毛细孔尺寸为数百埃至几千埃，水灰比越大，其渗水的可能性越大。混凝土浇筑后，由于保水性不良，砂、石产生沉降，水分上升，其中一部分沿着毛细管道析出至混凝土表面（外表泌水），还有一些则聚积在粗骨料或钢筋下表面（内部泌水），形成积水层，水分蒸发后形成网络状相互连通的沉降孔隙。基相中，除凝胶孔外，其余的孔隙（毛细孔和沉降孔隙）的尺寸大于 250Å，是造成混凝土渗水的主要原因，要提高混凝土的抗渗性，关键是要减少混凝土内部的孔隙，改善孔隙的特性（形状和大小等）及堵塞渗水通道。

外加剂防水混凝土，即在拌合物中掺入少量能改善抗渗性的有机物或无机物（混凝土防水剂），满足工程防水需要的混凝土。国外自 20 世纪 30 年代开始研究应用引气剂防水混凝土，我国也研制出多种引气剂并应用于防水混凝土工程中，还普遍采用掺加减水剂、三乙醇胺和氯化铁等外加剂的方法来配制防水混凝土。

近 30 年来，人们在混凝土防水工程的材料设计和施工工艺方面积累了丰富的经验，如优化混凝土配合比、合理选择原材料，可以配制出具有一定抗渗等级的防水混凝土。掺加防水剂也可以配制出抗渗等级良好的防水混凝土。然而，对于大面积、大体积浇筑施工的工程，尽管在混凝土材料设计时周密地考虑了混凝土抗渗等级的提高，但由于结构设计不合理、施工和养护不当，或使用过程中的原因，混凝土结构体开裂，最终导致防水失败。从这点来看，防水是一项涉及设计、材料、施工等多方面的工程。

如果对混凝土耐久性的各种影响因素进行分析，就不难看出，每项耐久性指标都与混凝土抗渗性存在着非常密切的关系，大幅度提高混凝土抗渗等级，是改善混凝土抗碳化性、抗化学侵蚀性、抗冻融循环性最直接、有效的措施，因此，混凝土防水剂的使用实际上也是混凝土高性能化的一项有效措施。

对于实际工程来说，单纯的材料抗渗性的提高并不能保证结构的防水性，原因是混凝土自浇筑后开始就时刻发生着体积变形，而由于混凝土的抗拉强度低（为抗压强度的 $5\%\sim10\%$）、极限拉伸应变小（ $0.02\%\sim0.03\%$ ），这种体积变形很容易导致结构体开裂。研究表明，当混凝土裂缝宽度大于 0.1mm，混凝土便会渗水。

事实表明，传统的混凝土，由于设计、材料选择和施工不当，在其生命周期中，表面和内部会产生许多微裂缝，影响着其力学性能、抗渗性和耐久性。为了减少开裂，人们在大面积混凝土施工时，不得不留置出一定量的收缩缝，这不仅增加了工作量，而且施工缝的添补采用高分子材料，这些材料老化快，需要经常更换，增加了造价。鉴于减少和补偿混凝土收缩方面的考虑，微膨胀混凝土和补偿收缩混凝土应运而生，其成功应用为减少混凝土开裂，保证工程质量，起到了非常重要的作用。

2. 防水剂的种类

混凝土防水剂是指掺入混凝土中，能够减少混凝土内部孔隙和堵塞毛细通道，或是改变混凝土的亲水性，从而降低混凝土在静水压作用下透水性的外加剂。混凝土防水剂的品种很多，主要是以防水剂中起主要作用的组分进行分类，具体如下。

① 引气型防水剂。

② 减水型防水剂。

③ 氯化铁类防水剂。

④ 有机硅憎水型防水剂。

⑤ 微膨胀型防水剂。

⑥ 聚合物乳液型防水剂。

⑦ 渗透结晶型防水剂。

⑧ 复合型防水剂等。

3. 防水剂的作用机理

防水剂种类不同，其作用机理和作用效果差别很大，现选取几类常用防水剂进行介绍。

码 8-2　防水剂的作用机理

（1）引气型防水剂

掺加引气型防水剂可以在混凝土拌合时引入大量微小封闭的气泡，从而改善混凝土的和易性、抗渗性、抗冻性和耐久性，且经济效益显著。目前在防水领域中最常使用的引气剂为松香热聚物、松香酸钠、AES、AOS、三萜皂苷等。

掺引气型防水剂能提高混凝土抗渗性的原因如下：引气剂是一种具有憎水作用的表面活性物质，它可以降低混凝土拌合水的表面张力，搅拌时会在混凝土拌合物中产生大量微小、均匀的气泡，使混凝土的和易性显著改善，减少了泌水通道的形成，硬化混凝土的内部结构也得到改善。由于气泡的阻隔，混凝土拌合物中自由水的蒸发路线变得曲折、细小、分散，从而改变了毛细管的数量和特征，减少了混凝土的渗水通道。同时，由于水泥保水能力的提升，泌水大为减少，混凝土内部的渗水通道进一步减少。另外，气泡的阻隔作用减少了因沉降作用所引起的混凝土内部的不均匀缺陷，也减少了骨料周围黏结不良的现象和沉降孔隙。气泡的上述作用，都有利于提高混凝土的抗渗性。此外，引气剂还使水泥颗粒憎水化，从而使混凝土中的毛细管壁憎水，阻碍了混凝土的吸水作用和渗水作用，这也有利于提高混凝土的抗渗性能。

（2）减水型防水剂

以减水剂为主要组分的防水剂称为减水型防水剂。

减水剂按有无引气作用分为引气型和非引气型两类。防水混凝土工程中常使用的减水剂，如聚羧酸减水剂、萘系减水剂和密胺系减水剂等均有一定的引气作用，用它们配制的防水混凝土抗渗性能较好。掺减水型防水剂混凝土的配制，可遵循普通防水混凝土的一般规则，按工程需要调节水灰比即可。减水剂在防水混凝土中的常用掺量，与配制减水剂混凝土相当。

混凝土中掺入减水型防水剂能提高抗渗性的原因包括以下几个方面。

① 混凝土中掺入这类防水剂后，由于减水剂分子对水泥颗粒的吸附-分散、润滑和润湿作用，拌合水用量减少，新拌混凝土的保水性和抗离析性提高，尤其是当掺入引气

型减水剂后，犹如掺入引气剂，在混凝土中产生封闭、均匀分散的小气泡，提高和易性，降低泌水率，从而减少了混凝土中泌水通道的产生，防止了内分层现象的发生。

② 由于在保持相同和易性的情况下，掺加减水剂能减少混凝土拌合用水量，混凝土中超过水泥水化所需的水量减少，这部分自由水蒸发后留下的毛细孔体积就相应减小，提高了混凝土的密实性。

③ 如果使用引气减水剂，可以在混凝土中引入一定量独立、分散的小气泡，由于这种气泡的阻隔作用，会导致毛细管的数量和特征发生改变。

（3）氯化铁类防水剂

氯化铁类防水剂是一种常用的防水剂，在混凝土中加入少量氯化铁类防水剂可配制出具有高抗渗性、高密实度的混凝土。

氯化铁类防水剂的作用机理如下。

① 氯化铁类防水剂的主要成分为氯化铁、氯化亚铁、硫酸铝等，它们能与水泥石中 C_3S 和 C_2S 水化释放出的 $Ca(OH)_2$ 发生反应，生成氢氧化铁、氢氧化亚铁和氢氧化铝等不溶于水的胶体，反应式见式（8-1-1）。

$$2FeCl_3 + 3Ca(OH)_2 \longrightarrow 2Fe(OH)_3 + 3CaCl_2$$

$$FeCl_2 + Ca(OH)_2 \longrightarrow Fe(OH)_2 + CaCl_2$$

$$Al_2(SO_4)_3 + 3Ca(OH)_2 + mH_2O \longrightarrow 2Al(OH)_3 + 3CaSO_4 \cdot mH_2O \qquad (8\text{-}1\text{-}1)$$

这些胶体填充了混凝土内的孔隙，堵塞毛细管渗水通道，提高了混凝土的密实性。

② 降低了泌水率。混凝土中掺加氯化铁类防水剂后，由于浆体中生成了氢氧化铁、氢氧化亚铁和氢氧化铝等胶状物，混凝土的泌水率降低，减少了因泌水而引起的缺陷。

③ 氯化铁类防水剂与 $Ca(OH)_2$ 作用生成的氯化钙，不但能起填充作用，而且能激发水泥熟料矿物，加速其水化速度，并与 C_2S、C_3A 和水反应生成氯硅酸钙和氯铝酸钙晶体，提高了混凝土的密实性，因而抗渗性提高。

（4）有机硅防水剂

有机硅防水剂是一种无污染、无刺激性的新型高效防水材料。将其喷涂（或涂刷）于建筑物表面后，可在其表面形成肉眼觉察不到的一层无色透明、抗紫外线的透气薄膜，当雨水吹打其上或遇潮湿空气时，水滴会自然流淌，阻止水分侵入，同时还可以将建筑物表面尘土冲刷干净，从而起到防水、防霉、外墙洁净及防止风化等作用。这类防水剂的基本作用原理是将混凝土的亲水表面改造成憎水表面，增大水分在混凝土表面的接触角，从而发挥防水作用。这一类防水剂比较有代表性的是甲基硅酸钠、含氢硅油等。

（5）微膨胀型防水剂

在有约束的防水混凝土工程中，采用膨胀混凝土浇筑，膨胀混凝土由于具有膨胀和补偿收缩作用，可以减少裂缝的产生，同时增强混凝土的密实性，水泥浆体中膨胀产物还能够隔断毛细孔渗水通道，因而提高混凝土抗渗性能，并且这种防水工程的伸缩缝间距也可以增大，在修补防水工程中，膨胀混凝土具有独特的功效。

掺加微膨胀型防水剂（主要成分为膨胀剂）的混凝土，在凝结硬化过程中产生一定的体积膨胀，补偿由于干燥失水和温度梯度等原因而引起的体积收缩，防止或减少收缩裂缝的产生，增强密实性，从而有效提升混凝土的防水性能。目前国内普遍使用的微膨胀型防水剂为膨胀剂与减水剂等组分的复合产品。

（6）渗透结晶型防水剂

渗透结晶型防水剂是以硅酸盐水泥和活性化学物质为主要成分制成的粉状材料，掺入水泥混凝土拌合物中使用。活性化学物质由碱金属盐或碱土金属盐、络合化合物等复配而成，具有较强的渗透性，能与水泥的水化产物发生反应生成针状晶体，从而堵塞内部孔隙，提高混凝土的密实度，达到防水的目的。

📋 任务实施

学生要了解混凝土防水性差的原因和常用刚性防水的方法，充分掌握各类防水剂的性能特点，在此基础上按如下步骤完成任务。

具体实施步骤

1. 阐述混凝土防水性差的原因。

2. 阐述常用的提升刚性防水能力的方法。

3. 补充表 8-1-1 中的知识点。

表 8-1-1　防水剂种类和作用机理

防水剂种类	作用机理
引气型	产生大量的气泡，能减少_____，降低混凝土泌水。常用的引气组分有_____
_____	能降低混凝土拌合用水量，从而减少水分蒸发后留下的孔隙
氯化铁类	能生成_____凝胶，从而堵塞毛细孔
有机硅	将亲水表面改造成_____表面，常用的物质有_____
_____	补偿混凝土的收缩或产生微膨胀，减少开裂

4. 实施总结。

结果评价

在实施完成任务后，对任务完成情况进行评价。任务评价参考标准见表 8-1-2。

表 8-1-2　任务评价参考标准

一级指标	分值	二级指标	分值	得分
自主学习能力	20	明确学习任务和计划	5	
		自主查阅《建筑与市政工程防水通用规范》（GB 55030）和《砂浆、混凝土防水剂》（JC/T 474）的最新版本，了解标准中关于结构防水和防水剂的规定	10	
		自主查阅防水剂的最新研究成果	5	
防水剂相关知识的掌握情况	65	能正确分析混凝土防水性差的原因	15	
		能列举提升混凝土刚性防水能力的方法	20	
		能列举常用防水剂的种类	20	
		能阐述常用防水剂的作用原理	10	
文本撰写能力	15	实施过程文案撰写规范，无明显错误	15	
总分		100		

知识巩固

1. 混凝土中具有不同尺度的孔隙，这些孔隙均能渗水。（　　）

2. 泌水严重的混凝土，往往后期抗渗性较差。（　　）

3. 引气剂的使用会增大混凝土的孔隙率，降低力学性能，对防水不利。（　　）

4. 氯化铁类防水剂在钢筋混凝土中要慎用，以免造成钢筋腐蚀。（　　）

5. 膨胀剂在无约束的混凝土中也可以发挥良好的防水作用。（　　）

6. 柔性防水的缺点是＿＿＿＿＿＿＿＿＿＿＿＿＿＿＿＿＿＿＿＿＿＿＿＿。

7. 混凝土中的孔按其成因可以分为＿＿＿＿＿和＿＿＿＿＿两类。

8. ＿＿＿＿＿型防水剂既能引气，又有减水作用。

9. 减少拌合用水量可以＿＿＿＿＿混凝土的密实度，并＿＿＿＿＿泌水率。

10. 水泥基渗透结晶型防水剂是以＿＿＿＿＿＿和活性化学物质为主要成分制成的粉状材料。活性化学物质由碱金属盐或碱土金属盐、络合化合物等复配而成，具有较强的＿＿＿＿＿＿。

187

拓展学习

关于标准《建筑与市政工程防水通用规范》(GB 55030)

2022年10月24日，住房城乡建设部发布关于国家标准《建筑与市政工程防水通用规范》的公告，《建筑与市政工程防水通用规范》为国家标准，编号为 GB 55030—2022，自2023年4月1日起实施。该标准被称为"史上最严"防水标准。该标准为强制性工程建设规范，全部条文必须严格执行。用更量化和更细化的标准替代原先笼统和不明确的表述，对各类防水工程的设计年限和防水措施提出了更高质量的要求。例如，规范规定，防水混凝土等级不应低于C25，试配混凝土的抗渗等级应比设计要求高0.2MPa，在防水设计工作年限方面，要求地下工程防水设计工作年限不低于结构的设计工作年限，屋面工程防水设计工作年限不低于20年，室内不低于25年。对防水卷材、水泥基防水材料、密封材料等都做了明确而严格的规定。该标准的实施显示了国家对建筑结构防水的重视。

任务8.2 应用防水剂

学习目标

❖ 能阐述防水剂对混凝土性能的影响
❖ 能阐述不同防水剂的工程应用要点
❖ 能根据不同的应用场景正确地选择防水剂

任务描述

随着国家标准《建筑与市政工程防水通用规范》(GB 55030) 的执行，建筑的防水受到越来越多的重视。只有掌握防水剂的应用知识才能配制出满足施工要求的防水混凝土。学生应以防水剂的作用机理为基础，重点掌握常用防水剂的工程应用要点及注意事项，为正确选择和使用防水剂奠定基础。

知识准备

1. 防水剂对混凝土性能的影响

防水剂品种多，组分复杂，所以对混凝土性能的影响是多方面的。掺加引气型防水剂，可以改善新拌混凝土的和易性，提升混凝土抗渗性、抗冻融循环能力，但对混凝土强度有一定程度的不利影响。为了弥补引气对混凝土强度的负面影响，通常将引气组分与减水组分复合来配制混凝土防水剂。

微膨胀组分虽然可以使混凝土具有微膨胀和抗裂防水的效果，但不具备减水效应，所以通常也与减水组分复配使用，以取得更好的增强和抗渗效果。

表 8-2-1 为萘系高效减水剂 SN-Ⅱ（取常用掺量 0.75%）、膨胀剂 EA（掺量分别取 2%、4%、6%、8%、10% 和 12%）和某憎水型防水剂 OS（掺量分别取 0.1%、0.2%、0.3%、0.4% 和 0.5%）对砂浆渗透性和吸水量的影响。

表 8-2-1　分别单掺 SN-Ⅱ、EA 和 OS 对砂浆渗透性和吸水量的影响

序号	外加剂	掺量（%）	W/C	流动度（mm）	最大渗透压力（MPa）	吸水量比（%）
S0	—	—	0.58	160	0.2	100.0
S1	SN-Ⅱ	0.75	0.50	160	0.5	76.9
S2	EA	2	0.58	160	0.3	93.1
S3	EA	4	0.58	161	0.4	91.3
S4	EA	6	0.58	161	0.5	87.7
S5	EA	8	0.58	162	0.5	76.9
S6	EA	10	0.58	162	0.4	85.3
S7	EA	12	0.58	164	0.2	88.4
S8	OS	0.1	0.58	160	0.3	95.1
S9	OS	0.2	0.58	161	0.4	74.8
S10	OS	0.3	0.58	162	0.5	70.0
S11	OS	0.4	0.58	163	0.4	75.8
S12	OS	0.5	0.58	163	0.4	83.5

可以看出：

① 在保持流动度基本相同的情况下，拌合时掺加一定量减水剂，可以减小 W/C，因而降低硬化砂浆的渗透性和吸水量。

② 在砂浆中掺入以钙矾石为膨胀源的 EA 膨胀剂，当掺量适宜时，也可较大幅度地改善砂浆抗渗性和降低吸水量。

③ 憎水剂的掺入也有助于改善砂浆抗渗性。

④ 对于膨胀剂和憎水剂来说，其掺量都不可过大，否则对砂浆抗渗性的改善效果将减弱。试验中发现当 OS 掺量≥0.4% 时，会使砂浆含气量过大，这可能是在 OS 掺量较大时砂浆抗渗性提高幅度不大的原因之一。如果砂浆中膨胀剂掺量过大，则在早期产生的膨胀能太大，反而会导致砂浆试件中产生微裂缝，提高其渗透性。

单纯掺加三种外加剂降低砂浆渗透性的能力毕竟是较有限的，为此设计正交试验（表 8-2-2），考察三种外加剂复合掺加后对砂浆抗渗性的改善效果，并试验得出三种外加剂的最佳复合方案。试验中，SN-Ⅱ 的掺量固定为 0.75%，而只改变 EA 和 OS 的掺

量，EA 的掺量分别取 4%、6% 和 8%，OS 的掺量分别取 0.1%、0.2% 和 0.3%，试验结果见表 8-2-3。

表 8-2-2　正交试验设计方案

因素	水平		
	1	2	3
EA 掺量（%）	4	6	8
OS 掺量（%）	1	2	3

表 8-2-3　正交试验结果

序号	（a）EA 掺量	（b）OS 掺量	最大渗透压力（MPa）
SZ1	1（4%）	1（0.1%）	1.5
SZ2	1（4%）	2（0.2%）	2.6
SZ3	1（4%）	3（0.3%）	2.0
SZ4	2（6%）	1（0.1%）	1.8
SZ5	2（6%）	2（0.2%）	3.0
SZ6	2（6%）	3（0.3%）	2.2
SZ7	3（8%）	1（0.1%）	1.7
SZ8	3（8%）	2（0.2%）	2.5
SZ9	3（8%）	3（0.3%）	2.3
K1	6.1%	5.0%	—
K2	7.0%	8.1%	—
K3	6.5%	6.5%	—
极差	0.9%	3.1%	—

复合掺加三种外加剂，可更大幅度地降低砂浆渗透性。在所取的掺量范围内，当 SN-Ⅱ的掺量固定为 0.75% 时，OS 的掺量对砂浆渗透性的影响比 EA 大。表 8-2-3 显示，当 SN-Ⅱ、EA 和 OS 分别以 0.75%、6% 和 0.2% 复合掺加时，可以最大幅度地改善砂浆抗渗性（序号为 SZ5 砂浆的最大渗透压力达 3.0MPa）。这说明将三种外加剂在最佳匹配比例的情况下掺加可以大幅度改善砂浆中水泥石孔结构以及降低孔壁亲水性，从而提高其抗渗性和降低吸水性。

表 8-2-4 对比了两种坍落度下掺加复合外加剂（SN-Ⅱ、EA 和 OS 分别以 0.75%、

6％和 0.2％复合掺加）时混凝土的各项性能，并与不掺外加剂的混凝土进行了性能对比。混凝土的配合比为 $C:S:G=1:1.74:2.97$。

表 8-2-4 掺与不掺复合外加剂的混凝土的抗压强度、抗渗性和吸水量

序号	复合外加剂	W/C	坍落度（cm）	抗压强度（MPa）			渗水压力（MPa）/平均渗透高度（cm）	吸水量比（％）
				7d	28d	90d		
CC1	不掺	0.52	6.0	26.1	34.6	42.2	1.0/15.0[①]	100.0
IC1	掺加	0.40	6.5	41.6	50.6	65.8	1.2/1.4	46.3
CC2	不掺	0.55	18.0	21.2	29.0	34.3	0.6/15.0[①]	100.0
IC2	掺加	0.42	18.0	33.8	40.0	53.2	1.2/3.5	47.0

注：① 表示当水压力分别增加到 1.0MPa 或 0.6MPa 时，CC1 和 CC2 两组混凝土试件中都已有三个试件表面渗出水。

当保持坍落度为（6±1）cm 时，IC1 与 CC1 相比，其 7d、28d 和 90d 的抗压强度分别提高了 59.4％、46.2％和 55.9％；当坍落度保持为（18±1）cm 时，IC2 与 CC2 相比，其 7d、28d 和 90d 的抗压强度分别提高了 59.4％、37.9％和 55.1％。

掺加复合外加剂后，IC1 和 IC2 分别与 CC1 和 CC2 相比，渗透性大幅度降低。掺加复合外加剂还大幅减小了混凝土的吸水量，IC1 的吸水量比只有 46.3％，IC2 的吸水量比也只有 47.0％。

以上研究表明，防水剂对混凝土性能的影响是多方面的，可以充分利用不同外加剂的功效，从微观层面和宏观层面对防水剂的组分进行系统设计和搭配，制备出性能优良的多功能防水剂。

2. 防水剂的工程应用要点

混凝土防水剂品种不同，对混凝土抗渗性的改善程度也不同，使用中应注意的事项也有所差别。下面简要进行分析。

（1）引气型防水剂

影响掺引气型防水剂混凝土性能的因素有引气剂的品种和掺量、水胶比、水泥和砂、搅拌时间、养护制度和振捣方式等。这些因素除养护制度外，都是通过含气量来影响混凝土性能的。

码 8-3 防水剂的应用要点

① 防水剂的掺量。

混凝土的含气量是影响防水混凝土质量的决定性因素，而含气量的多少，在已确定引气剂品种的条件下，首先取决于引气型防水剂的掺量。从提高抗渗性、改善混凝土内部结构及保持应有的混凝土强度出发，引气型防水剂掺量应以获得 3％~5％的含气量为宜（其掺量通常为万分之几的数量级）。

② 水胶比。

掺这种防水剂的混凝土中气泡的生成与混凝土拌合物的稠度有关。水胶比低时，拌合物稠度大，不利于气泡形成，使含气量降低；水胶比高时，虽然外加剂掺量不变，但拌合物稠度小，有利于气泡形成，含气量会提高。因此，水胶比不仅决定着混凝土内部毛细孔的数量和大小，而且影响气泡的数量和质量。为了使含气量不超过6%，保证混凝土的抗渗性和强度，不同水胶比下，引气组分的极限掺量：水胶比为0.50时，引气剂为0.01%～0.05%；水胶比为0.55时，掺量为0.005%～0.03%；水胶比为0.60时，掺量为0.005%～0.01%。也就是说，水胶比增大时，应适当降低引气剂的掺量。

③ 水泥和砂。

水泥和砂的比例影响混凝土的黏滞性。水泥所占比例越大，混凝土的黏滞性越大，含气量越小，为了获得一定的含气量就得增加引气剂的掺量；反之，如果砂子的比例大，则混凝土的含气量上升，就应减少引气剂掺量。砂子的粒径影响气泡的大小，砂子越细，气泡尺寸越小；砂子越粗，气泡尺寸越大。但若采用细砂，要增加混凝土配合比中的水泥用量和用水量，收缩将增大。因此，工程中可因地制宜，采用中砂。

④ 搅拌时间。

搅拌时间对混凝土含气量有明显影响。一般含气量先随着搅拌时间的增加而增加，搅拌2～3min时含气量达到最大值，如继续搅拌，则含气量开始下降，其原因可认为是随着搅拌的进行，气泡的消散和产生将达到平衡，再继续增加搅拌时间，气泡的消散速率将超过生成速率。同时，随着含气量的增加，混凝土变得更加黏稠，生成气泡也越来越困难，而最初形成的气泡却在继续搅拌时被不断破坏，消失的气泡多于增加的气泡，因而含气量随搅拌时间的延长而下降，适宜的搅拌时间应通过试验确定，一般较普通混凝土稍长，为2～3min。

⑤ 振捣。

各种振动皆会降低混凝土的含气量，用振动台和平板振动器捣实，空气含量下降幅度比用插入式振动器小，振动时间越长，含气量下降越大。为了保证混凝土有一定的含气量，振捣时间不宜过长，用插入式振捣器时，一般振动时间不宜超过20s。

⑥ 养护制度。

养护制度对掺引气剂防水混凝土的抗渗性影响很大，因此必须在一定的温度和湿度下进行养护。低温养护对掺引气剂防水混凝土尤其不利。适当提高养护湿度，对提高掺引气剂混凝土的抗渗性能有利。不同养护条件对掺引气剂防水混凝土抗渗性能的影响见表8-2-5。

表8-2-5　不同养护条件对掺引气剂防水混凝土抗渗性能的影响

养护条件	引气量（%）	抗压强度（MPa）	抗渗压力（MPa）	渗水高度（cm）
自然养护	4.1	27.9	0.8	全透
标准养护	4.1	30.9	1.4	4～5
水中养护	4.1	35.0	1.6	2～3

因此，使用引气型防水剂时，事先要利用工程实际应用的材料，并结合工程实际环境条件，通过大量试验，确定防水剂的掺量和混凝土配合比，并在施工时注意混凝土在静停、浇捣振实过程中的气泡损失。混凝土浇筑完成后，要及时覆盖，进行保湿养护，保证其强度的提高和防水能力的增强。

（2）减水型防水剂

使用减水型防水剂配制防水混凝土，最重要的是选择减水剂的品种和确定合适的掺量，避免混凝土出现离析、泌水现象。可以采用粉煤灰、矿渣粉和硅灰等活性掺合料替代部分水泥，以达到最佳的防水效果。

表8-2-6为不同减水剂对混凝土抗渗性能的影响。

表 8-2-6 不同减水剂对混凝土抗渗性能的影响

水泥		减水剂		W/C	坍落度（cm）	抗渗性	
品种	用量（kg/m³）	名称	掺量（%）			等级	渗透高度
普通水泥	350	—	—	0.57	3.7	8	—
	350	MF	0.50	0.49	8.0	16	—
	350	木钙	0.25	0.51	3.5	＞20	10.5

由于木钙减水剂分散作用不如MF，减水率一般为8%～12%，但木钙减水剂具有一定的引气性，所以掺入木钙减水剂对提高抗渗性效果十分显著。而且木钙有缓凝作用，宜用于夏期施工。当温度较低时，木钙减水剂必须与早强剂复合使用。

（3）氯化铁类防水剂

掺氯化铁类防水剂的防水混凝土的配制和施工，与普通混凝土相似，但需注意以下问题。

① 选用质量合乎标准的氯化铁类防水剂，不能直接使用市场上出售的氯化铁化学试剂。

② 氯化铁类防水剂宜先用水稀释，然后使用。

③ 氯化铁类防水剂的掺量以3%左右为宜。太少，防水效果不显著；太多，则会加速钢筋锈蚀，并且使干缩增大。

④ 配料要求准确，并应适当延长搅拌时间，使其分散均匀。

⑤ 加强湿养护，养护7～14d。

掺氯化铁类防水剂的防水混凝土适用于水下工程、无筋少筋防水混凝土工程及一般地下工程，如水池、水塔、地下室、隧道和油罐等工程。掺氯化铁类防水剂的防水砂浆则广泛应用于地下防水工程和大面积修补堵漏工程。但是在配筋混凝土中要慎用，避免对钢筋造成锈蚀。

（4）微膨胀型防水剂

理论研究和长期的工程实践表明，微膨胀型防水剂尽管属于抗裂防水剂，但如果养护不当，膨胀能无法释放，开裂现象可能会更严重。因此混凝土需要加强湿养护才能实现防水抗裂的设计目的。具体可遵循以下几点。

① 在进行配合比设计和原材料选择时，要符合普通防水混凝土的技术要求，即水泥用量不应太低，严格控制 W/C，适当提高砂率，采用粒径较小的粗骨料等。

② 应对膨胀混凝土的自由膨胀采取限制措施，这是应该特别注意的问题。因为在自由膨胀条件下，膨胀对混凝土性能的影响较为明显，随膨胀剂掺量的增加，混凝土自由膨胀率相应增大，但抗压、抗折等各种强度随之降低，只有在限制条件下，膨胀才能产生各种所需的功能，起到有利的作用，一般的限制措施为配制钢筋、复合纤维（如钢纤维）和模板限制等。

③ 在拌合掺膨胀剂的混凝土时，应该采用机械搅拌，搅拌时间不得少于 3min，并应比不掺者延长 30s，以使外加剂充分分散。

④ 浇筑时宜采用机械振捣，且必须振捣密实。加强表面抹光，最好是在混凝土初凝前再收光一次，这样可以消除表面塑性收缩裂缝。

⑤ 夏季高温天气，可复合掺加一些缓凝剂，以减少坍落度损失；冬期施工，可复合早强剂使用，以避免温度对工程质量的影响。

⑥ 由于膨胀剂性能的发挥离不开水，因此，对膨胀防水混凝土工程要注意加强湿养护。

任务实施

学生要掌握防水剂的作用，会分析防水剂对混凝土性能的影响规律，熟悉常用防水剂的工程应用要点，在此基础上按如下步骤完成任务。

具体实施步骤

1. 用自己的话总结引气型防水剂会对混凝土造成哪些影响。

2. 根据不同的场景选择合适的防水剂种类（表 8-2-7）。

表 8-2-7　适合不同场景的防水剂

场景	防水剂种类
混凝土用砂为机制砂，级配较差，混凝土保水性差	
混凝土用水量偏高，需要减少拌合用水，以降低泌水率	
混凝土收缩较大，需要减少收缩以降低开裂风险	
在无配筋的混凝土中，堵塞孔隙，减小混凝土的孔隙率	

---

3. 补充表 8-2-8 中的知识点。

表 8-2-8　防水剂种类及作用机理

防水剂种类	作用机理
引气型	用量通常较＿＿＿＿＿，混凝土含气量不宜超过 6%
减水型	常用的减水组分有＿＿＿＿＿＿＿＿＿＿
氯化铁类	在＿＿＿＿＿混凝土中要慎用
微膨胀型	必须在有＿＿＿＿＿的混凝土工程中使用

4. 实施总结。

结果评价

在实施完成任务后，对任务完成情况进行评价。任务评价参考标准见表 8-2-9。

表 8-2-9　任务评价参考标准

一级指标	分值	二级指标	分值	得分
自主学习能力	20	明确学习任务和计划	5	
		自主查阅《建筑与市政工程防水通用规范》（GB 55030），了解标准中关于结构防水的规定	10	
		自主查阅防水剂相关应用规范	5	
防水剂应用相关知识的掌握情况	65	能正确阐述防水剂对混凝土性能的影响规律	15	
		能根据不同的场景正确选用防水剂	20	
		能阐述常用防水剂的工程应用要点，并分析原因	20	
		会分析防水剂的研究结果	10	
文本撰写能力	15	实施过程文案撰写规范，无明显错误	15	
总分		100		

知识巩固

1. 在砂石级配较差的混凝土中使用引气型防水剂可以减小混凝土的泌水率。（　　　）

2. 微膨胀型防水剂不具备减水作用。（　　　）

3. 微膨胀型防水剂可以在混凝土无限制条件下使用。（　　　）

4. 应严格控制引气型防水剂的用量，过高的引气会造成混凝土力学性能严重下降。（　　）

5. 水胶比通常不会影响混凝土的含气量。（　　）

6. 胶/砂比越大，混凝土的黏滞性越＿＿＿＿＿＿＿，含气量越＿＿＿＿＿＿＿，要获得一定的含气量就得＿＿＿＿＿＿＿引气剂的掺量。

7. 随着混凝土搅拌时间的延长，含气量先＿＿＿＿＿＿＿后＿＿＿＿＿＿＿。

8. 各种振捣方式皆会＿＿＿＿＿＿＿混凝土的含气量。

9. 掺＿＿＿＿＿＿＿型防水剂时，混凝土中水泥用量不应太低，应严格控制 W/C，适当提高砂率，采用粒径较小的粗骨料。

10. 在冬季施工时，可使用＿＿＿＿＿＿＿剂与防水剂搭配使用，以促进早期力学性能发展；而夏季可搭配＿＿＿＿＿＿＿使用，以减小坍落度损失。

拓展学习

北盘江特大桥

位于云南和贵州两省交界处的北盘江特大桥（图 8-2-1），跨越河谷深度 600m 的北盘江 U 形大峡谷，地势十分险峻，地质条件非常复杂。作为杭瑞高速毕都段的控制性工程，北盘江特大桥采用双塔四车道钢桁梁斜拉桥结构，全长 1341.4m，最大跨径 720m，桥面至江面垂直距离约 565m，相当于 200 层楼的高度，目前为世界最高、第二大跨径的钢桁梁斜拉桥。该桥建成以来获得了包括古斯塔夫斯（Gustav Lindenthal）金奖在内的多项荣誉，并创造了 8 项吉尼斯世界纪录。但由于防水施工不当等原因，北盘江特大桥两侧隧道曾发生严重渗水，原设计 300km/h 的中国高铁至此必须限速至 70km/h 低速通过，对行车安全和效率造成了极大的隐患。

图 8-2-1　北盘江特大桥

项目 9　认识与应用减缩剂

项目概述

　　干燥收缩和自收缩是混凝土结构非荷载裂缝产生的关键因素。混凝土的干燥收缩是由毛细孔中的水蒸发引起的硬化混凝土的收缩，是混凝土内部水分向外部挥发而产生的。而混凝土的自收缩是由自干燥或混凝土内部相对湿度降低引起的收缩，是水泥水化作用引起的混凝土宏观体积减小的现象。混凝土的裂缝将导致结构渗漏、钢筋锈蚀、强度降低，进而降低混凝土的耐久性，从而严重影响建筑物的安全性能与使用寿命。工程实践表明，混凝土减缩剂若使用正确，能在一定程度上补偿收缩，为抑制混凝土自收缩和干缩开裂开辟了新的途径。特别是在活性粉末混凝土（RPC）、超高性能混凝土（UHPC）等特种混凝土的减缩方面受到了高度重视。本项目介绍了混凝土的收缩原理、减缩剂的种类、研究现状和使用效果等内容。要求学生通过掌握减缩剂的作用原理和使用方法，能正确选用减缩剂。

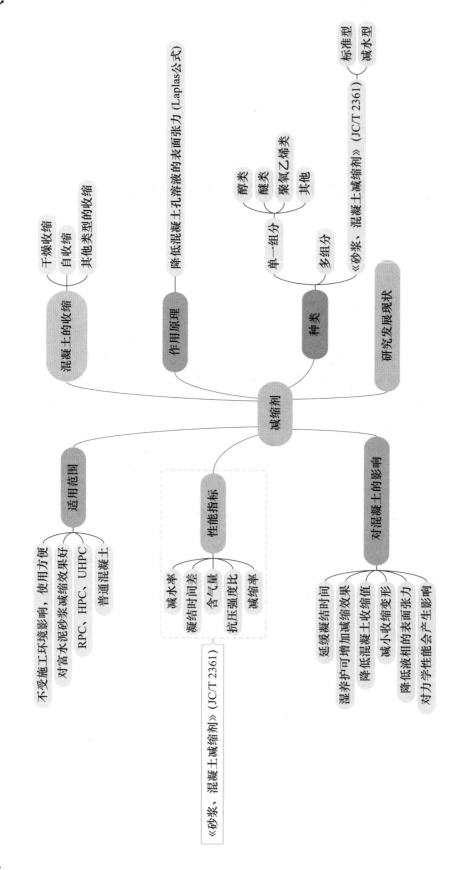

任务 9.1　认识减缩剂

学习目标

❖ 能阐述混凝土的收缩原理
❖ 能列举常见减缩剂的种类
❖ 会分析减缩剂的作用机理
❖ 会分析减缩剂和膨胀剂的异同点

任务描述

减缩剂是一种能显著减小混凝土硬化过程中产生的收缩而对其他性能无明显负面影响的表面活性剂，它可以明显降低混凝土内部孔溶液的表面张力，降低水分散失引起的毛细孔的收缩应力。学生要充分认识到减缩剂的作用机理，与膨胀剂的补偿收缩作用加以区别。要掌握常见减缩剂的种类、混凝土的收缩原理和解决措施等内容。

知识准备

1. 混凝土的收缩

混凝土的干燥收缩是由毛细孔中的水蒸发引起的硬化混凝土的收缩，是混凝土内部水分向外部挥发而产生的。而混凝土的自收缩是由自干燥或混凝土内部相对湿度降低引起的收缩，是水泥水化作用引起的混凝土宏观体积减小的现象，即因水泥水化导致混凝土内部缺水，外部水分又未能及时补充而产生。这两种收缩都会使混凝土内部产生拉应力，引起混凝土内部翘曲变形和外部挠度变形，甚至使混凝土在未承受任何荷载之前便出现裂缝。裂缝不仅影响美观，更严重的是还危及建筑物的整体性、防水性和耐久性。收缩变形是导致混凝土结构非荷载裂缝产生的关键因素，特别是泵送混凝土、高强度混凝土、高性能混凝土、高效减水剂和超细掺合料的应用，使得混凝土的裂缝问题越来越严重。所以，如何减小混凝土的收缩一直是混凝土领域研究的课题。

目前，对于由混凝土材料收缩引起的非荷载裂缝，国内外采取的控制措施除了增设构造钢筋、施工缝、后浇带等结构设计措施外，主要还有：①降低混凝土内外温差和加强湿养护；②用微膨胀水泥替代普通水泥或掺加膨胀剂，利用混凝土的补偿收缩原理。这两种措施对解决混凝土材料自收缩问题都有一定的效果，但控制混凝土内外温差和加强湿养护的措施仅仅推迟收缩变形的产生，并不能真正减小最终的收缩值。膨胀剂使用得当能在一定程度上补偿收缩，但其本身还存在与水泥的适应性、与减水剂的相容性、有效补偿量和延迟钙矾石生成等问题。

减缩剂的出现，则为抑制混凝土自收缩和干缩开裂开辟了新的途径。减缩剂是近年来出现的一种只减少混凝土及砂浆在干燥条件下产生收缩的外加剂，它不同于一般常用的减水剂和膨胀剂。减缩剂在混凝土中使用后，可在一定程度上减小混凝土干燥收缩和自收缩，延缓混凝土裂缝产生的时间及裂缝发展的宽度。

2. 减缩剂的作用机理

要解释混凝土减缩剂的作用机理，首先要了解混凝土干燥收缩及自收缩的机理。虽然混凝土自收缩和干燥收缩是不同原因导致的两种收缩，但两者产生机理实质上可以认为是一致的，即毛细管张力理论。

对于干燥收缩，混凝土中存在有极细的孔隙（毛细管），在环境湿度小于100%时，毛细管内部的水从中逸出（蒸发），水面下降形成弯液面，在这些毛细孔中产生毛细管张力（附加压力），使混凝土产生变形，从而造成混凝土的干燥收缩。对于自收缩，水泥初凝后的硬化过程中由于没有外界水供应或外界水不能及时补偿，导致毛细孔从饱和状态趋向于不饱和状态产生自干燥，从而引起毛细水的不饱和产生负压。这两种收缩变形受毛细管的大小和数量影响。根据拉普拉斯（Laplas）公式，设某一孔径的毛细管张力为 ΔP，其与其中液体的表面张力及毛细管中液面的曲率半径的关系见式（9-1-1）。

$$\Delta P = \frac{2\gamma}{r} \tag{9-1-1}$$

式中　γ——液体的表面张力，N/cm；

　　　r——液面的曲率半径，cm。

由此可以看出，当液相的表面张力减小时，毛细管张力也减小；毛细管孔径增大，毛细管中液面的曲率半径增大，毛细管张力减小。考虑到增大毛细管直径虽能降低表面张力而减少收缩，但孔径的增大反而会带来其他一些缺陷，如强度和耐久性的降低等。因此，降低毛细管液相的表面张力、减少收缩就受到人们的重视。

减缩剂作为一种减小混凝土孔隙中液相的表面张力的有机化合物，其主要作用机理就是降低混凝土毛细管中液相的表面张力，使毛细管负压下降，减小收缩应力。显然，当水泥石孔隙中液相的表面张力降低时，在蒸发或消耗相同水分的条件下，引起水泥石收缩的宏观应力下降，从而减小收缩。水泥石孔隙中液相的表面张力下降得越多，其收缩越小。

3. 减缩剂的种类

减缩剂按组分的多少分为单一组分减缩剂和多组分减缩剂，其中，单一组分减缩剂，根据其官能团的不同，可分为醇类减缩剂、聚氧乙烯类减缩剂和其他类型的减缩剂三类。根据编者的研究，二乙二醇具有较好的减缩效果。单一组分减缩剂能大幅减少混凝土干缩，但是长期减缩效果较差，且对混凝土抗压强度有不利影响。多组分减缩剂是目前的研究热点，主要由醇及其衍生物、醚和聚醚等组成，此类减缩剂的合成思路是将具有减缩作用的官能团接枝到长分子主链上，并复合其他减缩组分，通过各组分的协同作用，使得减缩效果得到很大的提高。而多组分减缩剂对混凝土性能的改善主要体现在进一步提升减缩能力，提高混凝土的强度，使引气剂的引气能力不受影响三个方面。

（1）单一组分减缩剂

① 醇类减缩剂。

醇类减缩剂包括一元醇类减缩剂（化学结构通式为 ROH，式中 R 代表 $C_4 \sim C_6$ 的烷基或 $C_5 \sim C_6$ 的环烷基，其中最有效的基团是 C_4 的丁基）、氨基醇类减缩剂、二元醇类减缩剂〔化学结构通式为 R—RCOH—$(CH_2)_n$—RCOH—R，式中每个 R 独立表示氢原子或 1 个 $C_1 \sim C_2$ 的烷基，n 为 1 或 2 的整数，最适宜的化合物是 2-甲基-2，4-戊二醇〕。

② 聚氧乙烯类减缩剂。

聚醚或聚醇类有机物或其衍生物具有良好的减缩作用，比如烷基醚乙二醇。其通式可以概括为 $R_1O(AO)_nR$，其中 R 可以是 H、$C_1 \sim C_{12}$ 的烷基、$C_5 \sim C_8$ 的环烷基或苯基；A 是碳原子数为 2～4 的烷氧基或 $C_5 \sim C_8$ 的烯基，或上述两种官能团的随机组合。比如，$CH_3O(C_2H_4O)_3H$，$H(C_2H_4O)_{15}(C_3H_6O)_5H$ 等均是专利中报道过的减缩剂。

③ 其他类型的减缩剂。

实际上关于减缩剂的研究虽然起步较晚，但各个研究机构都给出了一些研发成果，减缩剂的种类也较多。比如，将二乙二醇二丙二醇单丁醚类减缩官能团接枝到聚羧酸减水剂分子结构侧链上，合成了多功能型减缩型聚羧酸减水剂，以 2-氨基-1-丁醇和 2-氨基-2-甲基-1-丙醇为主要结构的氨基醇类减缩剂等。

（2）多组分减缩剂

由多种组分复合而成，比较常见的是由低分子量的氧化烯烃化合物和高分子量的含聚氧化烯链的梳形聚合物构成的减缩剂，与仅含有低分子量组分的减缩剂相比，它能进一步减少混凝土的干燥收缩。与不掺或仅含掺这类外加剂的某一类组分相比，掺多组分减缩剂可获得最高的混凝土抗压强度，而且不会影响混凝土的引气能力。另有研究报道，多组分减缩剂也可以包含聚氧化烯链的梳形聚合物、氧化烯烃化合物、含叔羟基或仲羟基的亚烷基二醇、烯基醚-马来酸酐共聚物、烷基醚氧化烯加成物，以及其磺化有机环状物、聚氧化烯二醇或亚烷基二醇、氧化烯加成物＋氧化烯二醇＋少量甜菜碱烷基醚复合物等成分。

减缩剂目前参照的标准是《砂浆、混凝土减缩剂》（JC/T 2361），在标准中规定了两类减缩剂，一类是标准型减缩剂，以聚醚或聚醇类低分子有机物或它们的衍生物为主要减缩功能组分，另一类是减水型减缩剂，主要以高分子化合物为主要减缩组分。

4. 减缩剂的研究发展现状

混凝土减缩剂已经发展成为一个新系列的混凝土外加剂。目前，混凝土减缩剂已经从单一组分向多组分、复合型的方向发展。这类多组分混凝土减缩剂不仅能降低混凝土的干燥收缩值，而且克服了单一组分混凝土减缩剂的许多缺点，如降低混凝土抗压强度、降低引气剂的效果等。

日本早在 20 世纪 80 年代就开始从事减缩剂的研究。关于减缩剂的研究最早见于

1982 年日产水泥株式会社和三洋化工株式会社联合研制的一个专利的相关报道，该专利中减缩剂的主要成分为聚烷基醚乙二醇，随后各国学者对这一领域进行了广泛而深入的研究。日本早期减缩剂的主要成分以聚醚和聚醇类有机物和它们的衍生物为主。我国对于减缩剂的研究报道较晚，始于 20 世纪 90 年代，但由于减缩剂成本较高，没有得到较好的推广应用。钱觉时在 2005 年的专利中公开了以偶氮二异丁腈为引发剂、磷酸为催化剂、十二烷基硫醇为链转移剂，由丙烯酸、苯乙烯、聚乙二醇经过自由基聚合、酯化、中和反应制备得到的一种高分子聚丙烯酸盐类减缩剂。江苏苏博特新材料股份有限公司用醚类大单体、（甲基）丙烯酸或其盐、烷氧基聚醚（甲基）丙烯酸酯、马来酸酐单酯或双酯经过自由基聚合制备了一种梳形共聚物类减缩剂，该减缩剂克服了醇类减缩剂及聚醚类减缩剂影响混凝土强度的缺点，且具有良好的减缩效果。同济大学孙振平等以丙烯醇聚氧乙烯醚和二乙二醇单丁醚马来酸酯为原料，利用本体聚合法制备了保塑-减缩型聚羧酸减水剂，该减水剂具有良好的混凝土坍落度保持性且能显著降低混凝土的收缩率。总体来讲，目前关于减缩剂的研究大多是从分子结构角度进行设计，将多种官能团组合，以达到良好的协同效应。

减缩剂作为一种重要的控制混凝土收缩开裂的外加剂，对混凝土的耐久性有一定的改良作用，但是就目前的工程应用实际来看，减缩剂的工程应用还较少。多功能型混凝土减缩剂的研究与应用将是未来减缩剂的发展趋势。

🔲 任务实施

学生完成相关知识的学习，重点掌握混凝土收缩的原因和减缩剂的作用机理等内容，了解常见减缩剂的种类和发展现状，了解标准中对减缩剂的分类等内容。在充分学习的基础上完成以下任务。

1. 补充表 9-1-1 中的知识点。

表 9-1-1　重要知识点

序号	知识点	描述
1	＿＿＿＿收缩	是由毛细孔中的水蒸发引起的硬化混凝土的收缩，是混凝土内部水分向外部挥发而产生的
2	＿＿＿＿收缩	是由自干燥或混凝土内部相对湿度降低引起的收缩
3	减缩剂	能明显降低混凝土内部孔溶液的＿＿＿＿，降低水分散失引起的毛细孔的收缩应力，从而减小混凝土的＿＿＿＿
4	减缩剂的种类	＿＿＿＿＿＿＿＿＿＿＿＿＿＿＿＿＿＿＿＿＿＿＿＿
5	非荷载裂缝	体积＿＿＿＿是引起混凝土产生非荷载裂缝的重要原因

2. 对比减缩剂和膨胀剂的异同点（表 9-1-2）。

表 9-1-2　减缩剂和膨胀剂的异同点

项目	减缩剂	膨胀剂
成分	有机物	———
使用方式	———	外掺
是否发生化学反应	———	———
作用原理	———	生成新物质，补偿收缩
掺量	用量低，一般在 2% 以下	———

☑ 结果评价

对学生在完成任务过程中的表现进行客观评价，任务评价参考标准见表 9-1-3。

表 9-1-3　任务评价参考标准

一级指标	分值	二级指标	分值	得分
自主学习能力	20	明确学习任务和计划	6	
		自主查阅《砂浆、混凝土减缩剂》（JC/T 2361）	8	
		自主查阅减缩剂相关研究成果	6	
对减缩剂的认知	60	掌握混凝土收缩的原因	20	
		掌握减缩剂的作用原理	20	
		了解减缩剂的常见种类	10	
		了解减缩剂的研究现状	10	
标准意识与质量意识	20	熟记标准对减缩剂的定义和分类	10	
		掌握非荷载裂缝的常用预防措施	10	
总分		100		

▤ 知识巩固

1. 在混凝土中掺加膨胀剂和减缩剂均能减小混凝土的收缩，其作用机理是相同的。（　　）

2. 要降低混凝土产生收缩裂缝的风险，就要采取措施减小混凝土硬化过程中产生的体积收缩。（　　）

3. 根据拉普拉斯公式，要减小混凝土的收缩，就需要提高孔溶液的表面张力。（　　）

4. 减缩剂的主要成分是表面活性剂。（　　）

5. 膨胀剂的作用是补偿收缩，而减缩剂的作用是降低混凝土孔溶液的表面张力。
（　　）

拓展学习

减缩剂在特殊混凝土中的应用

减缩剂在提高活性粉末混凝土（RPC）、高强度混凝土（HPC）或超高性能混凝土（UHPC）的体积稳定性方面具有重要的作用。混凝土的自收缩和干燥收缩会导致混凝土材料的开裂，减弱混凝土结构的承载能力，加速混凝土结构的破坏，导致维修费用增加和使用寿命缩短。虽然引起混凝土开裂的原因有多种，但收缩造成的开裂占绝大多数情况。RPC、HPC 和 UHPC 的胶凝材料的用量较高、水胶比较低，因此其收缩高于普通混凝土。减缩剂可以有效降低混凝土硬化过程中产生的收缩，从而降低混凝土开裂的风险。所以在 RPC、HPC、UHPC 等特种混凝土的制备中，减缩剂正在发挥着越来越重要的作用。

任务 9.2　应用减缩剂

学习目标

- ❖ 能阐述减缩剂的适用场合
- ❖ 能阐述减缩剂的关键性能指标
- ❖ 会分析减缩剂对混凝土性能造成的影响

任务描述

减缩剂的应用方法与减水剂、引气剂有所区别，它可以以原料的形式直接掺入混凝土中，亦可涂刷在混凝土的表面，还可以在混凝土的水养护过程中直接掺入养护池中。其应用场合已从普通混凝土扩展到 RPC 和 UHPC 等特种混凝土中。学生在完成任务的过程中，要和其他化学外加剂对比学习，除了重点学习减缩剂对混凝土收缩率的影响外，不能忽略了它对凝结时间、放热量和力学性能的影响。

相关知识

1. 减缩剂的适用范围

相对于膨胀剂，减缩剂的明显优势在于不受施工环境影响，即使在干燥环境下也能降低砂浆和混凝土的干燥收缩，特别是对富水泥砂浆，减缩效果更好。它适合于干燥环境下的混凝土和砂浆工程，例如，路面、堆场、码头、混凝土大坝下游面等暴露面大的混凝土工程。在实际应用中，除了可以在拌合混凝土时掺入，减少混凝土收缩开裂，还可直接涂刷在混凝土表面，起到保水养护作用。在高强度混凝土（HPC）、活性粉末混凝土（RPC）、超高性能混凝土（UHPC）等混凝土的生产中，减缩剂逐渐成为一种必不可少的原料。因为这些混凝土拌合用水量低、胶凝材料用量高，在硬化过程中收缩较大，掺入适量减缩剂后可以有效降低混凝土的收缩，减少开裂风险。特别是在需要高精度加工的混凝土制品中，收缩值是被严格限制的，比如 RPC 轨枕，减缩剂在其中的应用就是一个重要研究课题。

2. 减缩剂的关键性能指标

行业标准《砂浆、混凝土减缩剂》（JC/T 2361）中规定了减缩剂相关术语定义、匀质性要求和关键性能指标等。其中掺减缩剂混凝土的关键性能指标见表 9-2-1。

表 9-2-1　掺减缩剂混凝土的关键性能指标

试验项目		性能要求	
		标准型	减水型
减水率（%）		—	≥15
凝结时间之差（min）	初凝	≤120	—
	终凝		
含气量（%）		≤5	
抗压强度比（%）	7d	≥90	≥100
	28d	≥95	≥110
减缩率（%）	7d	≥35	≥25
	28d	≥30	≥20
	60d	≥25	≥15

注：减缩率的测试参照《混凝土长期性能和耐久性能试验方法标准》（GB/T 50082）中规定的接触法进行。

3. 减缩剂对混凝土性能的影响

有学者将国产甲醚基聚合物与乙二醇系聚合物按一定比例复合并改性研制成减缩剂，研究了减缩剂掺量对水泥净浆、砂浆和混凝土收缩及强度的影响。试验结果表明，其合理掺量为 1.2%～1.8%。当掺量为 1.8% 时，可分别降低 28d 水泥净浆、砂浆和混凝土的收缩率 58%、38% 和 43% 左右；砂浆和混凝土的早期（1～3d）减缩率更大；后期减缩率虽有下降，但绝对减缩值仍然增大。砂浆和混凝土 90d 收缩值减小量分别可达 520μm/m 和 270μm/m 左右。试验结果还表明，该减缩剂掺量对砂浆抗折强度的影响很小，但对砂浆和混凝土抗压强度的影响较大，使砂浆和混凝土的抗压强度下降 10%～15%。

另有学者研究了一种无氯、低碱（总碱量≤3%）、低掺量（掺量为水泥质量的 1%～4%）的多功能液体抗裂减缩剂。该减缩剂的适宜掺量为 2%～4%，掺入该抗裂减缩的混凝土早期减缩率达 $30\%\sim75\%$，后期减缩率达 $20\%\sim40\%$，尤其在干燥的环境中可抑制混凝土干缩裂缝的产生。该减缩剂可以有效降低水泥水化热，推迟裂缝出现的时间 20d 以上，同时降低裂缝宽度 60% 以上，并具有一定的减水和增强效果，且不影响混凝土长期力学性能和耐久性能。

减缩剂均会不同程度地延缓凝结时间，掺量越大，延缓的时间越长，故使用时要确定合适的掺量。

江苏省建筑科学研究院有限公司研制生产了减缩剂 SRA，其对水的表面张力的影响见表 9-2-2。可见，这种减缩剂溶于水后，能显著降低水的表面张力。

表 9-2-2　减缩剂 SRA 对水的表面张力的影响情况

减缩剂掺量（%）	界面张力（mN/m）	界面张力降低百分率（%）
0	65.1	0
2	42.7	34.4
4	39.3	39.6
6	36.2	44.4
10	32.7	49.8

SRA 掺入水泥胶砂后，对胶砂干燥收缩的减小作用如图 9-2-1 所示。可见，对于胶砂来讲，SRA 在不同掺量下，均对其干燥收缩率有降低作用。当其掺量为 4% 时，可使胶砂 90d 干缩值降低 40.1%。

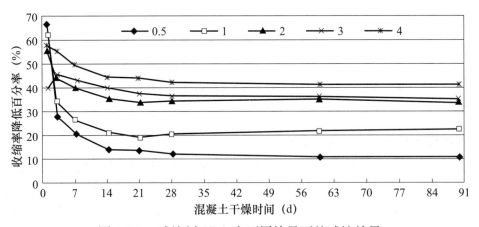

图 9-2-1　减缩剂 SRA 在不同掺量下的减缩效果

减缩剂 SRA 对强度等级为 C30 的混凝土收缩率的影响如图 9-2-2 所示，对 C50 和 C80 混凝土的影响如图 9-2-3 所示。

对于 C30 混凝土，当减缩剂 SRA 掺量分别为 1%、2% 和 3% 时，其 60d 干缩率分别降低 23.0%、51.5% 和 31.0%。对于 C50 和 C80 混凝土，掺减缩剂 SRA 同样能使 60d 干缩率降低 29.1% 和 46.1%。

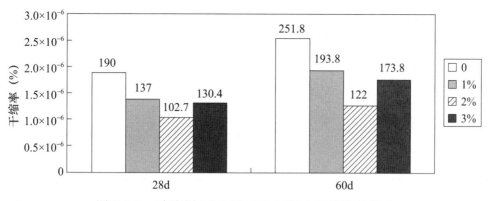

图 9-2-2　减缩剂 SRA 对 C30 混凝土干缩率的影响

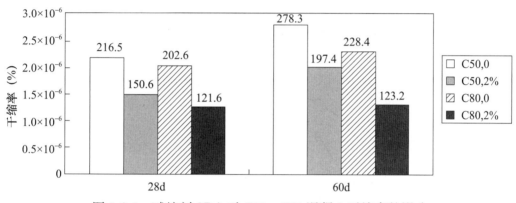

图 9-2-3　减缩剂 SRA 对 C50、C80 混凝土干缩率的影响

　　1996 年，美国的格雷斯公司研究开发的 Eclipse 减缩剂投入市场。应用这种减缩剂的混凝土，28d 收缩值可降低 50％～80％，极限收缩值可降低 35％～50％，而对混凝土其他性能不产生明显的不利影响。它们研究了水灰比、养护条件等因素对减缩剂的影响。

　　（1）水灰比对 Eclipse 减缩效果的影响

　　表 9-2-3 为不同水灰比对 Eclipse 减缩效果的影响的试验结果，所有的试件暴露在控制的干燥环境之前湿养护 3d。对于水灰比小于 0.6 的混凝土，在掺量为 1.5％的情况下，28d 的减缩率可高达 83％，56d 的减缩率亦可达 70％。水灰比为 0.68 时，在掺量为 1.5％的情况下，28d 和 56d 的减缩率分别为 37％和 36％。

表 9-2-3　水灰比对 Eclipse 减缩效果的影响

水泥用量（kg/m³）	水灰比	Eclipse 掺量（％）	收缩值（％）		减缩率（％）	
			28d	56d	28d	56d
280	0.68	0	0.030	0.045	—	—
280	0.68	1.5	0.019	0.029	37	36

续表

水泥用量 (kg/m³)	水灰比	Eclipse 掺量 (%)	收缩值 (%)		减缩率 (%)	
			28d	56d	28d	56d
325	0.58	0	0.036	0.050	—	—
325	0.58	1.5	0.006	0.015	83	70
385	0.49	0	0.028	0.041	—	—
385	0.49	1.5	0.006	0.013	78	68

（2）养护条件对 Eclipse 减缩效果的影响

图 9-2-4 为同配比混凝土（水灰比为 0.452，水泥用量为 390kg/m³）在湿养护和没有湿养护条件下的干燥收缩试验结果。湿养护的试件在拆模后湿养护至 14d，然后移入控制的干燥环境。没有湿养护的试件在拆模后直接移入控制的干燥环境。

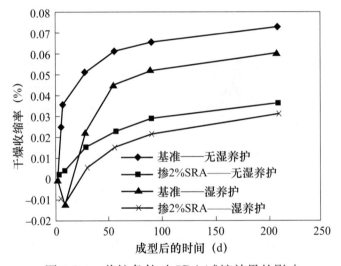

图 9-2-4 养护条件对 SRA 减缩效果的影响

从图 9-2-4 中看出，湿养护可降低早期和长期收缩的绝对值，亦可改善减缩效果，尤其是早期的减缩效果。在有 14d 湿养护的情况下，掺 2% Eclipse 减缩效果在 28d 可高达 88%。即使在没有湿养护的条件下，掺 2% SRA 减缩效果在 28d 亦可达 70%。另外，掺 2% Eclipse 的混凝土在没有湿养护的条件下试件 210d 收缩绝对值比 14d 湿养护的基准混凝土试件 210d 收缩值小得多。虽然长期湿养护对于降低收缩绝对值有很大的帮助，但在实际施工条件下短期湿养护或涂抹养护剂是通常的选择。在没有额外湿养护的混凝土中应用 Eclipse 不会得到最低的收缩绝对值，但与没有掺 Eclipse 的混凝土相比可以大幅度降低干燥收缩值。

（3）Eclipse 减缩剂对挠曲的影响

Eclipse 减缩剂对挠曲的影响试验在两组水泥浆体试件（1000mm×50mm×12mm）

中进行。其中一组掺有 2% Eclipse，另一组为基准试件。水灰比为 0.45。试件在成型脱模后用聚氨酯涂封试件表面，留出一面暴露，使得试件水分蒸发仅能从表面进行。然后把试件移到控制的干燥环境中，测定试件中心与两端连线中心距离（挠度）随时间的变化。由于在干燥环境中试件水分从暴露面蒸发，形成长度方向的湿度梯度从而引起收缩差，试件两端逐渐翘起使试件中心与两端连线中心从初始重合到逐渐分离。基准试件随干燥时间挠度不断增大，72d 增至近 10mm，如图 9-2-5（a）所示。掺入 2% Eclipse 的试件挠度大为减小，挠曲现象得到很大的改善，如图 9-2-5（b）所示。

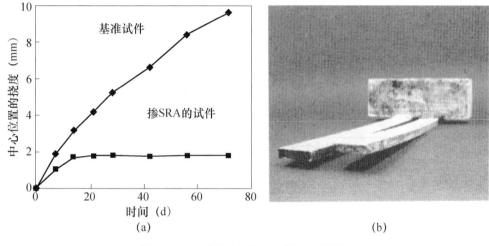

（a）   （b）

图 9-2-5　减缩剂 SRA 对挠度的影响

以上列举了一些文献中研究减缩剂对混凝土性能影响的结论。总体来说，减缩剂能较大幅度地降低干燥收缩和提升抵抗收缩开裂能力，但目前大部分的减缩剂都在一定程度上降低了混凝土力学性能，并使混凝土的凝结时间略有延长。

任务实施

学生需要了解减缩剂的适用范围，掌握标准中规定的减缩剂的关键指标，会分析减缩剂对混凝土的收缩率、凝结时间、力学性能、水化放热等造成的影响。在此基础上完成下列任务。

补充表 9-2-4 中的知识点。

表 9-2-4　重要知识点

序号	知识点	内容
1	减缩剂适用场合	普通商品混凝土、_____、_____、_____等
2	减缩剂的使用方式	_____、_____
3	减缩剂的减水率	掺减缩剂的混凝土中，标准型减缩剂未做要求，减水型减缩剂的减水率不低于_____

续表

序号	知识点	内容
4	混凝土抗压强度比	掺标准型减缩剂混凝土的 28d 抗压强度比不低于_____、掺减水型减缩剂的 28d 抗压强度比不低于_____
5	减缩剂对混凝土性能的影响	能明显减小混凝土的_____，均会不同程度地延缓凝结时间，在湿养护环境下的减缩效果比干燥环境下更_____

☑ 结果评价

对学生在完成任务过程中的表现进行客观评价，任务评价参考标准见表 9-2-5。

表 9-2-5　任务评价参考标准

一级指标	分值	二级指标	分值	得分
自主学习能力	20	明确学习任务和计划	6	
		自主查阅 HPC、RPC 和 UHPC 的相关知识	8	
		自主查阅非荷载裂缝的控制措施	6	
对减缩剂应用知识的掌握情况	60	了解减缩剂的应用场合	20	
		掌握减缩剂的作用原理	20	
		掌握减缩剂的使用方法	10	
		了解减缩剂对混凝土性能的影响	10	
标准意识与质量意识	20	掌握标准《砂浆、混凝土减缩剂》（JC/T 2361）规定的减缩剂的关键性能指标	10	
		了解裂缝的产生原因及危害	10	
总分		100%		

📋 知识巩固

1. 根据减缩剂能降低孔溶液表面张力的结论可知，减缩剂的应用场合可以推广到其他水硬性胶凝材料中。（　　）

2. 混凝土水灰比越高，减缩剂的减缩效果越好。（　　）

3. 减缩剂在 UHPC 结构中不适用，因为拌合用水量较少，不利于减缩剂发挥作用。（　　）

4. 减缩剂的使用方法除了内掺以外，还可以外涂。（　　）

5. 标准型减缩剂是指没有减水作用的减缩剂。（　　）

6. 在使用减缩剂时，要注意它可能会延长混凝土的凝结时间，并会对抗压强度造成不良影响。（　　）

7. 减缩剂的掺量大多在 2% 以内，而膨胀剂的掺量大多高于 5%，并且二者的作用机理不同。（　　）

📖 拓展学习

混凝土轨枕

混凝土轨枕是铁路上的一种重要构件，也是我国产量和用量都很大的一种重要水泥制品。以前我国铁路轨枕采用的是用优质木材制成的木枕，由于我国木材资源匮乏，从第二个五年计划（1958—1962 年）起便大量发展混凝土轨枕。随着我国铁路建设事业的不断发展和高速重载铁路的需要，作为铁路重要器材之一的预应力混凝土轨枕产品不断升级换代。预应力混凝土轨枕的生产工艺越来越完善，混凝土轨枕的铺设技术和养路维修技术及设备配套更加完善，从而使得我国预应力混凝土轨枕不仅在生产数量和铺设数量方面跃居国际前列，而且在产品结构性能、生产工艺技术装备水平、产品质量等方面均已达到国际先进水平。

混凝土轨枕必须保证足够的尺寸稳定性，而收缩和徐变效应两种因素对轨枕尺寸的影响较大。在生产过程中掺入减缩剂能够有效减小混凝土的收缩，从而稳定轨枕的尺寸，这对保证铁路的运行安全具有重要意义。

模块 3
调节混凝土特殊性能的外加剂

项目 10　认识与应用防冻剂

项目概述

　　混凝土冻融破坏是指混凝土在饱水状态下，因冻融循环产生的破坏作用。混凝土处于饱水状态和冻融循环交替作用是发生混凝土冻融破坏的必要条件。调查发现，混凝土冻融破坏现象不仅在"三北"地区存在，广大的长江以北、黄河以南的中部地区，混凝土结构物的冻融破坏也广泛存在。因此，混凝土的抗冻性是混凝土耐久性中的突出问题。本项目主要介绍了防冻剂的发展历史和研究现状、主要种类、设计思路和制备方法及其作用机理，重点分析了常见防冻剂对混凝土性能的影响规律，性能评价指标等。

　　通过本项目的学习和任务实施，学生可了解混凝土防冻、抗冻的常用方法，熟悉混凝土冬期施工的主要技术措施、防冻剂的基础知识和作用机理，掌握各种常见防冻剂的使用方法和注意事项。在完成任务的过程中，着重培养学生分析问题和解决问题的能力，为后续在工作岗位中科学、合理、规范地使用防冻剂奠定基础。进一步培养团队合作意识、科学严谨的态度、工程质量意识等。

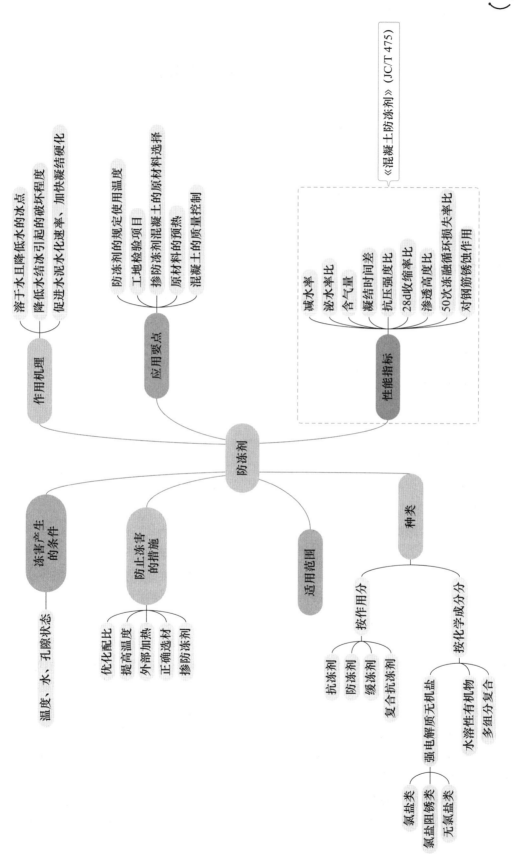

《混凝土防冻剂》（JC/T 475）

性能指标
- 减水率
- 泌水率比
- 含气量
- 凝结时间差
- 抗压强度比
- 28d收缩率比
- 渗透高度比
- 50次冻融循环损失率比
- 对钢筋锈蚀作用

作用机理
- 溶于水且降低水的冰点
- 降低水结冰引起的破环程度
- 促进水泥水化速率、加快凝结硬化

应用要点
- 防冻剂的规定使用温度
- 工地检验项目
- 掺防冻剂混凝土的原材料选择
- 原材料的预热
- 混凝土的质量控制

防冻剂

冻害产生的条件
- 温度、水、孔隙状态

防止冻害的措施
- 优化配比
- 提高温度
- 外部加热
- 正确选材
- 掺防冻剂

适用范围

种类
- 按作用分
  - 抗冻剂
  - 防冻剂
  - 缓冻剂
  - 复合抗冻剂
- 按化学成分分
  - 强电解质无机盐
    - 氯盐类
    - 氯盐阻锈类
    - 无氯盐盐类
  - 水溶性有机物
  - 多组分复合

任务 10.1　认识防冻剂

学习目标

- ❖ 能阐述防冻剂的基本作用
- ❖ 能列举防冻剂的常见种类
- ❖ 能阐述防冻剂的作用原理
- ❖ 能阐述防冻剂的研究发展现状

任务描述

　　防冻剂是混凝土冬期施工最常用的一种化学添加剂。学生在完成任务的过程中，需要认识到防冻剂的重要性，重点掌握防冻剂的基本作用和原理，同时主动查阅资料，充分了解防冻剂的发展历史和研究现状，为进一步熟悉和应用防冻剂奠定基础。

知识准备

1. 混凝土的防冻措施

码 10-1　混凝土的冻害

　　我国地域辽阔，在长江中下游、东北、华北及内蒙古、青海、新疆等地，冬季气温都在 −5℃ 以下，极端最低气温甚至接近 −40℃。根据《建筑工程冬期施工规程》（JGJ/T 104）的规定，当室外日平均气温连续 5d 稳定低于 5℃ 时，即进入冬期施工。低温对混凝土浇筑施工十分不利。冻融破坏也已成为严寒地区混凝土水工建筑物损坏的主要形式之一，冻融破坏严重影响水工建筑的正常运行，必须充分认识到它的严重性，了解其破坏原因，采取正确的设计、施工和管理措施以减轻冻融破坏对建筑物的影响。当浆体温度降低到 0℃ 及 0℃ 以下时，存在于混凝土中的自由水开始部分结冰，逐渐由液相（水）变为固相（冰）。浆体中的水或浆体硬化后毛细孔中的水结冰，直接后果是产生膨胀压力，易导致基体胀裂。浆体或硬化浆体孔隙中的水分结冰，还导致参与水泥水化作用的水减少，加之温度低，水化作用减慢，强度增长相对较慢。因此，这些地区的混凝土破坏多数与冻融作用有关，混凝土在冻融循环作用下破坏是关系到建筑物使用寿命、工程质量、安全等方面的重大问题。

　　针对混凝土低温情况下的浇筑和浇筑后的抗冻性问题，主要解决三个方面的难题：①如何确定混凝土最短的养护龄期；②如何防止混凝土早期冻害；③如何保证混凝土后期强度和耐久性满足要求。在实际工程中，通常采取的措施有以下四种。

　　（1）正确选择原材料，优化混凝土配合比

　　对于浇筑时环境温度在 0℃ 左右的情况，只要通过原材料的选择和配合比的调整就可以满足要求。具体的做法为：

① 选择早强效果好的水泥品种，加快混凝土 3d 内的早期强度发展。优先选择早强型硅酸盐水泥、早强型普通硅酸盐水泥，避免使用粉煤灰水泥、矿渣水泥或火山灰水泥。

② 增加水泥用量，并尽可能降低水灰比。实际上相当于提高混凝土的强度设计等级，这既利于早期强度发展，又能促使早期水泥水化热的释放和内部温度的升高，以抵抗外界的低温造成的冻害。

③ 掺加引气剂，引入一定量的微小气泡。在保持混凝土配合比不变的情况下，加入引气剂后形成微小气泡，相应增大了水泥浆体的体积，提高拌合物的流动性，改善其黏聚性及保水性，缓冲混凝土内水结冰所产生的压力，提高混凝土的抗冻性。另外，气泡的存在还降低了混凝土的导热系数，减少了内部热量的散失。

④ 掺加早强型混凝土外加剂。早强型混凝土外加剂，如早强剂和早强减水剂的掺入，可以大幅度地加快混凝土早期强度发展，提高早期强度。

⑤ 选择颗粒硬度高和缝隙少的骨料，使其热膨胀系数和周围砂浆膨胀系数相近。

（2）提高混凝土拌合物的入模温度，实施保温措施

对于气温较低的情况，可以通过提高混凝土拌合物的入模温度，来抵抗外界的寒冷入侵，加快混凝土早期强度的发展，等寒冷入侵至混凝土内部时，混凝土拌合物已经凝结、硬化并建立了初期温度，可以抵抗冻结产生的危害。通常采取的措施有：

① 热水搅拌。将拌合水通蒸汽或直接加热至 $50 \sim 60℃$，加入拌合物进行搅拌，可以提高混凝土拌合物的温度。

② 加热骨料。在骨料堆中通入蒸汽，消解骨料中的冰渣，并提高骨料温度，是提高混凝土拌合物温度的有效措施。

③ 混凝土运输车加装保温层。给混凝土运输车加装保温层，可以有效防止拌合物内热量的散失，保证混凝土的入模温度，加快混凝土的凝结、硬化和早期强度的发展。

④ 实施保温措施。混凝土入模后，要采取有效措施对混凝土进行保温，尤其是避免角部与外露表面受冻，并适当延长养护龄期。

（3）外部加热法

对于气温不低于 $-10℃$，且混凝土浇筑体（构件）不厚大的工程，可通过加热混凝土构件周围的空气，将热量传给混凝土或直接对混凝土进行加热，使混凝土处于正温条件下，以便正常凝结、硬化。通常采取的加热措施有：

① 火炉加热。一般在较小的工地场所使用，其方法简单，但热效率不高，且火炉中煤、油燃烧释放的二氧化碳易使新浇筑混凝土表面碳化，影响工程质量。

② 蒸汽加热。用通蒸汽的方法提高混凝土表面环境温度，使混凝土在湿热条件下硬化。该法较易控制，加热温度均匀，但需专门的锅炉设备，费用较高，且热损失较大，劳动条件亦不理想。

③ 电加热。将钢筋作为电极或将电热器贴在混凝土表面，把电能转化为热能，以提高混凝土的温度。该法简单方便，热损失较少，易控制，不足之处是电能消耗量大。

④ 红外线加热。以高温电加热器或气体红外线发生器，对混凝土进行密封辐射加热。

采取外加热措施，最好搭设帐篷，以防热量散失。

（4）掺加防冻剂

混凝土遭受冻害最主要的原因是内部水分结冰，如果降低混凝土内部水的冰点，使其在可能遭受低温的情况下不结冰，则水泥仍可发生水化反应，产生凝胶体和建立强度。能使混凝土在负温下硬化，在规定的时间内达到足够防冻强度的外加剂就是混凝土防冻剂。

事实证明，上述四种冬季施工措施各有特点，适用范围都受一定条件的制约。但是我们不难看出，北方冬季气温严寒，而当前工程规模空前，建筑工地延伸的地域越来越宽阔，混凝土施工条件艰苦，在这种条件下，诸如原材料加热、混凝土浇筑体外部加热等措施，都是难以实施的，而且一旦热量供应不上或者工程中出现保温意外，后果都将难以设想。而在混凝土中掺加防冻剂，降低水的冰点，加快混凝土在低温情况下强度发展的措施，则是应对混凝土低温施工最不利条件的有效措施。

码 10-2　冻害的分类及产生条件

2. 防冻剂的作用原理及分类

混凝土防冻剂具有降低水的冰点、抑制水结冰从而降低冰晶压力，以及加速水泥初期水化等作用。防冻剂通常是多组分复合而成的。按照化学组成进行分类，防冻剂的主要种类如下。

（1）强电解质无机盐类

① 氯盐类：以氯盐为防冻组分的外加剂。

② 氯盐阻锈类：以氯盐与阻锈组分为防冻组分的外加剂。

③ 无氯盐类：以亚硝酸盐、硝酸盐等无机盐为防冻组分的外加剂。

（2）水溶性有机化合物类

以某些醇类等有机化合物为防冻组分的外加剂。

（3）有机化合物与无机盐复合类

（4）复合型防冻剂

以防冻组分复合早强、引气、减水等组分的外加剂。

根据标准《混凝土防冻剂》（JC/T 475），防冻剂的规定温度分为−5℃、−10℃和−15℃三种。为了区别于氯离子含量较高的防冻剂产品，将氯离子含量不大于0.1%的防冻剂产品称作无氯盐防冻剂。按照防冻剂的主要作用机理，可将防冻剂分为早强型防冻剂、抗冻型防冻剂和复合型防冻剂。

防冻剂的作用机理因其品种不同而有所差别，但总的来说，防冻剂通过如下几个方面的作用，来防止混凝土中水分结冰，保证混凝土强度在负温情况下增长。

① 溶于水且降低水的冰点。许多无机化学物质，如氯化钠、氯化钙、亚硝酸钙、

硝酸钙等溶于水，并能不同程度地降低水的冰点。有机化合物中，如甲醇、尿素等也可降低水的冰点。降低水的冰点程度与这些化学物质的浓度有关。图 10-1-1 为不同无机盐防冻剂组分浓度与溶液冰点之间的关系，图 10-1-2 为不同有机物防冻剂组分的浓度与溶液冰点之间的关系。

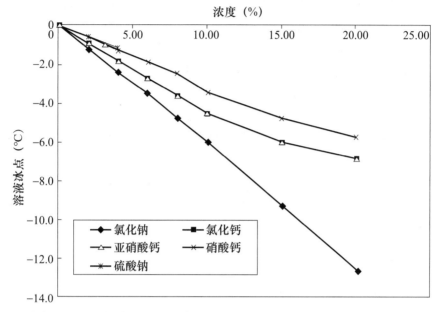

图 10-1-1　不同无机盐防冻剂组分的浓度与溶液冰点之间的关系

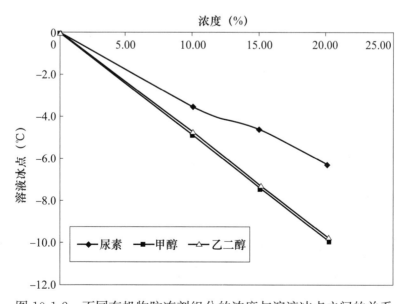

图 10-1-2　不同有机物防冻剂组分的浓度与溶液冰点之间的关系

　　将这些物质掺入混凝土拌合物，可以保证混凝土温度高于相应的冰点时不会结冰，一方面保证水泥的水化，另一方面也避免结冰产生冻胀破坏作用。

② 既能降低水的冰点，又能破坏晶格构造，降低水结冰引起的破坏程度。尿素、甲醇等有机物质溶于水，不仅能降低水的冰点，而且当温度低于其冰点时，又会导致水结冰后冰的晶格构造产生变形。这样，可减小混凝土孔隙内水的冻胀压力，以免混凝土结构遭到破坏。

③ 促进水泥水化，加快混凝土凝结、硬化。氯化钠、氯化钙、亚硝酸钙、硝酸钙、硫酸钠、碳酸钠、碳酸钾、甲酸钙等均会对水泥水化起到促进作用。在这些物质的参与下，水泥水化加速，水化产物大量形成，凝结和硬化提前，而且混凝土可较早地建立起临界强度，抵抗内部水分结冰产生的结构破坏作用。

④ 降低 W/C，减少拌合水用量。掺加部分减水组分，可以帮助混凝土在满足和易性的情况下，降低 W/C，减少拌合用水量。混凝土 W/C 降低，用水量减少，一方面可以促进早期强度的发展，另一方面也相当于减少了混凝土内部可冻结的自由水。

⑤ 适当引气，缓冲冰涨压力。掺加适量引气组分，可以使混凝土拌合过程中适当引入一些微气泡。这样，一方面可以降低混凝土拌合物和硬化混凝土的导热系数，另一方面可以帮助降低混凝土内部水分结冰所产生的冰晶压力。因此，混凝土防冻剂的组分往往有多种，包括具有降低冰点、早强、减水、引气作用的各种成分。

任务实施

学生制订学习计划，系统学习相关知识，重点掌握防冻剂种类、作用、微观机理等内容。学习过程中结合思维导图、微课、文本等资源，开展辅助学习，多渠道学习以加深知识印象。在充分学习的基础上补充表 10-1-1 中的知识点。

表 10-1-1　重点知识点

序号	知识点	内容
1	冬期施工	根据气象资料，室外日平均气温连续_____d 稳定低于_____℃时，进行混凝土及钢筋混凝土工程的施工，称为冬期施工
2	低温或负温施工带来的问题	主要面临三个方面的难题：①如何确定混凝土最短的养护龄期；②如何防止混凝土早期冻害；③如何保证混凝土后期_____和_____满足要求
3	在冬期施工中，通常采取的措施	①正确选择原材料，优化混凝土配合比；②提高混凝土拌合物的_____温度、实施保温措施；③外部加热法；④掺加防冻剂
4	防冻剂的作用机理	混凝土防冻剂具有降低水的_____、抑制水结冰从而降低_____，以及加速水泥初期水化等作用

结果评价

根据学生在完成任务过程中的表现，给予客观评价，学生亦可开展自评。任务评价参考标准见表 10-1-2。

表 10-1-2　任务评价参考标准

一级指标	分值	二级指标	分值	得分
自主学习能力	20	明确学习任务和计划	5	
		自主学习标准《混凝土防冻剂》（JC/T 475），学习防冻剂的相关规定	15	
对防冻剂的认知	60	了解常见防冻剂的品种	20	
		熟悉不同防冻剂的基本性能特点	20	
		熟悉不同防冻剂的应用现状	20	
职业素养	20	任务实施完整准确	10	
		能践行节能环保意识、成本意识	10	
总分		100		

知识巩固

1. 列举混凝土的防冻措施：＿＿＿＿＿＿＿、＿＿＿＿＿＿＿、＿＿＿＿＿＿＿。
2. 混凝土防冻剂作用机理是＿＿＿＿＿＿＿＿＿和＿＿＿＿＿＿＿＿＿等。
3. 列举常用的无机盐类防冻剂：＿＿＿＿＿＿＿＿＿＿＿＿＿＿＿＿。
4. 按有效成分分，混凝土防冻剂可分为＿＿＿＿＿、＿＿＿＿＿、＿＿＿＿＿等。

拓展学习

防冻剂应用中质量管控的常见误区及分析

1. 混凝土添加防冻剂后是否可以不用保温养护

某工程位于乌素沙漠地带，寒冷的冬季长达数月，且早晚温差较大，为保证混凝土冬期施工质量，在进入冬季施工期间，就采用了−15℃的 HK-PD 复合型防冻剂，以确保负温环境下施工的混凝土在规定的养护条件下达到预期性能。

常见误区：认为添加−15℃防冻剂，在环境温度不低于−15℃时新浇筑的混凝土不需要任何保护措施也不会被冻坏。

实际情况：通过现场试验得出，添加−15℃防冻剂的混凝土暴露在−10℃的环境中表面即可冻结，养护 7d 后强度只增长 3MPa，继续在此环境下养护，强度增长非常迟缓。因为混凝土强度形成的过程其实就是水泥水化反应的过程，冬季混凝土施工中掺入一定量的防冻剂能确保混凝土中一直保持液相存在，不断发生水化反应，使混凝土强度继续增长。而水泥水化作用的速度除与混凝土材料和配合比有关外，主要是随着温度的高低而变化，可见冬季混凝土施工添加防冻剂主要是提高混凝土早期强度，降低混凝土内部水分的冰点，使浇筑的混凝土在终凝之前不容易发生早期冻害。

因此，冬季混凝土在环境温度不低于防冻剂规定温度的情况下，浇筑后仍需及时进行覆盖养护，防止表面失水过快或冻结，保存混凝土内部热量，促使混凝土在最短的时间内达到临界强度，避免混凝土早期冻害。

2. 混凝土提高一个强度等级是否可以代替保温养护

常见误区：在冬期混凝土施工中，担心混凝土强度达不到设计要求，将混凝土强度等级在原设计基础上提高一个强度等级，作为混凝土冬期施工的防冻措施，以代替混凝土浇筑后的保温养护。

实际情况：不能通过提高混凝土的强度等级来代替保温养护，原因如下。

① 如果比原设计强度提高一个等级，就意味着混凝土配置强度的增大，所以配合比中水泥用量也会随之增加。从经济角度考虑，对于整个工程来讲将增加额外的费用投入。

② 冬期混凝土防冻措施的一个重要指标是混凝土温度降到规定温度时，混凝土必须达到受冻临界强度。如果比原设计强度提高一个等级，混凝土的受冻临界强度等级应按提高后的强度等级进行确定。虽然由于配置强度提高，因水泥用量增加和掺加外加剂等原因，早期强度会在一定程度上有所增加，但增幅不会很大，也不会达到降低受冻临界强度的目的，且提高混凝土强度等级后的临界强度标准也将有所提高。

③ 若比原设计强度提高一个强度等级，混凝土早期水化热将加大，对于体积较大的混凝土，如果保温措施落实不到位，极易造成混凝土内部温度与外界温差过大产生温度收缩裂纹。

任务 10.2　应用防冻剂

学习目标

❖ 能列举至少三种常见防冻剂的原料种类

❖ 能阐述防冻剂的关键性能指标

❖ 能检测防冻剂的关键性能

任务描述

将学生分为若干小组，教师分配防冻剂检测任务，学生完成原材料的选取和试验步骤的制定。在完成任务时，结合相关的水泥混凝土材料基础知识，正确选取原料，熟悉测试过程，按照标准《混凝土防冻剂》（JC/T 475）对防冻剂的性能开展检测，同时要主动查阅资料，了解最新的行业发展动态。在完成任务的过程中，要注重培养学生科学严谨的试验态度和安全意识，加强团队协作。

知识准备

1. 防冻剂对混凝土的影响

防冻剂是混凝土冬季施工时应用的一种重要外加剂，只有掌握了防冻剂的作用机理、防冻剂对混凝土性能的影响规律，才能更好地指导其在混凝土中的应用。为了保证工程质量，达到事半功倍的使用效果，并安全、有效地使用防冻剂，应注意以下几点。

（1）保证混凝土防冻临界强度。

任何一种符合标准的防冻剂产品，都有一个明确的"使用温度"（如$-5℃$、$-10℃$、$-15℃$），说使用温度就是"允许混凝土施工的温度"并不错误，但应着重与混凝土抗冻临界强度联系起来理解，即在环境温度降低到外加剂"使用温度"前，混凝土必须达到抗冻临界强度，这样混凝土结构才是安全的，否则混凝土结构有可能被冻坏。混凝土的使用温度越低，说明该防冻剂的防冻效果越好，混凝土（含负温区）越有更多的时间来增长强度，从而使达到抗冻临界强度的可能性大大增加。

（2）正确选用防冻剂并确定合适的掺量。

目前，随着土建工程的发展，在我国北方地区冬季混凝土施工较为普遍。根据气象资料，室外日平均气温连续 5d 稳定低于 $5℃$ 时，进行混凝土及钢筋混凝土工程的施工，称为冬期施工。

国内生产的混凝土防冻剂品种主要有$-5℃$、$-10℃$和$-15℃$三种。根据规定，在日最低气温为 $0\sim5℃$，混凝土采用塑料薄膜和保温材料覆盖养护时，可采用早强剂或早强减水剂。而在日最低气温分别为$-10\sim-5℃$、$-15\sim-10℃$和$-20\sim-15℃$，并采用保温措施时，宜分别掺入规定温度为$-5℃$、$-10℃$和$-15℃$的防冻剂。

每一种防冻剂都有一个较佳的掺量范围，低于此掺量，则混凝土早期强度建立较慢，混凝土内部水的冰点降不到足以抵抗外界负温的程度，所以，防冻剂的掺量往往较高。而防冻剂的掺量若过高，则所含盐类对混凝土的性能将产生许多不利影响。

（3）防止防冻剂中 Cl^- 对钢筋的锈蚀危害。

氯盐是一类比较理想的防冻剂组分，但鉴于 Cl^- 对混凝土内部钢筋的锈蚀作用，当用于钢筋混凝土、预应力钢筋混凝土时，应严禁使用含有 Cl^- 的防冻剂。不仅如此，下列结构中也严禁使用含有氯盐的防冻剂。

① 在相对湿度大于 80% 的环境中使用的结构、处于水位变化部位的结构、露天结构及大体积混凝土。

② 直接接触酸、碱或其他侵蚀性介质的结构。

③ 经常处于 $60℃$ 以上温度下的结构，需蒸养的钢筋混凝土预制构件。

④ 有装饰要求的混凝土，特别是要求色彩一致或表面有金属装饰的混凝土。

⑤ 薄壁混凝土结构，中级和重级工作制吊车的梁、屋架、落锤及锻锤混凝土基础等结构。

⑥ 使用冷拉钢筋或冷拔低碳钢丝的结构。

⑦ 骨料具有碱活性的混凝土结构。

（4）防止防冻剂中有害气体对人体健康的危害。

混凝土防冻剂中有可能使用尿素、硝铵作为组分之一，但尿素、硝铵类物质存在于混凝土内部，会逐渐释放出氨气，氨气具有刺激性，导致人体头痛、恶心，甚至引起疾病。因此，对于住宅、办公室、水塔、水池等的混凝土工程，应严防采用含硝铵、尿素等产生刺激性气味组分的防冻剂，防冻剂释放氨量必须符合有关标准。

（5）含强电解质无机盐的防冻剂用于混凝土中，必须符合以下规范要求。

① 与镀锌钢材或铝铁相接触的部位，以及有外露钢筋预埋件而无防护措施的结构，严禁使用。

② 含亚硝酸盐、碳酸盐的防冻剂严禁用于预应力混凝土结构。

③ 含有六价铬盐、亚硝酸盐等有害成分的防冻剂，严禁用于饮水工程及与食品相接触的工程。

④ 用于骨料具有碱活性的混凝土时，由防冻剂带入混凝土的碱含量（以当量氧化钠计）不宜超过 $1kg/m^3$ 混凝土，混凝土总碱量尚应符合有关标准规定。

⑤ 有机化合物类防冻剂可用于素混凝土、钢筋混凝土及预应力混凝土工程，但应注意强电解质、硝酸盐、尿素等的控制。

⑥ 对水工、桥梁及有特殊抗冻融循环性要求的混凝土工程，应通过试验确定防冻剂品种及掺量。

⑦ 防冻剂的规定温度为按《混凝土防冻剂》（JC/T 475）规定的试验条件成型的试件，在恒负温条件下养护的温度。

⑧ 防冻剂运到工地（或混凝土搅拌站）后首先应检查是否有沉淀、结晶或结块。检验项目应包括密度（或细度）、R_{-7} 和 R_{+28} 抗压强度比、钢筋锈蚀试验。合格后方可入库、使用。

（6）掺防冻剂混凝土所用原材料，应符合下列要求。

① 宜选用硅酸盐水泥、普通硅酸盐水泥。水泥存放期超过 3 个月时，使用前必须进行强度检验，合格后方可使用。

② 粗细骨料必须清洁，不得含有冰、雪等冻结物及易冻裂的物质。

③ 当骨料具有碱活性时，由防冻剂带入的碱含量、混凝土的总碱含量，应符合规范。

④ 储存液体防冻剂的设备应有保温措施。

（7）掺防冻剂的混凝土配合比，宜符合下列规定。

① 含引气组分的防冻剂混凝土的砂率，比不掺外加剂混凝土的砂率可降低 $2\%\sim3\%$。

② 混凝土水灰比不宜超过 0.6，水泥用量不宜低于 $300kg/m^3$，重要承重结构、薄壁结构的混凝土水泥用量可增加 10%，大体积混凝土的最少水泥用量应根据实际情况而定。强度等级不大于 C15 的混凝土，其水灰比和最少水泥用量可不受此限制。

（8）掺防冻剂混凝土采用的原材料，应根据不同的气温，按下列方法进行加热。

① 气温低于 -5℃时，可用热水拌合混凝土；水温高于 65℃时，热水应先与骨料拌合，再加入水泥。

②气温低于−10℃时，骨料可移入暖棚或采取加热措施，骨料冻结成块时须加热，加热温度不得高于65℃，并应避免灼烧。用蒸汽直接加热骨料带入的水分，应从拌合水中扣除。

（9）掺防冻剂混凝土搅拌时，应符合下列规定。

①严格控制防冻剂的掺量。

②严格控制水灰比，由骨料带入的水及防冻剂溶液中的水，应从拌合水中扣除。

③搅拌前，应用热水或蒸汽冲洗搅拌机，搅拌时间应比常温延长50%。

④掺防冻剂混凝土拌合物的出机温度，严寒地区不得低于15℃，寒冷地区不得低于10℃。入模温度，严寒地区不得低于10℃，寒冷地区不得低于5℃。

（10）防冻剂与其他品种外加剂共同使用时，应先进行试验，满足要求后方可使用。

（11）掺防冻剂混凝土的运输及浇筑除应满足不掺外加剂混凝土的要求外，还应符合下列规定。

①混凝土浇筑前，应清除模板和钢筋上的冰雪和污垢，不得用蒸汽直接融化冰雪，避免再度结冰。

②混凝土浇筑完毕应及时对其表面用塑料薄膜及保温材料覆盖。掺防冻剂的商品混凝土，应对混凝土搅拌运输车罐体包裹保温外套。

（12）掺防冻剂混凝土的养护，应符合下列规定。

①在负温条件下养护时，不得浇水，混凝土浇筑后，应立即用塑料薄膜及保温材料覆盖，严寒地区应加强保温措施。

②初期养护温度不得低于规定温度。

③当混凝土温度降到规定温度时，混凝土强度必须达到受冻临界强度。当最低气温不低于−10℃时，混凝土抗压强度不得小于3.5MPa；当最低温度不低于−15℃时，混凝土抗压强度不得小于4.0MPa；当最低温度不低于−20℃时，混凝土抗压强度不得小于5.0MPa。

④拆模后混凝土的表面温度与环境温度之差大于20℃时，应采用保温材料覆盖养护。由于水结冰体积增大，产生的冰胀压力可高达250MPa，该值远大于水泥石内部形成的初期强度值，使混凝土受到不同程度的破坏（早期受冻破坏）而降低强度。

此外，当水变成冰后，还会在混凝土内部骨料和钢筋表面上产生颗粒较大的冰凌，减弱水泥浆与骨料和钢筋的黏结力，从而影响混凝土的抗压强度。当冰凌融化后，又会在混凝土内部形成各种各样的孔隙，进而降低混凝土的密实性及耐久性。因此，混凝土冬期施工时，可能受到的冻害将是非常严重的。具体施工时，应对混凝土的质量加以控制，如采取保温防冻措施，并对混凝土浇筑体进行测温监控。制作混凝土试件，并与现场混凝土同条件养护，以监测混凝土结构体强度发展情况等。

2. 防冻剂的性能评价

（1）性能指标和匀质性在标准《混凝土防冻剂》（JC/T 475）中有规定，混凝土防冻剂产品分为一等品和合格品两个级别。标准对混凝土防冻剂的指标要求包括减水率、泌水率比、含气量、凝结时间差、抗压强度比、28d 收缩率比、渗透高度比、50 次冻融强度损失率比及对钢筋锈蚀作用、释放氨量、氯离子含量。对混凝土防冻剂性能指标的具体要求见表 10-2-1。

表 10-2-1　混凝土防冻剂性能指标

项目		性能指标					
		一等品			合格品		
减水率（%）		≥10			—		
泌水率比（%）		≤80			≤100		
含气量（%）		≥2.5			≥2.0		
凝结时间差（min）	初凝	−150～+150			−210～+210		
	终凝						
抗压强度比（%）	规定温度（℃）	−5	−10	−15	−5	−10	−15
	R_{-7}	≥20	≥12	≥10	≥20	≥10	≥8
	R_{28}	≥100		≥95	≥95		≥90
	R_{-7+28}	≥95	≥90	≥85	≥90	≥85	≥80
	R_{-7+56}	100			100		
28d 收缩率比（%）		≤135					
渗透高度比（%）		≤100					
50 次冻融强度损失率比（%）		≤100					
对钢筋锈蚀作用		应说明对钢筋有无锈蚀作用					
其他		1. 无氯盐防冻剂中氯离子含量不大于 0.1%； 2. 含有氨或氨基类的防冻剂释放氨量应符合《混凝土外加剂中释放氨的限量》（GB 18588）规定的限值					

（2）防冻剂性能指标的检验方法。

① 原材料。

a. 水泥采用基准水泥。

b. 砂应符合《建设用砂》（GB/T 14684）要求的细度模数为 2.6～2.9 的中砂。

c. 石子应符合《建设用卵石、碎石》（GB/T 14685）要求，粒径为 5～20mm（圆孔筛），采用二级配，其中 5～10mm 者占 40%，10～20mm 者占 60%。如有争议，以卵石试验结果为准。

d. 拌合水应符合《混凝土用水标准》（JGJ 63）要求。

e. 外加剂为需要检测的防冻剂。

② 混凝土配合比。

基准混凝土配合比按《普通混凝土配合比设计规程》（JGJ 55）进行设计。掺非引气型外加剂混凝土和基准混凝土的水泥、砂、石的比例不变。配合比应符合以下规定。

a. 水泥用量。采用卵石时，为（310±5）kg/m³；采用碎石时，为（330±5）kg/m³。

b. 砂率。基准混凝土和掺外加剂混凝土的砂率均为 36%～40%，但掺引气减水剂和引气剂的混凝土砂率应比基准混凝土低 1%～3%。

c. 外加剂。掺量按推荐掺量计算。

d. 用水量。应使混凝土坍落度达（80±10）mm。

除了性能指标外，标准还规定检验防冻剂的匀质性指标，见表 10-2-2。

表 10-2-2　防冻剂的匀质性指标

试验项目	指标
固体含量（%）	液体防冻剂： $S \geq 20\%$ 时，$0.95S \leq X \leq 1.05S$ $S < 20\%$ 时，$0.90S \leq X \leq 1.10S$ S 是生产厂提供的固体含量（质量百分比），X 是测试的固体含量（质量百分比）
含水率（%）	粉状防冻剂： $W \geq 5\%$ 时，$0.90W \leq X \leq 1.10W$ $W < 5\%$ 时，$0.90W \leq X \leq 1.10W$ W 是生产厂提供的含水率（质量百分比），X 是测试的含水率（质量百分比）
密度	液体防冻剂： $D > 1.1$ 时，要求为 $D \pm 0.03$ $D \leq 1.1$ 时，要求为 $D \pm 0.02$ D 是生产厂提供的密度值
氯离子含量（%）	无氯盐防冻剂：$\leq 0.1\%$（质量百分比）
	其他防冻剂：不超过生产厂控制值
碱量（%）	不超过生产厂提供的最大值
水泥净浆流动度（mm）	应不小于生产厂控制值的 95%
细度（%）	粉状防冻剂细度应不超过生产厂提供的最大值

③ 混凝土的搅拌。

各种混凝土材料及试验环境温度均应保持在（20±3）℃。

采用 60L 自落式混凝土搅拌机，全部材料及外加剂一次投入，拌合量应不少于 15L，不大于 45L，搅拌 3min，出料后在铁板上人工翻拌 2～3 次再行试验。

④ 新拌混凝土性能测定。

减水率、含气量、泌水率、凝结时间差的测试均参照标准《混凝土外加剂》（GB

8076）进行。

⑤ 试件制作。

基准混凝土试件和受检混凝土试件应同时制作。混凝土试件制作及养护参照《普通混凝土拌合物性能试验方法标准》（GB/T 50080）进行，虽然掺与不掺防冻剂的混凝土坍落度为（80±10）mm，但试件制作采用振动台振实，振动时间为 10~15s，掺防冻剂的受检混凝土试件在（20±3）℃环境温度下按表 10-2-3 规定的时间预养后移入冰箱内并用塑料布覆盖试件，其环境温度应于 3~4h 内均匀地降至规定温度，养护 7d 后（从成型加水时间算起）脱模，放置在（20±3）℃环境温度下解冻，解冻时间应符合表 10-2-3 的规定。解冻后进行抗压强度试验或转标准养护。

表 10-2-3　受检混凝土预养时间和解冻时间

防冻剂的规定温度（℃）	预养时间（h）	度时积（℃·h）	解冻时间（h）
−5	6	180	6
−10	5	150	5
−15	4	120	4

⑥ 抗压强度比。

以受检标养混凝土、受检负温混凝土与基准混凝土在不同条件下的抗压强度之比表示见式（10-2-1）~式（10-2-4）。

$$R_{28} = \frac{f_{CA}}{f_C} \times 100 \qquad (10\text{-}2\text{-}1)$$

$$R_{-7} = \frac{f_{AT}}{f_C} \times 100 \qquad (10\text{-}2\text{-}2)$$

$$R_{-7+28} = \frac{f_{AT}}{f_C} \times 100 \qquad (10\text{-}2\text{-}3)$$

$$R_{-7+56} = \frac{f_{AT}}{f_C} \times 100 \qquad (10\text{-}2\text{-}4)$$

式中　R_{28}——受检标养混凝土与基准混凝土标养 28d 的抗压强度之比，%；

　　　R_{-7}——受检负温混凝土负温养护 7d 的抗压强度与基准混凝土标养 28d 抗压强度之比，%；

　　　R_{-7+28}——受检负温混凝土在规定温度下负温养护 7d 再转标养 28d 的抗压强度与基准混凝土标养 28d 的抗压强度之比，%；

　　　R_{-7+56}——受检负温混凝土在规定温度下负温养护 7d 再转标养 56d 的抗压强度与基准混凝土标养 28d 的抗压强度之比，%；

　　　f_{AT}——不同龄期（R_{-7}、R_{-7+28}、R_{-7+56}）的受检负温混凝土抗压强度，MPa；

　　　f_{CA}——受检标养混凝土 28d 的抗压强度，MPa；

　　　f_C——基准混凝土标养 28d 的抗压强度，MPa。

⑦ 收缩率比。

收缩率参照《混凝土长期性能和耐久性能试验方法标准》（GB/T 50082），基准混凝土试件应在 3d（从搅拌混凝土加水时算起）从标养室取出移入恒温恒湿室内 3～4h 测定初始长度，再经 28d 后测量其长度。受检负温混凝土，在规定温度下养护 7d，拆模后先标养 3d，从标养室取出后移入恒温恒湿室内 3～4h 测定初始长度，再经 28d 后测量其长度。

收缩率比以龄期 28d 受检负温混凝土与基准混凝土收缩率的比值表示，按式（10-2-5）计算。

$$R_S = \frac{\varepsilon_{AT}}{\varepsilon_C} \times 100 \tag{10-2-5}$$

式中　R_S——收缩率比，%；

　　　ε_{AT}——受检负温混凝土的收缩率，%；

　　　ε_C——基准混凝土的收缩率，%。

⑧ 渗透高度比。

基准混凝土标养龄期为 28d，受检混凝土在龄期为（-7+56）d 分别参照《混凝土长期性能和耐久性能试验方法标准》（GB/T 50082）进行抗渗试验，但按 0.2MPa、0.4MPa、0.6MPa、0.8MPa 和 1.0MPa 加压，每级恒压 8h，加压到 1.0MPa 为止。取下试件，将其劈开，测试试件 10 个等分点渗透高度的平均值，以一组 6 个试件测值的平均值作为试验的结果，按式（10-2-6）计算透水高度比。

$$H_r = \frac{H_{AT}}{H_C} \times 100 \tag{10-2-6}$$

式中　H_r——透水高度比，%；

　　　H_{AT}——受检负温混凝土 6 个试件测试值的平均值，mm；

　　　H_C——基准混凝土 6 个试件测试值的平均值，mm。

⑨ 50 次冻融强度损失率比。

参照《混凝土长期性能和耐久性能试验方法标准》（GB/T 50082）进行试验并计算强度损失率。基准混凝土试件在标养 28d 后进行冻融试验。受检负温混凝土在龄期为（-7+28）d 进行冻融试验。根据计算出的强度损失率，按式（10-2-7）计算受检负温混凝土与基准混凝土强度损失率之比。

$$D_r = \frac{\Delta f_{AT}}{\Delta f_C} \times 100 \tag{10-2-7}$$

式中　D_r——50 次冻融循环强度损失率比，%；

　　　Δf_{AT}——受检负温混凝土 50 次冻融循环强度损失率，%；

　　　Δf_C——基准混凝土 50 次冻融循环强度损失率，%。

⑩ 释放氨量。

按照《混凝土外加剂中释放氨的限量》（GB 18588）规定的方法进行测试。

3. 防冻剂的工程应用案例

LDJ-1 防冻剂是一种含早强组分，并辅以一定量的减水组分和引气组分配制而成的早强减水型防冻外加剂，其混凝土试验结果见表 10-2-4。

表 10-2-4 掺 LDJ-1 早强减水型防冻剂混凝土与基准混凝土的抗压强度比较

混凝土种类	负温温度（℃）	各龄期抗压强度（MPa）				
		7d	−7d	28d	（−7+28）d	（−7+56）d
基准混凝土	—	22.1	—	28.8	—	—
掺 2.5％LDJ-1 早强减水型防冻剂的混凝土	−5	—	19.5	41.0	45.2	48.4
掺 3.5％LDJ-1 早强减水型防冻剂的混凝土	−10	39.8	5.0	45.8	42.2	46.1

可以看出，掺早强减水型防冻剂混凝土在 −5℃ 连续养护 7d 时抗压强度为 19.5MPa，达到基准混凝土 28d 标养试件的 68％。−10℃时负温养护 7d，抗压强度为 5.0MPa，达到基准混凝土标养 28d 抗压强度的 17％，而其后续养护抗压强度不断提高，（−7+28）d 时分别为基准混凝土的 157％和 147％，（−7+56）d 时分别为基准混凝土的 168％和 160％。

LDJ-2 复合型防冻剂则是在 LDJ-1 防冻剂基础上，复合降低冰点作用组分的复合型防冻外加剂。表 10-2-5 为掺加 LDJ-2 复合型防冻剂混凝土与基准混凝土的抗压强度比较。

表 10-2-5 掺 LDJ-2 复合型防冻剂混凝土与基准混凝土的抗压强度比较

混凝土种类	负温温度（℃）	各龄期抗压强度（MPa）				
		7d	−7d	28d	（−7+28）d	（−7+56）d
基准混凝土	—	22.1	—	28.8	—	—
掺 4.0％LDJ-2 复合型防冻剂的混凝土	−5	—	14.6	40.0	46.0	49.3
掺 7.0％LDJ-2 复合型防冻剂的混凝土	−10	—	5.7	41.6	39.4	42.6
掺 10.0％LDJ-2 复合型防冻剂的混凝土	−15	—	3.6	39.7	34.4	38.2

掺有复合型防冻剂的混凝土可以承受 −15℃ 极端温度的环境。各项试验表明，掺有复合型防冻剂的混凝土在设定温度下连续养护 7d 时的抗压强度分别为基准混凝土标养 28d 抗压强度的 51％、20％和 13％，而且后续养护过程中混凝土能够很快恢复水化，抗压强度大幅度提高。

掺 LDJ 系列防冻剂混凝土其他性能的试验结果见表 10-2-6。

表 10-2-6 掺 LDJ 系列防冻剂混凝土其他性能的试验结果

项目		掺早强减水型防冻剂混凝土	掺复合型防冻剂混凝土
减水率（%）		14（掺量为 3.5%时）	12（掺量为 7%时）
泌水率比（%）		47	43
含气量（%）		2.8	2.9
凝结时间差（min）	初凝	−65	69
	终凝	−72	−80
收缩率比（%）		108	106
50 次冻融强度损失率比（%）		82.8	81.9
抗渗压力比（%）		128	130
对钢筋锈蚀作用		无	无

可见，掺 LDJ 系列防冻剂的混凝土减水率不低于 12%，具有一定的引气性；掺 LDJ 系列防冻剂的混凝土凝结时间有所缩短。由于微细气泡的引入，掺 LDJ 系列防冻剂的混凝土，其抗冻融循环性得到改善。

通过 SEM、XRD、化学分析、界面显微硬度、界面断裂能及孔结构等一系列试验研究，认为 LDJ 系列防冻剂对混凝土的作用机理包括以下几个方面。

① 加速水泥水化进程，优化水泥石结构。掺有 LDJ 系列防冻剂的混凝土，其水泥水化有一个循序、深化和强化的过程，在水化初期，LDJ 系列防冻剂中的组分能够迅速催化硅酸盐矿物的水化反应。由于液相浓度高，水化物结晶接触点多，晶体形成快，数量多但尺寸细小。在 C-S-H 凝胶体大量形成的同时，针状 AFt 形成并穿插在 C-S-H 凝胶体中，与纤维状 C-S-H 水化物交叉聚集形成结构骨架，这个骨架深埋在凝胶体内，形成镶嵌式结构，具有良好的结构特征。

② 减少用水量，强化界面过渡区并优化混凝土整体结构。掺有 LDJ 系列防冻剂的混凝土，其减水率在 10%以上，水灰比降低后，可以降低混凝土总孔隙率并改善孔结构特征。在 MIP 测试中，与未掺 LDJ 系列防冻剂的试样进行对比，汞压入量由 0.0607mL/g 降为 0.0536mL/g；孔径中值由 0.0105μm 降为 0.0065μm，毛细管含量由 22.1%降为 20.6%。界面断裂能试验结果为：掺有 LDJ 系列防冻剂的试样，其断裂能高于未掺试样，为后者的 139%。界面显微硬度测定结果为：掺有防冻剂的试样，其硬度值为未掺者的 137%。以上试验均表明了同一结果，即掺有 LDJ 系列防冻剂的水泥混凝土具有总孔隙率低，平均孔径小的结构特征，同时由于多余水分的减少，大大降低了游离水在骨料周围的聚集程度，改善了界面过渡区结构。

③ 引入一定量稳定的微小气泡。经振捣成型后的混凝土内部仍含有稳定细小的气

泡，使毛细管被阻隔成更细小的空间，不仅有利于微孔中自由水冰点的降低，也使孔道中水的迁移受阻，而孔道中存在的过冷含盐液相维持着水泥水化的基本条件。水泥石初始结构形成后，水泥水化物充填内部孔隙，使基体孔径更趋细化，孔中水的冰点将进一步降低，保持内部足够的液相量，使水泥在负温下的水化成为可能。

任务实施

学生以小组为单位，根据所领取的防冻剂的性能检测任务，完成相关知识的学习。根据所学的各类防冻剂的特点，确定关键性能指标检验方法，列出参考标准，制定性能检测方案。具体实施步骤如下。

具体实施步骤

1. 选择检测项目：□减水率　□泌水率比　□含气量　□渗透高度比
　　　　　　　　　□抗压强度比

2. 制定检测方案。

　(1) 原料选择。

　　　① _____。
　　　② _____。
　　　③ _____。
　　　④ _____。
　　　⑤ _____。

　(2) 检测步骤。

　　　① _____。
　　　② _____。
　　　③ _____。
　　　④ _____。
　　　⑤ _____。

　(3) 结果分析。_____
_____。

3. 实施总结。

结果评价

根据学生在完成任务过程中的表现，给予客观评价，学生亦可开展自评。任务评价参考标准见表 10-2-7。

表 10-2-7　任务评价参考标准

一级指标	分值	二级指标	分值	得分
自主学习能力	20	明确学习任务和计划	6	
		自主查阅《混凝土防冻剂》（JC/T 475）	8	
		自主查阅防冻剂相关技术资料和政策	6	
对应用防冻剂知识的掌握情况	60	掌握防冻剂的常见种类	15	
		掌握防冻剂的作用原理，使用规范	15	
		掌握防冻剂的微观机理	10	
		了解防冻剂的研究现状以及发展趋势	10	
		了解防冻剂的行业背景	10	
标准意识与质量意识	20	熟记防冻剂的定义	10	
		掌握防冻剂的关键性能指标	10	
总分		100		

知识巩固

1. 防冻剂性能的评价指标包括：_____、_____、_____等。

2. 国内生产的混凝土防冻剂品种主要有_____℃、_____℃和_____℃三种。

3. 防冻剂是指能使混凝土在_____条件下硬化，并在规定的养护条件下达到使用性能要求的外加剂。

4. 防冻剂按其成分可分为_____类、_____类、_____复合类等。

拓展学习

冬季混凝土施工的注意事项

① 冬期施工在傍晚或气温低于 0℃时，严禁对混凝土直接浇水养护，以免混凝土冻裂。混凝土表面层结冰后，更不能将热水直接浇到其表面，应采用其他升温措施，使表面冰块慢慢融化。

② 混凝土浇筑前，应彻底清除模板和钢筋上的冰雪和污垢，清理时不得用温水进行冲洗，用水冲洗后钢筋表面将会附着一层薄冰，影响混凝土与钢筋之间的握裹力。

③ 混凝土浇筑时严禁向罐车内浇水调整坍落度，以防造成局部水灰比过大，易造成结构部位出现裂缝和强度降低等现象。

④ 采用暖棚法施工时，严禁人员长时间逗留，防止中毒。

项目 11　认识与应用阻锈剂

项目概述

　　钢筋锈蚀对混凝土的破坏作用是不可逆转的，一旦混凝土中的钢筋出现了锈蚀，其体积便会发生膨胀，使混凝土遭受膨胀应力。如果锈蚀不断加剧，混凝土受到的应力值也会逐渐增大，最终导致开裂，因此钢筋的锈蚀对混凝土的耐久性影响极大。就如何阻止或减缓混凝土中钢筋的锈蚀，国内外学者开展了大量的研究工作，掺加阻锈剂便是其中一项重要的研究成果。本项目介绍了阻锈剂的发展历程、种类、作用机理、工程应用等内容。其中阻锈剂的种类、作用机理和常见阻锈剂的作用机理是需要学生重点掌握的内容。

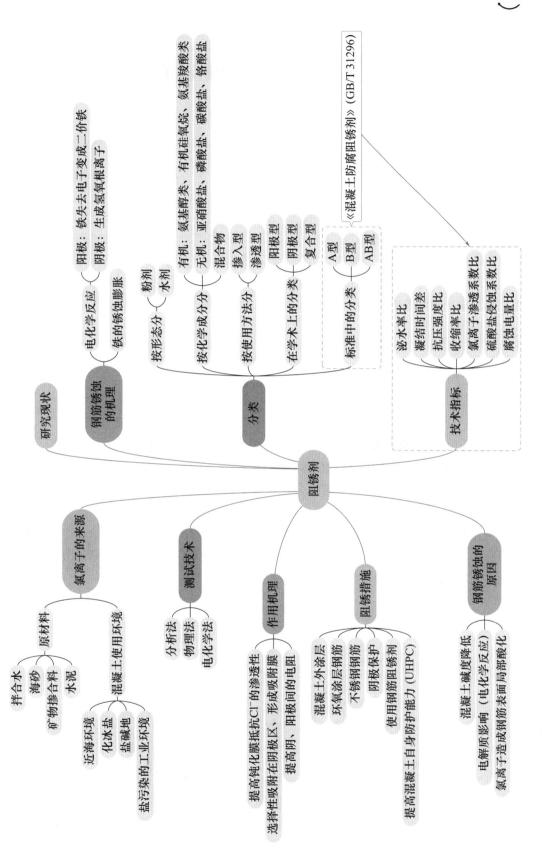

任务 11.1 认识阻锈剂

学习目标

❖ 能阐述混凝土中钢筋锈蚀的原因
❖ 能阐述阻锈剂的分类及作用原理

任务描述

添加阻锈剂是延缓钢筋锈蚀的重要方法。学生在完成任务的过程中，需要认识到阻锈剂的重要性，重点掌握阻锈剂的基本原理、分类、作用效果等内容，同时主动查阅资料，充分了解阻锈剂的发展研究现状，为进一步应用阻锈剂奠定基础。

知识准备

1. 混凝土中钢筋锈蚀的原因

码 11-1 钢筋锈蚀的原因

一般情况下，混凝土孔溶液因 $Ca(OH)_2$ 的存在而呈强碱性（pH值为 12.5～13）。在该条件下，混凝土中的钢筋表面会生成一层极薄的钝化膜，该膜的主要成分为 $\gamma\text{-}Fe_2O_3 \cdot nH_2O$。混凝土的碱性环境在混凝土受到诸如氯离子侵蚀时被破坏。

氯离子进入混凝土孔溶液中时，会优先吸附到钢筋的表面，导致钢筋周围的 OH^- 减少，碱性环境被破坏，钢筋所处的环境逐渐酸化，钢筋钝化膜在薄弱的地方溶解破坏，发生腐蚀。因此，钢筋发生了电化学反应，失去钝化膜保护的钢筋失去电子，与受到钝化膜保护的钢筋之间形成电位差，形成微电池，即电化学腐蚀。图 11-1-1 为某混凝土工程中钢筋锈蚀。

图 11-1-1 某混凝土工程中钢筋锈蚀

2. 阻锈剂的作用原理及分类

（1）阻锈剂的作用原理

码 11-2　常用
阻锈剂

阻锈剂与其他混凝土外加剂的不同之处在于，它是通过抑制混凝土与钢筋界面孔溶液中发生的阳极或阴极电化学腐蚀反应来保护钢筋的。因此，阻锈的一般原理是阻锈剂直接参与界面化学反应，使钢筋表面形成氧化铁的钝化膜或者吸附在钢筋表面形成阻碍层或者两种机理兼而有之。

① 阴极型阻锈剂。

通过吸附或成膜，能够阻止或减缓阴极产生化学腐蚀反应过程的物质，如锌盐、某些磷酸盐以及一些有机化合物等。

② 阳极型阻锈剂。

典型的化学物质有铬酸盐、亚硝酸盐、铝酸盐等。它们能够在钢铁表面形成钝化膜。此类阻锈剂的缺点是，若用量不当会产生局部腐蚀和加速腐蚀，被称作危险型阻锈剂。国内外单一用亚硝酸盐作为阻锈剂者虽然还有，但趋势是向混合型发展，以避免其负面影响。

③ 复合型阻锈剂。

将阴极型、阳极型、提高电阻型、降低氧的作用等的多种物质合理搭配而成的阻锈剂，则属于复合型阻锈剂。

由于钢筋阻锈剂成分不同，作用原理也不相同。钢筋阻锈剂的主要功能不是阻止环境中氯离子进入混凝土中，而是抑制、阻止、延缓钢筋腐蚀的电化学反应过程。由于混凝土的密实是相对的，当氯离子不可避免地进入混凝土内部后，有钢筋阻锈剂的存在，使有害离子丧失或减弱了对钢筋的侵害能力。一般来说，混凝土中阻锈剂的含量越多，容许进入（不致钢筋腐蚀）的氯离子的量就越高。这就提高了氯离子腐蚀钢筋的"临界值"。综合上述结果，钢筋阻锈剂推迟了"盐害"发生的时间，并减缓了其发展速度，从而达到延长钢筋混凝土结构使用寿命的目的。

在钢筋混凝土中使用阻锈剂可以有效提高其耐久性，尤其在海洋工程、使用除冰盐的混凝土路面工程、使用海砂的混凝土工程等，可以有效抑制钢筋的锈蚀，从而大大地延长建筑的使用寿命。大力推广阻锈剂的应用，在环境保护、资源保护和社会经济等方面，都具有非常重要的意义。

（2）阻锈剂的分类

按照不同的标准，可以对混凝土钢筋阻锈剂做出如下分类。

① 按使用方式和应用对象分类。

掺入型。这类阻锈剂是指掺加到混凝土中使用的阻锈剂。其适用于新建工程，也可用来修复工程。掺入型阻锈剂有近 30 年的工程应用历史，技术较为成熟，其中，以亚硝酸盐为基础的复合型阻锈剂，在国内外得到较大量的应用。

渗透型。这类阻锈剂适用于老工程的修复，多以有机物（胺、酯等）为主体成分，价格比较贵。一些技术先进的国家和地区，新建工程已经不多，大量存在的是修复工程，渗透型阻锈剂有广泛的用途。由氯盐腐蚀引起的修复工程，其花费是巨大的。为节省修复费用，要强化对已有工程的检测与评价，在氯盐达到钢筋表面接近临界值或钢筋已经开始腐蚀但混凝土尚未开裂之前，将渗透型阻锈剂涂覆到混凝土表面，渗透到混凝土内部，以缓解或阻止氯离子对钢筋的腐蚀作用。

② 按形态分类。

水剂型：约含 70％的水，即含固量约 30％。

粉剂型：固体粉状物，大多溶于水。

③ 按化学成分分类。

无机型：主要由无机化学物质组成。

有机型：主要由有机化学物质组成。

混合型：由有机和无机化学物质组成。

④ 按作用机理分类。

按作用机理进行划分，阻锈剂有阴极型、阳极型和混合型等种类。

⑤ 标准分类。

在国家标准《混凝土防腐阻锈剂》（GB/T 31296）中规定了 A 型、B 型、AB 型三类阻锈剂，要求使用时根据不同的环境进行选用。环境类别参照标准《混凝土结构耐久性设计标准》（GB/T 50476）。阻锈剂的类别见表 11-1-1。

表 11-1-1　阻锈剂的类别

类别	硫酸盐环境作用等级	氯化物环境作用等级
A 型	V-C、V-D、V-E	Ⅲ-C、Ⅳ-C
B 型	V-C	Ⅲ-D、Ⅲ-E、Ⅲ-F、Ⅳ-D、Ⅳ-E
AB 型	V-D、V-E	Ⅲ-D、Ⅲ-E、Ⅲ-F、Ⅳ-D、Ⅳ-E

3. 典型阻锈剂产品介绍

目前在阻锈剂市场上有代表性的国内外公司和产品如下。

（1）Sika FerroGard 公司的相关产品

Sika FerroGard 公司的阻锈剂产品为掺入型和渗透型两种类型的钢筋阻锈剂，是由多种不同类型的氨基醇与无机组分复合而成的，属于复合型钢筋阻锈剂。其主要特点有：对钢筋的吸附力强，可吸附在混凝土钢筋表面形成一层厚达 $100\sim1000\text{Å}$ 的分子化学保护膜；对钢筋的阴阳两极同时进行保护，在阳极，保护膜阻止铁离子的流失，而在阴极，膜对氧起到屏障作用；既可作为添加剂应用于新浇筑的混凝土结构，也可以作为渗透剂涂刷于已有的混凝土结构表面，对混凝土中的钢筋起到抑制锈蚀的作用，对人体无毒副作用。

（2）Cortec 公司的相关产品

Cortec 公司的阻锈剂产品为渗透型钢筋阻锈剂。它是一种由羧酸胺以及从盐中提取的物质制成的钢筋防腐剂。由于它具有渗透迁移至钢筋表面并进行保护的特性，所以既可以应用于新建结构也可以用于旧结构。该产品的主要技术特点包括：能够扩散迁移到钢筋邻近区域，对周围的钢筋起到保护作用；对钢筋的阴阳两极同时进行保护；是一种无毒的环保产品。

（3）Grace 公司的相关产品

Grace 公司的阻锈剂产品为掺入型防腐蚀剂。其主要特点为：主要对钢筋的阳极进行保护；为亚硝酸钙体系，其中亚硝酸钙的含量在 30％以上。

（4）中冶建筑研究总院有限公司的相关产品

中冶建筑研究总院有限公司的阻锈剂产品以亚硝酸钙为主，是复合型阻锈剂，比较有代表性的产品为 RI 系列阻锈剂。RI 系列阻锈剂于 1987 年通过部级鉴定，是目前国内唯一通过部级鉴定的阻锈剂。其主要特点包括：有明显的早强、促凝作用；主要对钢筋的阳极进行保护；对混凝土强度影响较小；价廉。

需要注意的是，在海洋工程中，混凝土中钢筋特别容易产生锈蚀。我国学者对智能阻锈剂进行了相关研究，以乙基纤维素为微胶囊壳体装载氢氧化钙为核心，当混凝土中的孔隙液 pH 值降低到阈值时，会自动释放出氢氧根离子，从而提高局部碱性并维持钢筋钝化膜稳定。

🖳 任务实施

学生制订学习计划，系统学习相关知识，重点掌握钢筋锈蚀原理、阻锈剂的种类和作用机理等内容。学习过程中结合思维导图、微课、文本等资源，开展辅助学习，多渠道学习以加深知识印象。在学习过程中要将外加剂的相关标准作为重要拓展资源，特别是定量指标和重要概念的定义要严格参照标准，加深记忆，树立标准意识和质量意识。根据所学知识补充表 11-1-2 中的知识点。

表 11-1-2　重要知识点

序号	知识点	定义或内容
1	钢筋锈蚀原因	当氯离子进入混凝土孔隙液中时，会优先吸附到钢筋的表面，导致钢筋周围的_____减少
2	阻锈剂的作用原理	阻锈的一般原理是阻锈剂直接参与界面化学反应，使钢筋表面形成_____的钝化膜或者吸附在钢筋表面形成阻碍层或者两种机理兼而有之
3	阻锈剂种类	按使用方式和应用对象分类，可分为_____和_____
4	阻锈剂种类	按化学成分分类，可分为_____、_____和_____

☑ 结果评价

根据学生在完成任务过程中的表现，给予客观评价，学生亦可开展自评。任务评价参考标准见表 11-1-3。

表 11-1-3　任务评价参考标准

一级指标	分值	二级指标	分值	得分
自主学习能力	20	明确学习任务和计划	6	
		自主查阅《混凝土外加剂》（GB 8076）和《混凝土外加剂术语》（GB /T 8075）等标准	8	
		自主查阅外加剂相关技术资料和政策	6	
对阻锈剂的认知	60	掌握钢筋的锈蚀原理	20	
		掌握阻锈剂的原理	20	
		掌握阻锈剂的种类	20	
标准意识与质量意识	20	熟记阻锈剂的定义	20	
总分		100		

知识巩固

1. 正确连线"阻锈剂品种""特点"两栏。

阻锈剂种类	特点
Sika FerroGard 公司的相关产品	以亚硝酸钙为主，是复合型阻锈剂，比较有代表性的产品为 RI 系列阻锈剂
Cortec 公司的相关产品	由多种不同类型的氨基醇与无机组分复合而成，属于复合型钢筋阻锈剂
Grace 公司的相关产品	是一种由羧酸胺以及从盐中提取的物质制成的钢筋防腐剂
中冶建筑研究总院有限公司的相关产品	主要对钢筋的阳极进行保护；为亚硝酸钙体系，其中亚硝酸钙的含量在 30％以上

2. 阳极型阻锈剂：典型的化学物质有_____、_____、铝酸盐等。它们能够在钢铁表面形成_____。此类阻锈剂的缺点是会产生局部腐蚀和加速腐蚀，被称作危险型阻锈剂。

3. 阴极型阻锈剂：通过_____或_____，能够阻止或减缓阴极电化学腐蚀反应过程的物质，如_____、某些磷酸盐以及一些有机化合物等。

4. 查阅资料，至少写出我国在阻锈剂方面的 3 个应用实例。

拓展学习

环保型阻锈剂

近年来，我国非常重视环境保护工作，研究表明从植物中也可以提取阻锈剂成分，此类阻锈剂被称为环保型阻锈剂。环保型阻锈剂多来自植物，例如，仙人掌叶片、牡豆树叶片、银香菊等。相关研究显示，蓝桉叶、石榴树干和齐墩果树干的提取液经过相关处理后，阻锈效果极佳。例如，浓度为 0.79g/L 的齐墩果树干提取物阻锈率为 92.05％。除此之外，还有部分环保型阻锈剂来自 DNA、核酸、细菌类大分子等。

任务 11.2　应用阻锈剂

学习目标

❖ 能阐述阻锈剂的使用方法
❖ 能阐述阻锈剂的应用要点

任务描述

学生分为若干小组，教师给定不同的应用场景。根据不同的场景，选择不同的阻锈剂，并说明选择该阻锈剂的原因，制定使用方案，并探究其掺量对混凝土 7d、28d 抗压强度的影响。参考任务题目见表 11-2-1。

表 11-2-1　参考任务题目

序号	场景
1	该结构为旧结构，且要求能保护钢筋附近区域
2	冬期施工时，混凝土结构凝结硬化速度过慢
3	对钢筋的阴阳两极同时起到保护作用
4	对钢筋阳极起到保护作用

知识准备

1. 阻锈剂的使用方法

① 一般采用干掺法，也可溶于拌合水中（包括部分不溶物）。为了搅拌均匀，可适当延长搅拌时间。当阻锈剂略有减水作用时，可在保持原流动度的情况下适当减水。

② 在与其他外加剂共用时，应先行掺加阻锈剂，待与水泥混凝土均匀混合后再加入其他外加剂。

2. 阻锈剂对混凝土性能的影响

阻锈剂的性能指标在国家标准《混凝土防腐阻锈剂》（GB/T 31296）中做了规定，见表 11-2-2。

表 11-2-2　掺阻锈剂受检混凝土的性能指标

序号	试验项目		性能指标		
			A 型	B 型	AB 型
1	泌水率比（%）		≤100		
2	凝结时间差（min）	初凝	−90～+120		
		终凝			
3	抗压强度比（%）	3d	≥90		
		7d	≥90		
		28d	≥100		
4	收缩率比（%）		≤110		
5	氯离子渗透系数比（%）		≤85	≤100	≤85
6	硫酸盐侵蚀系数比（%）		≥115	≥100	≥115
7	腐蚀电量比（%）		≤80	≤50	≤50

有研究将阻锈成分（$NaNO_2$ 为主要成分，复掺葡萄糖酸钠）和密实组分以一定比例配制成复合型亚硝酸盐阻锈剂。图 11-2-1～图 11-2-3 为不同掺量阻锈剂对混凝土不同龄期抗压强度、碳化深度、28d 龄期混凝土氯离子扩散系数的影响。

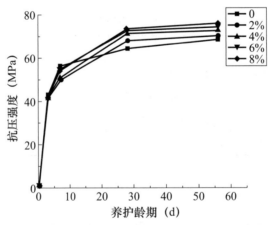

图 11-2-1　不同掺量阻锈剂对混凝土不同龄期抗压强度的影响

试验数据表明，掺入复合型亚硝酸盐阻锈剂可有效提高混凝土的抗压强度，所研究的复合型阻锈剂与混凝土适应性良好，对混凝土抗压强度不存在负面影响。从碳化深度角度分析，随着阻锈剂掺量的增多，混凝土的碳化深度减小，且该种趋势随着碳化时间

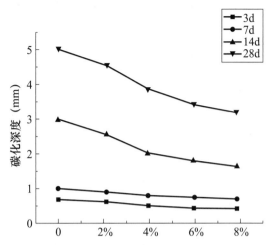

图 11-2-2　不同掺量阻锈剂对混凝土不同龄期碳化深度的影响

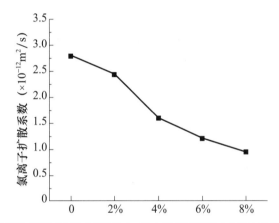

图 11-2-3　不同掺量阻锈剂对混凝土 28d 龄期混凝土氯离子扩散系数的影响

的延长愈发明显。此外，该阻锈剂还能大幅降低 28d 氯离子扩散系数。

3. 阻锈剂的应用要点

（1）一种有效的钢筋阻锈剂需满足的条件

其分子应当具有一定的氧化能力，能促进生成钝化膜。溶解度应当满足能快速在腐蚀的钢筋表面饱和，而又不宜从混凝土结构中渗滤的要求。它与混凝土结构适应性好，不会产生副作用，在使用环境的不同温度和 pH 值下均有效，并且与其他外加剂相容性好，便于复配使用。

（2）钢筋阻锈剂的适用范围

关于钢筋阻锈剂的适用范围，国外规定用于腐蚀环境（以氯盐为主）中的钢筋混凝土、预应力混凝土、后张应力灌注砂浆等。我国相关标准《钢筋阻锈剂应用技术规程》（YB/T 9231）对使用钢筋阻锈剂的环境和条件做了如下规定。

① 海洋环境，包括水下区、潮汐区、浪溅区及海洋大气区。

② 海边地区，包括地下水有腐蚀性的土中区和离涨潮岸线 300m 内的陆上地区。

③ 盐碱地区。

④ 采用去冰（雪）盐的钢筋混凝土桥梁。

⑤ 其他需要添加钢筋阻锈剂的混凝土工程。

（3）阻锈剂的应用效果及限制

混凝土施工一次性掺入阻锈剂效果可维持 50 年左右，而且施工简单、方便、节省工时，费用较低，效果较阴极保护法、环氧涂层钢筋法显著。

阻锈剂不宜在酸性环境中使用。其使用效果与混凝土本身的质量有关。掺入优质混凝土中能更好地发挥阻锈功能，质量差的混凝土中即使加入阻锈剂也很难耐久。此外，亚硝酸盐阻锈剂，不适合在饮用水系统的钢筋混凝土工程中使用。

（4）应用注意事项

关于掺量可以参考产品供应商的推荐掺量，并结合实际试验结果来确定。对于粉状阻锈剂，可以干掺，也可以预先溶于拌合水中。当阻锈剂有结块时，以预先溶于拌合水中使用为宜。无论何种方法，均应适当延长拌合时间，一般延长 1min。掺钢筋阻锈剂的同时均应适量减水，并且按照一般混凝土制作过程中的要求严格施工，充分振捣，确保混凝土密实度及质量。对一些重要的工程需做重点支护的结构，可用 5％～10％的钢筋阻锈剂溶液涂在钢筋表面，然后用含钢筋阻锈剂的混凝土进行施工。钢筋阻锈剂可取代部分减水剂，一般也可与其他外加剂复合使用。为了避免复合使用时产生沉淀等现象，应该预先做适应性试验。

钢筋阻锈剂应用于建筑物的修复时，首先要彻底清除疏松、损坏的混凝土，露出新鲜基面，在除锈或重新焊接的钢筋表面喷涂 10％～20％的高浓度阻锈剂溶液，再用掺阻锈剂的密实混凝土进行修复。其他操作过程，如养护及质量控制，均应按一般混凝土制作过程进行，严格遵守相关标准规定。粉状阻锈剂在储存、运输过程中应保持干燥，避免吸潮受潮，严禁雨淋和浸水。

📋 任务实施

学生以小组为单位，根据所领取的阻锈剂的应用任务，完成相关知识的学习。根据不同的应用场景，选择合适的阻锈剂，阐明选择原因、制定使用方案。具体实施步骤如下。

具体实施步骤

1. 选择的任务：＿＿＿＿＿＿＿＿＿；拟选用的阻锈剂：＿＿＿＿＿＿＿＿＿＿＿。

2. 选择该阻锈剂的原因：＿＿＿＿＿＿＿＿＿＿＿＿＿＿＿＿＿＿＿＿＿＿

　＿＿＿＿＿＿＿＿＿＿＿＿＿＿＿＿＿＿＿＿＿＿＿＿＿＿＿＿＿＿＿＿。

3. 制定使用方案。

　①＿＿＿＿＿＿＿＿＿＿＿＿＿＿＿＿＿＿＿＿＿＿＿＿＿＿＿＿＿＿。

　②＿＿＿＿＿＿＿＿＿＿＿＿＿＿＿＿＿＿＿＿＿＿＿＿＿＿＿＿＿＿。

③_____。

④_____。

⑤_____。

4. 实施总结。

结果评价

根据学生在完成任务过程中的表现，给予客观评价，学生亦可开展自评。任务评价参考标准见表 11-2-3。

表 11-2-3　任务评价参考标准

一级指标	分值	二级指标	分值	得分
自主学习能力	15	明确学习任务和计划	5	
		自主查阅资料，了解阻锈剂的适用范围	5	
		自主查阅阻锈剂的最新研究成果	5	
阻锈剂应用相关知识的掌握情况	60	能正确选择阻锈剂，并阐述原因	10	
		能阐述阻锈剂对混凝土性能的影响	15	
		合理使用阻锈剂	15	
		能对掺阻锈剂混凝土的抗压强度进行检测	10	
		会分析阻锈剂的工程应用要点	10	
标准意识与质量意识	10	掌握《混凝土防腐阻锈剂》（GB/T 31296）中对阻锈剂基本性能指标的规定	5	
		能按标准检测掺阻锈剂砂浆和混凝土的性能	5	
文本撰写能力	15	实施过程文案撰写规范，无明显错误	15	
总分		100		

知识巩固

1. 一种有效的钢筋阻锈剂需满足以下条件。

（1）根据标准规定，掺阻锈剂混凝土的 28d 抗压强度比不应低于_____。

（2）溶解度应当满足能快速在腐蚀的钢筋表面_____，而不宜从混凝土结构中_____的要求。

（3）与混凝土结构_____好，不产生_____。

（4）在使用环境的不同_____和_____下均有效。

2. 我国标准《钢筋阻锈剂应用技术规程》（YB/ T 9231）对使用钢筋阻锈剂的环境和条件做了规定，任意举例三种阻锈剂的使用环境和条件，并结合所学知识说明为什么用珊瑚作骨料时，钢筋混凝土要特别注意防锈问题（已知珊瑚天然多孔）。

📖 拓展学习

钢筋阻锈剂应用中存在的问题

钢筋的锈蚀是混凝土结构的弊病。在钢筋混凝土中，钢筋锈蚀将会导致力学性能的降低。有研究结果显示，当钢筋截面损失率达到 5％时，钢筋混凝土板的承载能力下降25％。钢筋锈蚀生成腐蚀产物，导致体积变大 1～3 倍，腐蚀产物在钢筋与混凝土之间积累，对混凝土的挤压力变大，导致钢筋与混凝土之间的结合力下降。

国外许多重点工程中都大量使用了钢筋阻锈剂，但国内的工程技术人员使用钢筋阻锈剂的意识还很淡薄。有关科研人员在研究钢筋阻锈剂的同时，也应积极向设计与施工人员进行宣传推广。国内研究机构在研究国外新产品的同时应研制自己的新产品，实现阻锈剂产品的多样化。目前应尽早开展迁移型钢筋阻锈剂的研究，以适应工程修复的需要。尽快制定钢筋阻锈剂的产品、技术与使用规程，促进钢筋阻锈剂在国内的应用。国内的钢筋阻锈剂产品大多含有亚硝酸盐，尽管技术经济指标先进，但对环境和人体健康有害，应积极开发非亚硝酸盐系列的钢筋阻锈剂，走绿色技术路线。

项目 12　认识与应用发泡剂

项目概述

　　随着我国墙体材料的改革与建筑节能政策的推行，节能型建筑材料的开发和应用受到广泛的重视，国内大力发展节能、利废、保温、轻质、隔热等新型材料。其中，泡沫混凝土由于轻质、隔热、耐火等特点受到关注。泡沫混凝土的制备离不开发泡剂，而发泡剂的性能又决定了泡沫混凝土的质量，因此要想提高泡沫混凝土的质量，必须要从发泡剂着手。项目内容涵盖发泡剂的技术指标、影响泡沫稳定性的因素、不同种类发泡剂的性能特点等，学生通过学习，应了解国内外发泡剂的发展历程，熟悉不同成分发泡剂的特点，能够检测发泡剂的性能指标，并能根据需求合理选择发泡剂来制备泡沫混凝土。

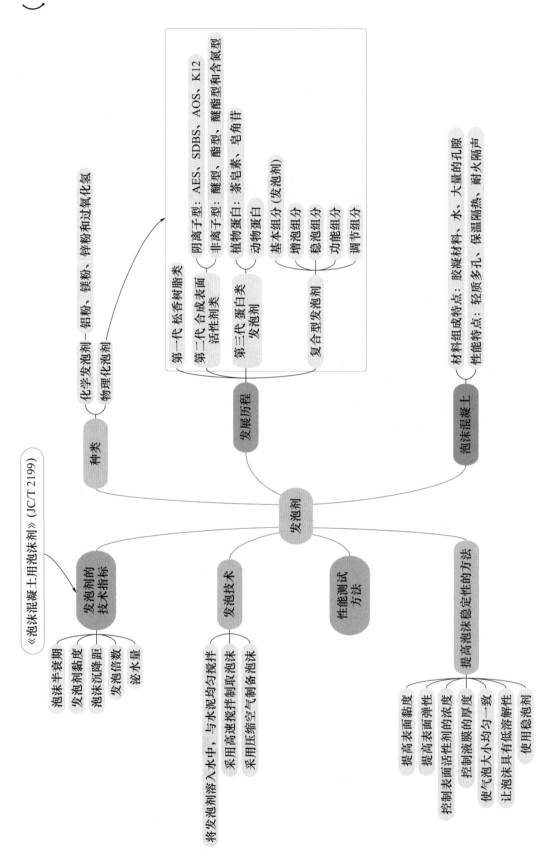

任务 12.1　认识发泡剂

学习目标

❖ 能列举两种常用的发泡剂
❖ 能阐述不同品种发泡剂的性能特点

任务描述

随着建筑节能政策的推行，泡沫混凝土的应用受到越来越多的关注，而发泡剂作为影响泡沫混凝土质量的关键材料，其重要性不言而喻。学生应主动查阅相关资料，全面了解发泡剂的发展历史与研究现状，熟知发泡剂的性能特点，进而依据具体要求合理选用发泡剂，为轻质混凝土的制备筑牢基础。

知识准备

发泡剂是能使材料内部产生泡沫而形成闭孔或连孔结构的物质，按照发泡原理，可将其分为化学发泡剂和物理发泡剂两大类。化学发泡剂是指通过化学反应释放出二氧化碳、氢气、氮气等气体，并在基体中形成细孔的化合物。物理发泡剂是指通过某一种物质的物理形态的变化形成泡沫细孔，即通过压缩气体的膨胀、液体的挥发或固体的溶解而形成，不经过化学反应，是一种挥发性的发泡剂。混凝土发泡剂通常指采用物理作用产生泡沫的表面活性物质。

发泡剂在我国的应用已有 50 多年的历史。在 20 世纪 50 年代初，我国就开发出松香皂和松香热聚物这两种发泡剂并用于砂浆和泡沫混凝土。这两种发泡剂几十年来在国内应用十分普遍，是我国的第一代发泡剂，至今仍有较广的应用。

在 20 世纪 80 年代之后，随着我国表面活性剂工业的兴起，合成类表面活性剂型发泡剂开始应用，并取代了相当一部分松香皂和松香热聚物，成为发泡剂的一个主要品种。这是我国第二代发泡剂的发展时期。

20 世纪末期，意大利、日本、韩国、美国等发达国家的高性能蛋白类发泡剂开始进入我国，并逐渐显示出其高稳定性的优势，得到了较广泛的应用。在国外蛋白发泡剂的推动下，我国也开发出多种动物蛋白发泡剂，植物蛋白发泡剂也逐渐被研发和推广应用，我国进入了第三代发泡剂的开发应用时期。

如今，我国的发泡剂正从第三代向第四代过渡，发泡剂由单一成分逐渐向多成分复合发展。目前市场上第一代松香树脂类、第二代合成类、第三代蛋白类发泡剂同时存在，没有哪一种被完全淘汰，也没有哪一种完全独占发泡剂市场。发泡剂都是表面活性剂或表面活性物质，所以可根据其水溶液的电离性质分为阴离子、阳离子、非离子、两性离子四大类。按组成的成分划分可分为松香树脂类、合成表面活性剂类、蛋白质类、复合型等。

1. 松香树脂类发泡剂

这类发泡剂为第一代发泡剂，均是以松香作为主要原料制成，应用最早也最为普遍。松香的化学结构比较复杂，其中含有松香脂酸类、芳香烃类、芳香醇类、芳香醛类及其氧化物等成分。

松香树脂类发泡剂可用作引气剂，它的主要品种有松香皂和松香热聚物。其最初均是作为砂浆、混凝土引气剂来应用，后来又扩展应用为泡沫混凝土的发泡剂。这类发泡剂的性质及生产方法在引气剂章节已经阐述，这里不再重复。

这类发泡剂中松香皂的应用范围较广、使用量较大。松香皂的主要技术性能见表 12-1-1。松香皂的技术特点是生产工艺简单，成本低、价格低、发泡倍数和泡沫稳定性一般，其突出优点是与水泥相容性好，可与水泥中的 Ca^{2+} 反应，生成不溶性盐，泡沫稳定性提高，有一定的增强作用。与合成类表面活性剂相比，它对泡沫混凝土的强度提高更有利。由于其泡沫稳定性和发泡倍数均不是太好，因而它只能用于密度大于 $600kg/m^3$ 的高密度泡沫混凝土，而不能用于 $500kg/m^3$ 以下的低密度泡沫混凝土。另外，松香皂在使用时需要加热溶解，不如其他发泡剂使用简便。因此，它可以作为一种低档次发泡剂使用，在泡沫混凝土技术要求不高时可以选用。

表 12-1-1 松香皂的技术性能

有效成分（%）	pH 值	发泡倍数	1h 泌水量（mL）	1h 沉降距（mm）	泡沫半消（min）	泡沫全消（h）
>70	7～9	27～28	110～120	29～34	>40	>5

2. 合成表面活性剂类发泡剂

继松香树脂类发泡剂之后，我国在 20 世纪后期，开发了第二代发泡剂，即合成表面活性剂类发泡剂。这类发泡剂在国外 20 世纪 50 年代就广泛应用于水泥发泡，但由于当时我国的表面活性剂工业没有发展起来，所以一直没有开发应用。直到 20 世纪末，由于我国表面活性剂工业的规模化发展，这一类发泡剂才逐渐得到开发，并在近几年成为发泡剂的主流产品。

合成表面活性剂类发泡剂按表面活性剂的电离性质，分为阴离子型、阳离子型、非离子型、两性离子型，种类繁多，但性能优异的品种并不多，其主要原因是这一类发泡剂总体的泡沫稳定性较差，不适用于较低密度的泡沫混凝土。

在各种合成表面活性剂类发泡剂中，阴离子型因发泡快且发泡倍数大而受到普遍的应用。阳离子型发泡剂因价格高且对水泥的强度有一定的影响，所以应用不多。非离子型发泡剂的发泡倍数一般较小，没有得到广泛的应用。两性离子型发泡剂由于成本较高，虽发泡效果尚可，但应用也不多。

（1）阴离子表面活性剂

阴离子表面活性剂是用量最大的一种表面活性剂，常用的有脂肪醇聚氧乙烯醚硫酸钠（AES）、十二烷基苯磺酸钠（SDBS）、α-烯基磺酸钠（AOS）、十二烷基硫酸钠（K12）等。

起泡快，泡沫量大，是阴离子表面活性剂的突出优点。但是，与许多合成表面活性剂型发泡剂一样，阴离子表面活性剂型发泡剂都存在泡沫稳定性差的缺点。它生成泡沫速度快，但泡沫的稳定性较差，泡沫在 30min 左右会消失大半。稳定性差的发泡剂不适合用于生产低密度（500kg/m³ 以下）的泡沫混凝土。但有研究表明，通过配合使用高效的稳泡剂（如硅树脂聚醚乳液）并采取其他技术措施（如适当增大稠度），可以有效延长稳泡时间。

（2）非离子表面活性剂

非离子表面活性剂是在水溶液中不能离解成离子的一类表面活性剂，目前它的产量和用量仅次于阴离子表面活性剂，居第二位。有四个类型：醚型、酯型、醚酯型和含氮型。

用作混凝土或水泥发泡剂的合成非离子表面活性剂，主要是聚乙二醇，它是用含有活泼氢原子的憎水材料和环氧乙烷进行加成反应而制得的。羟基、羧基、氨基以及酰氨基等的氢原子都具有较强的化学活性。含有上述原子的憎水材料都可以与环氧乙烷反应生成聚乙二醇非离子表面活性剂。例如，由烷基酚与环氧乙烷进行加成反应即可制得烷基酚聚氧乙烯醚。参加聚合反应的环氧乙烷比例越大，生成的表面活性剂的水溶性就越好。烷基酚、脂肪酸、高级脂肪胺或脂肪酰胺也易于与环氧乙烷进行加成反应制成表面活性剂。

由于非离子表面活性物分子中的低极性基团端没有同性电荷的排斥，彼此间极易靠拢，因此它们在溶液表面排列时，疏水基团的密度就会增大，相应减少了其他的分子数，溶液的表面张力则降低，因而有一定的起泡能力。也正是因为它的疏水基团在水溶液表面排列密集，水溶液所形成的气泡液膜比较密实坚韧，不易破裂，所以它的泡沫稳定性优于烷基苯磺酸钠等阴离子表面活性剂，但发泡能力远不如阴离子表面活性剂。

3. 蛋白类发泡剂

蛋白类发泡剂为第三代发泡剂，性能较好，发展前景也较好。从发展的总趋势看，它在近几年的应用当中占有越来越大的比例，但价格相对较高。蛋白类发泡剂是一类表面活性物质，其突出优点是泡沫特别稳定，可以长时间不消泡，完全消泡的时间大多长于 24h，是其他类型的发泡剂望尘莫及的。另外，还有着比较高的发泡倍数。虽然它的发泡能力不如合成阴离子表面活性剂，但也居中等水平。

我国蛋白类发泡剂原来大多依靠进口，来自意大利、美国、日本、韩国等发达国家，近年来国产蛋白类发泡剂越来越多，但与进口产品的质量相比，还有一定的差距。蛋白类发泡剂按原料成分划分，有动物蛋白发泡剂和植物蛋白发泡剂两种。动物蛋白发泡剂又分为水解动物蹄角型、水解毛发型、水解血胶型三种。植物蛋白根据植物原料的品种，分为茶皂素和皂角苷等。

（1）植物蛋白发泡剂

由于原料充足，目前我国的植物蛋白发泡剂已有一定规模的生产和应用。其主要品种为茶皂素和皂角苷。它们均属于非离子表面活性物质。

① 茶皂素发泡剂。

茶皂素是从山茶科茶属植物果实中提取的以糖苷化合物为主要成分的物质，是一种性能优良的天然非离子表面活性物质。1931 年由日本首先从茶籽中分离出来，1952 年得到茶皂素晶体。中国于 20 世纪 50 年代末期开始进行研究，到 1979 年才确定了工业生产的工艺。

糖苷含量在 80％以上的茶皂素产品，为淡黄色粉末，pH 值为 6～7；茶皂素的纯品为无色细微柱状晶体，熔点 224℃；糖苷含量在 40％以上的产品，为棕红色油状透明液体，pH 值为 7～8。水溶液中的茶皂素有很强的起泡力，即使在浓度相当低的情况下，仍有一定的泡沫高度。如将浓度提高，泡沫不仅持久，而且相当稳定，例如编者研究发现，0.2％的茶皂素水溶液振荡后，产生的泡沫经 30min 不消散，而 0.5％的上等肥皂水溶液产生的泡沫 14min 就消散了。

经提纯的茶皂素味苦、辛辣，有一定的溶血性和鱼毒性，在冷水中难溶，在碱性溶液中易溶。它对水硬度极不敏感，其泡沫力不受水的硬度的影响。它的起泡能力因浓度的增加而提升，表 12-1-2 为茶皂素不同浓度下的起泡高度。

表 12-1-2　茶皂素不同浓度下的起泡高度

浓度（％）	起始高度（mm）	5min 高度（mm）
0.05	68	65
0.10	86	86
0.25	113	113

茶皂素所产生的泡沫具有优异的稳定性，长时间不消泡，2880min（48h）仍能保持 14mm 的泡沫高度（0.005％溶液），这是合成阴离子或非离子表面活性剂很难达到的。表 12-1-3 为不同浓度的茶皂素泡沫维持高度。从表 12-1-3 中可以看出，它的泡沫消散十分缓慢，稳定性相当好。

表 12-1-3　不同浓度的茶皂素泡沫维持高度（mm）

时间（min）	0.1％	0.05％	0.01％
15	85	76	25
120	71	73	21
420	61	59	19
870	32	50	18
2880	11	14	7

茶皂素的发泡高度和合成类非离子或阴离子表面活性剂相比，是偏低的，但它的稳泡性是合成类非离子或阴离子表面活性剂无法相比的。表 12-1-4 为茶皂素与其他表面活性剂性能比较，从表 12-1-4 中可以看出，茶皂素具有极好的泡沫稳定性。

表 12-1-4　茶皂素与其他表面活性剂性能比较

品　名	发泡高度（mm）	5min 高度（mm）	10min 高度（mm）
茶皂素	88	77	75
松香皂	130	121	105
烷基磺酸钠	160	135	118
聚乙二醇醚	84	51	30

如果茶皂素的发泡能力得到提升，达到或超过阴离子表面活性剂的水平，那么它的性能将会更加优异，用途也将更加广泛。目前，限制它大面积应用的，主要是它的起泡性不够理想，但可以通过加入增泡剂的方法来解决，效果很好，起泡高度已不低于烷基磺酸钠等阴离子表面活性剂。

②皂角苷发泡剂。

皂角苷发泡剂的主要成分为三萜皂苷，是皂角树的果实中的提取物，属于非离子表面活性物。三萜皂苷由单糖、苷基和苷元基组成。苷元基由两个相连的苷元组成，一般情况下一个苷元可以连接 3 个或 3 个以上的单糖，形成一个较大的五环三萜空间结构。

单糖基中的单糖有很多羟基（亲水基）能与水分子形成氢键，因而具有很强的亲水性，而苷元基中的苷元具有亲油性（憎水基）。当三萜皂苷溶于水后，大分子被吸附在气液界面上，形成两种基团的定向排列，从而降低了气液界面的张力，使新界面的产生变得容易。若使用机械方法搅动溶液，就会产生气泡，且由于三萜皂苷分子结构较大，形成的分子膜较厚，气泡壁的弹性和强度较高，气泡能保持相对的稳定。

皂角苷不但起泡力较好，而且其与茶皂素相似，具有优异的稳泡性能，连续观察 24h，其泡沫高度仅下降 28%，而同时进行试验观察的合成类稳定性好的表面活性剂型发泡剂的泡沫早已完全消失。皂角苷的泡沫消散是匀速型的，具体的试验结果见表 12-1-5。

表 12-1-5　皂角苷发泡剂泡沫稳定性试验结果

溶液浓度（%）	起泡容量（mL）	5min 后泡沫容量（mL）	泡沫稳定性（%）	pH 值
0.40	52	47	90.4	6.89
0.65	61	55	90.2	6.37
0.80	67	61	91.0	6.01
1.30	73	69	94.5	5.49

皂角苷的起泡力与温度有关，在温度 20～90℃范围内，起泡力呈直线上升。这充分说明升温可以促进起泡。但是温度也促进消泡，温度越高则消泡速度就越快。以放置 5min 为例，40℃时消散约 2.9%，80℃时消散为 8.7%，90℃时消散 19.3%。

皂角苷的发泡能力和稳定性受外界条件的影响很小，对使用条件要求不严格。首先，它的起泡力几乎不因水质硬度而改变，它可以在相当大的水质硬度范围内使用，而许多合成类阴离子表面活性剂却很易受到水质硬度的制约，水质硬度略有偏高，起泡力和稳泡性能就会下降，甚至不发泡。其次，皂角苷也不受酸度的影响。在酸度 pH 值为4～6 的范围内，皂角苷的发泡保持正常，稳定性依旧良好。而一些合成类阴离子表面活性剂，在酸性条件下会立即分解成脂肪酸和盐，失去了活性作用，不易起泡。

由于皂角苷的稳定性优异，因而它的气泡不易合并和串连，所以它产生的泡沫和最终在混凝土内形成的气孔均是独立和封闭的，不会产生大泡，泡沫的形态和结构十分理想。分子结构大，在气泡表面定向排列后形成的分子间氢键作用力强，液膜黏度大且韧性好，是其泡沫稳定细密的主要因素。但由于我国皂角树资源没有茶树资源丰富，因而皂角苷的生产规模没有茶皂素大。植物蛋白类发泡剂的价格普遍高于合成阴离子表面活性剂。

（2）动物蛋白发泡剂

动物蛋白发泡剂的性能和植物蛋白发泡剂不相上下，发泡能力和稳泡性与植物蛋白大体相当。但因其原材料资源不如植物蛋白广泛，因而总的生产规模及应用量都不如植物蛋白。无论何种动物蛋白发泡剂，都普遍存在价格高、发泡倍数低于合成阴离子表面活性剂的缺点。

由于动物蛋白发泡剂特别稳定，最适宜生产超低密度泡沫混凝土，特别是 200～500kg/m³ 超轻混凝土及制品。在一般情况下，600kg/m³ 以上的泡沫混凝土较易生产，而 500kg/m³ 以下的很难生产，300kg/m³ 以下更难生产，而使用动物蛋白发泡剂，则很容易实现超低密度。因为即使在水泥用量极少，泡沫掺量极高时，也不易消泡塌模，浇筑稳定性好。它的这种特性，决定了它虽然价格高且发泡倍数略低，但是仍有非常广阔的应用前景。500kg/m³ 以下超低密度保温混凝土将是建筑节能的主导产品。

动物蛋白发泡剂由于多用动物蹄角或废毛生产，因而有一种刺激性的腐臭味，目前还没有办法完全除去。

动物蛋白发泡剂主要有水解动物蹄角、水解废动物毛、水解动物血胶三大类。

① 水解动物蹄角发泡剂。

这类发泡剂是以动物（牛、羊、马、驴等）蹄角的角质蛋白为主要原材料，采取了一定的工艺提取脂肪酸，再加入盐酸、氯化镁等助剂，加温溶解、稀释、过滤、高温脱水，而生产出的表面活性物质。外观为暗褐色，液体，有一定的腐味，pH 值 6.5～7.5。

这种发泡剂在动物蛋白三种发泡剂中，是性能最好的一种，泡沫最稳定，发出的泡沫保存 24h 仍有大部分存留。这主要是因为动物角质所形成的气泡液膜十分坚韧、富有弹性，受外力压迫后，可立即恢复原状，不易破裂。所以用它生产的泡沫混凝土的气孔大多是封闭球形，连通孔很少。其主要技术性能见表 12-1-6。

表 12-1-6　水解动物蹄角发泡剂的技术性能

项目	性能	项目	性能
外观	暗褐色，液体	挥发有机物（g/L）	≤50
pH 值	6.5～7.5	游离甲醛（g/kg）	≤1

项目	性能	项目	性能
密度（g/cm³）	1.1±0.05	发泡倍数	＞25
发泡形态	坚韧半透明	1h泌水量（mL）	＜35
吸水率	20％以下	1h沉陷距（mm）	＜5
起泡高度（mm）	＞150	—	—

② 水解废动物毛发泡剂。

水解废动物毛发泡剂是采用各种动物的废毛作为原料经提取脂肪酸，再加入各种助剂反应而成的表面活性物。动物废毛可采用猪毛、马毛、牛毛、鸡毛、驴毛等，也可采用毛纺厂的下脚料或者废品收购站收购的废毛织品如毛毯、毛衣等，只要含毛率达90％以上就可采用。其外观为棕褐色，液体，有焦糊毛发味，pH值7～8。

这种发泡剂和上述水解动物蹄角发泡剂相比，起泡性能及稳泡性能均略差一些，但差别不是很大，技术性能大体相当，也属于优质发泡剂。它的起泡能力和松香树脂类及合成阴离子表面活性剂相比，要低一些，但泡沫稳定性要比其他发泡剂好得多。它的最大优点是稳泡性好，适宜生产超低密度泡沫混凝土产品。

由于动物毛资源丰富，所以我国此类发泡剂生产较多，其应用也比水解动物蹄角发泡剂广泛，是动物蛋白发泡剂的主导产品。

③ 水解动物血胶发泡剂。

这种发泡剂是以动物鲜血为原料，经过水解、提纯、浓缩等工艺加工而成的。因为动物血价格较高，并且资源有限，发泡剂的生产成本较高。所以，它的实际生产和应用都比前两种少，缺乏竞争优势。

4. 复合型发泡剂

综合分析前述三大类发泡剂，虽然目前应用较广，但是都存在性能不够全面，不能满足实际泡沫混凝土生产需要的弊端。这表现在松香树脂类发泡剂起泡力与稳泡性均较低，阴离子表面活性剂虽然起泡力很高但稳泡性太差，蛋白类发泡剂稳定性好但起泡力低。这是目前我国发泡剂总体水平低质量不高的重要原因。

解决上述单一成分发泡剂性能不佳的方法，就是向第四代高性能发泡剂发展，生产复合型发泡剂。现如今，大多数外加剂呈现多元复合型的发展趋势，单一成分的外加剂数量会越来越少，目前我国不少企业所生产的发泡剂已经转型为复合型产品，其综合性能相较于以往有了较大的提高。复合型发泡剂无疑将成为主导，单一成分的外加剂会逐渐淘汰。越来越多的研究证明，解决单一外加剂的弊端，用其他多元组分进行复合是十分科学且有效的。

复合型发泡剂的基本组分有以下几种，这几种组分并不是每一种发泡剂都要齐全，可以根据实际需要来确定。

（1）基本组分

复合型发泡剂的基本组分，就是各种成分的发泡剂，可以是一种或多种。其在复合型发泡剂中的比例应大于80%。

（2）其他组分

其他组分可以有多个，其在复合型发泡剂中的总比例应小于20%。它可以由以下几个组分构成。

① 增泡组分：主要增强发泡剂的发泡能力。

② 稳泡组分：主要提高泡沫的稳定性。

③ 功能组分：主要增加发泡剂的各种功能，比如增强或促凝。

④ 调节组分：主要调节发泡剂的其他性能，使其更符合发泡要求，比如调节泡沫韧性、厚度等。

任务实施

学生以小组为单位，根据所领取的发泡剂的任务，完成相关知识的学习。查阅文献资料掌握发泡剂种类、作用、性能等内容，完成实施报告。具体实施步骤如下。

具体实施步骤

1. 选择任务：□松香树脂类发泡剂　□合成类发泡剂　□蛋白类发泡剂
　　　　　　　□复合型发泡剂

2. 发泡剂的性能特点。

3. 发泡剂的研究现状。

4. 发泡剂的应用现状。

5. 实施总结。

结果评价

教师根据学生在完成任务过程中的表现对自主学习能力、发泡剂相关知识的掌握情况、职业素养等方面给予客观评价，任务评价参考标准见表12-1-7。

表 12-1-7 任务评价参考标准

一级指标	分值	二级指标	分值	得分
自主学习能力	20	明确学习任务和计划	5	
		自主查阅资料，了解发泡剂的性能和应用	15	
发泡剂相关知识的掌握情况	60	了解常见发泡剂的品种	20	
		熟悉不同发泡剂的基本性能特点	20	
		熟悉不同发泡剂的应用现状	20	
职业素养	20	实施报告撰写规范，内容丰富全面，文字清晰流畅，无明显错误	10	
		能践行节能环保意识、成本意识	5	
		分工明确，完成任务及时	5	
总分		100		

知识巩固

1. 关于泡沫混凝土用发泡剂说法错误的是（　　）。

A. 常用的化学发泡剂有铝粉和双氧水

B. 常用的物理发泡剂有动物蛋白发泡剂和植物蛋白发泡剂

C. 相比于动物蛋白发泡剂，十二烷基苯磺酸钠具有更好的稳泡和起泡效果

D. 松香热聚物发泡剂属于阴离子表面活性剂

2. 下列发泡剂中最适合生产 $500kg/m^3$ 以下的超低密度泡沫混凝土的是（　　）。

A. 松香皂发泡剂　　　　　　　　B. 动物蛋白发泡剂

C. 烷基苯磺酸盐发泡剂　　　　　D. 聚乙二醇发泡剂

3. 化学发泡剂有_____、_____和_____。

4. 按照发泡原理，可将发泡剂分为_____发泡剂和_____发泡剂两大类。

5. 我国的第一代发泡剂是_____和_____。

拓展学习

加气剂

在实际生产中，通过化学反应引入气体生产的多孔混凝土称为加气混凝土。加气剂是生产加气混凝土时加入，能在混凝土拌合物内部因发生化学反应释放出气体，从而在混凝土内部形成大量微小独立气泡的物质。

加气剂主要有铝粉、镁粉、锌粉和过氧化氢（双氧水）等。铝粉、镁粉和锌粉遇碱溶液后，表面的钝化膜被破坏，单质金属与碱溶液发生氧化还原反应，释放出氢气，见式（11-1-1）。当掺量控制得当时，反应释放出的氢气将混凝土中水泥浆体膨胀撑开，

形成气泡，水泥继续水化和硬化，将气泡留存在混凝土内部。双氧水为无色透明的液体，易分解放出氧气。镁是银白色金属，常温下表面生成一层钝化膜，但在碱性介质作用下，钝化膜破坏，会发生反应，产生氢气。锌粉在混凝土中产生氢气的原理，与铝粉、镁粉的相似。

$$2Al+Ca(OH)_2+2H_2O \Longrightarrow Ca(AlO_2)_2+3H_2 \uparrow \qquad (11\text{-}1\text{-}1)$$

任务 12.2　应用发泡剂

学习目标

❖ 能阐述发泡剂的性能指标及检测方法
❖ 能阐述影响泡沫稳定性的因素
❖ 能合理选择发泡剂，进行泡沫混凝土的制备

任务描述

建筑节能已成为建设节约型社会的重点工作之一，节能型建筑材料的开发和应用受到广泛的重视，泡沫混凝土的应用越来越广泛。发泡剂是制备泡沫混凝土的关键材料之一。学生通过学习，应熟悉泡沫混凝土的性能及制备方法，能合理选择发泡剂及其他原料，可以绘制 $700kg/m^3$ 泡沫混凝土的制备工艺流程。

知识准备

1. 泡沫混凝土

泡沫混凝土是将发泡剂产生的泡沫加入硅质材料、钙质材料、水及各种外加剂等组成的料浆中搅拌，硬质颗粒黏附到泡沫外壳，使其变成互相隔开的单个气泡，直径在 $1.25 \sim 0.05mm$ 范围内，在常温下多孔混合料硬化凝结形成坯体，或在蒸压、蒸养下硅质、钙质材料产生水热反应，形成胶凝物质，逐渐变为具有一定强度和其他物理性能的多孔材料。泡沫混凝土的多孔结构使其具有以下优良的物理性能：①多孔轻质，由于引入大量孔隙（孔隙率达 $70\% \sim 80\%$），大大降低了材料密度，在建筑工程中具有明显的经济效益；②保温隔热，泡沫混凝土的导热系数明显低于传统建筑材料，其导热系数随着密度的变化而变化，如果材料处于潮湿的环境中，则导热系数会增大；③耐火隔声，泡沫混凝土是一种极好的吸声材料，与实心砖墙相比，吸声能力大约是实心砖墙的 $5 \sim 10$ 倍，但隔声性能不如重质材料。另外，泡沫混凝土是无机材料，因而是非燃性的，是一种很好的耐火材料。

近年来，国内外非常重视对泡沫混凝土的理论和实践研究，美国、英国、荷兰、加拿大、日本、韩国等国家和地区，充分利用泡沫混凝土的良好特性，使它在建筑工程领

域中的应用不断扩大。泡沫混凝土的开发与应用，不仅加快了工程进度，提高了工程质量，而且可以使工程总成本降低，达到节能降耗的效果，推动超高层建筑物的发展。进入 21 世纪，特别是在"双碳"目标要求下，我国越来越重视建筑的节能降耗，随着有关建筑节能政策的实施，节能材料备受欢迎。而泡沫混凝土作为轻质节能材料，以其良好的特性在建筑领域获得了广泛的应用。

泡沫混凝土在国内出现得并不晚，但由于种种原因，其发展受到了限制，其中发泡剂对泡沫混凝土性能的影响不可忽视。发泡剂的种类和性质，在极大程度上决定了泡沫混凝土的性能。泡沫混凝土所用的发泡剂主要有松香树脂类、合成类和蛋白类。

《2030 年前碳达峰行动方案》中明确指出，加快提升建筑能效水平。加快更新建筑节能、市政基础设施等标准，提高节能降碳要求。加强适用于不同气候区、不同建筑类型的节能低碳技术研发和推广，推动超低能耗建筑、低碳建筑规模化发展。加快推进居住建筑和公共建筑节能改造，持续推动老旧供热管网等市政基础设施节能降碳改造。提升城镇建筑和基础设施运行管理智能化水平，加快推广供热计量收费和合同能源管理，逐步开展公共建筑能耗限额管理。到 2025 年，城镇新建建筑全面执行绿色建筑标准。

2. 发泡技术

人们研究轻质混凝土，特别是免蒸养泡沫混凝土，首先都是围绕发泡剂与发泡工艺进行研究与利用的。目前国内外生产泡沫混凝土的方式主要有以下三种。

第一种是将发泡剂溶入水中，然后和水泥均匀搅拌。这种方法由于在水泥浆中形成气泡，水泥浆黏度较大，且在搅拌初期料浆不均，一般不能充分发挥发泡剂的作用，因此，需要的发泡剂量大，成本较高，且泡径不均匀，仅适用于微量引气混凝土。

第二种是采用高速搅拌方式制取泡沫，目前主要是采用高速搅拌机，即将发泡剂溶液倒入高速搅拌机中，然后用搅拌机的高速叶片搅动发泡剂溶液来制取泡沫。然后用器皿将发好的泡沫取走，倒入水泥浆搅拌机中拌制成泡沫混凝土。高速搅拌机发泡，其上下泡径不均，发完的泡沫必须经过中间设备将泡沫倒入搅拌好的水泥浆中，中间环节会导致部分泡沫破灭。另外，该方法的特点是必须先发泡，然后才能使用，过剩的泡沫过一段时间会破灭。

第三种是采用压缩空气制泡。利用压缩空气将发泡剂溶液和压缩空气通过一个特制的发泡筒，在发泡筒内的混合室中进行混合，然后在压缩空气的作用下，将形成的泡沫吹出发泡筒，直接投入水泥搅拌机中拌制泡沫混凝土。发泡筒内有的采用磁片，有的采用玻璃球，有的采用铜网或钢丝网等。与前两种发泡工艺相比，压缩空气发泡设备相较于高速搅拌机要稍复杂一些。不过，压缩空气发泡具有显著优势：一方面发泡效率较高，能够将发泡剂溶液完全吹制成泡沫，且发泡筒后，泡沫的泡径均匀一致；另一方面，它可以将泡沫直接吹入搅拌好的水泥浆中，减少了中间环节，从而更有效地避免了因中间环节而引发的泡沫破灭问题。

3. 发泡剂的技术指标及要求

发泡剂行业标准《泡沫混凝土用泡沫剂》（JC/T 2199），对发泡剂的发泡倍数、泡沫的稳定性等指标做了规定。结合国内外文献资料，技术指标及测试方法主要有：

（1）泡沫稳定性指标

可以用发泡剂的表面张力来衡量其稳定性。但是，单纯的表面张力并不能充分说明泡沫的稳定性。只有当表面膜具有一定强度，能形成多面体的泡沫时，表面张力越低，泡沫才越稳定。所以，液体的表面张力不能作为评价泡沫稳定性的唯一指标。

（2）泡沫半衰期

泡沫消去一半所需要的时间称为泡沫半衰期，它也在一定程度上反映了泡沫体系的稳定性，主要反映泡沫后期的泡沫消失速率。

（3）发泡剂黏度

决定泡沫稳定性的关键因素在于泡沫的机械强度，而液沫的机械强度主要取决于表面吸附膜的坚固性，实际上以泡沫溶液的表观黏度为量度。因此可用表观黏度表示泡沫的稳定性。

（4）泡沫发泡倍数、沉降距、泌水量

① 发泡倍数：泡沫体积大于发泡剂水溶液体积的倍数，要求为 15～30 倍。

② 沉降距：泡沫在一定时间内沉降的距离，要求 1h 泡沫的沉降距不大于 70mm。

③ 泌水量：泡沫破坏后所产生的发泡剂水溶液体积，要求 1h 的泌水量不大于 80%。

（5）测试方法

泡沫的沉降距和泌水量可用泡沫质量测定仪器测定。该仪器由广口圆柱体容器、玻璃管和浮标组成。广口圆柱体容器底部有孔，玻璃管与容器的孔相连接，玻璃管直径为 14mm，长度为 700mm，底部有小龙头。浮标是一块直径为 190mm、质量为 25g 的圆形铝板，如图 12-2-1 所示。根据上端容器上的刻度，测定泡沫的沉降距。依据量管上的刻度标识，测定因破裂泡沫所分泌出的水的容量，即泌水量。

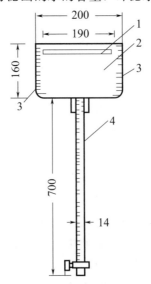

图 12-2-1　泡沫沉降距和泌水率测定仪

1—浮标；2—广口圆柱体容器；3—刻度；4—玻璃管

发泡倍数的测定方法是将制成的泡沫注满容积为 250mL、直径为 60mm 的无底玻璃桶内，两端刮平，称其质量。发泡倍数 M 可按式（12-2-1）计算。

$$M = \frac{V\gamma}{G_2 - G_1} \tag{12-2-1}$$

式中　M ——发泡倍数；

　　　V ——玻璃桶容积，cm^3；

　　　γ ——泡沫剂水溶液的密度，接近于 $1g/cm^3$；

　　　G_1 ——玻璃桶质量，g；

　　　G_2 ——玻璃桶和泡沫质量，g。

4. 提高泡沫稳定性的方法

泡沫的稳定性与许多因素有关，其中主要的影响因素包含以下几个方面：气泡膜层的厚度、液体表面张力、黏度、表面张力的"自修复作用"。表面张力不仅对泡沫的形成起着影响作用，而且当泡沫的液膜因受到外力作用致使局部变薄容易破裂时，它能够促使液膜厚度复原，让液膜强度得以恢复，这种恢复功能被称为表面张力的"自修复作用"。

根据影响泡沫稳定性的因素，可采取以下措施来提高泡沫的稳定性。

① 提高表面黏度：不同浓度的发泡剂，泡沫寿命可以相差几十倍甚至几百倍，表面活性剂的表面稠度达到 $70 \times 10^{-3} Pa \cdot s$ 以上时，可作为高泡沫稳定性能发泡剂。增稠剂能提高溶液的黏度，一般以有机增稠剂为主。在一般情况下，黏度越大，稳泡性越好而发泡能力越弱。因此要在发泡性与稳泡性之间取得平衡，两者兼顾。

② 提高表面弹性：表面弹性好并且黏度也较高的表面活性剂，才有良好的稳定性。

③ 控制表面活性剂的浓度：高浓度的发泡剂，液膜机械强度小，厚度在受外力作用后无法恢复，而低浓度的发泡剂，液膜活性低，液膜受外力作用变形时，弹性自修复作用也差。因此应确定合适的发泡剂浓度。

④ 控制液膜的厚度：泡沫液膜过薄时，泡沫会略有排液现象，液膜由于失水极易破裂；而当液膜过厚时，泡沫因含水量多，排液速度加快，同样也会导致泡沫破裂，这一情况可通过泌水率的调控来控制。

⑤ 发泡时使气泡大小均匀一致：气泡大小越均匀，泡沫的稳定性就越好；反之，稳定性则越差。

⑥ 让泡沫具有低溶解性：泡沫在水中有一定的溶解性。若泡沫不溶于水，液膜就不会向水中排液，泡沫稳定性就好，反之稳定性差。要使泡沫不溶于水，可以通过对发泡剂的选择和复配来解决。

⑦ 使用稳泡剂：使用稳泡剂是最常用的稳泡方法，但对稳泡剂的选用要适当。

📋 任务实施

学生以小组为单位，根据所领取的任务，查阅文献，完成相关知识的学习，完成实施报告。具体实施步骤如下。

具体实施步骤

1. 任务题目＿＿＿＿＿＿＿＿＿。
2. 选择发泡剂的品种并阐述原因：□松香树脂类发泡剂 □合成类发泡剂
 □蛋白类发泡剂 □复合型发泡剂

3. 发泡剂的关键性能测试方法。

4. 编制工艺流程图。

5. 制备步骤。
 ①＿＿＿＿＿＿＿＿＿＿＿＿＿＿＿＿＿＿＿＿＿＿＿＿＿＿＿＿＿＿＿＿＿＿。
 ②＿＿＿＿＿＿＿＿＿＿＿＿＿＿＿＿＿＿＿＿＿＿＿＿＿＿＿＿＿＿＿＿＿＿。
 ③＿＿＿＿＿＿＿＿＿＿＿＿＿＿＿＿＿＿＿＿＿＿＿＿＿＿＿＿＿＿＿＿＿＿。
 ④＿＿＿＿＿＿＿＿＿＿＿＿＿＿＿＿＿＿＿＿＿＿＿＿＿＿＿＿＿＿＿＿＿＿。
 ⑤＿＿＿＿＿＿＿＿＿＿＿＿＿＿＿＿＿＿＿＿＿＿＿＿＿＿＿＿＿＿＿＿＿＿。
6. 实施总结。

☑ 结果评价

教师根据学生在完成任务过程中的表现对自主学习能力、发泡剂应用相关知识的掌握情况、职业素养等方面给予客观评价，任务评价参考标准见表12-2-1。

表 12-2-1 任务评价参考标准

一级指标	分值	二级指标	分值	得分
自主学习能力	20	明确学习任务和计划	5	
		查阅资料，熟悉发泡剂的使用方法	10	
		自主查阅资料，了解泡沫混凝土的性能及应用	5	

续表

一级指标	分值	二级指标	分值	得分
发泡剂应用相关知识的掌握情况	60	熟悉发泡剂的关键性能指标检测方法	20	
		原料选取合理	20	
		泡沫混凝土制备方案制定合理	20	
职业素养	20	分工明确，完成任务及时	10	
		能践行节能意识、质量意识	10	
总分		100		

知识巩固

1. 泡沫混凝土所用的发泡剂主要有三种：_____、_____和_____。
2. 发泡剂可以用_____来衡量其稳定性。
3. 一般用_____表示泡沫的稳定性。
4. _____反映泡沫消失速率。
5. 发泡倍数是指_____。
6. 请叙述对泡沫混凝土的认识。

拓展学习

泡沫混凝土在天府国际机场综合管廊夹角回填工程中的应用

近年来，泡沫混凝土因其"轻""快""方便"等特点，在基础设施建设领域得到了广泛的应用，有效地解决了软基过渡段的沉降和不匀沉降、路堤与桥台相接处的差异沉降等问题。现已应用于桥台台背回填、道路拼宽、山区路段填筑、工程抢险等特殊路段的填筑，空洞、管线的回填，隧道口的填筑等。成都天府国际机场综合管廊夹角回填工程便应用了泡沫混凝土。

成都天府国际机场（图 12-2-2）位于四川省成都市简阳市芦葭镇空港大道（属于成都东部新区建设范围），为 4F 级国际机场、国际航空枢纽、丝绸之路经济带中等级最高的航空港之一。该项目具有工程规模大、工期紧、任务重、综合性强的特点，区间隧道工程全线均为地下暗埋段，采用明挖法施工，主体结构完工后进行回填施工，回填后进行机场场坪的建设，对回填质量要求很高，如何保证回填施工质量是该项目的重难点之一。在成都天府国际机场综合管廊夹角回填工程施工中，通过采用泡沫混凝土回填管廊夹角位置，并通过控制原材料质量、配合比及施工工艺等措施有效解决了管廊夹角位置回填施工质量控制难题，加快了施工进度，为同类工程提供了可借鉴的施工经验。

图 12-2-2　成都天府国际机场

参 考 文 献

[1] 佟令玫，李晓光．混凝土外加剂及其应用［M］．北京：中国建筑工业出版社，2014.

[2] 施惠生，孙振平，邓恺，等．混凝土外加剂技术大全［M］．北京：化学工业出版社，2013.

[3] 蒋亚清．混凝土外加剂应用基础［M］．北京：化学工业出版社，2004.

[4] 中国建筑学会混凝土外加剂应用技术专业委员会．混凝土外加剂及其应用技术新进展［M］．北京：北京理工大学出版社，2009.

[5] 刘经强，等．混凝土外加剂实用技术手册［M］．北京：化学工业出版社，2019.

[6] 缪昌文．高性能混凝土外加剂［M］．北京：化学工业出版社，2008.

[7] 皮埃尔-克劳德·艾特辛，罗伯特·弗拉特．混凝土外加剂科学与技术［M］．王栋民，等译．北京：化学工业出版社，2022.

[8] 李继业，等．混凝土外加剂速查手册［M］．北京：中国建筑工业出版社，2016.

[9] 张冠伦．混凝土外加剂原理与应用［M］．北京：中国建筑工业出版社，1989.

[10] 夏寿荣．混凝土外加剂配方手册［M］.2版．北京：化学工业出版社，2014.

[11] 阮承祥．混凝土外加剂及其工程应用［M］．南昌：江西科学技术出版社，2008.

[12] 陈建奎．混凝土外加剂原理与应用［M］.2版．北京：中国计划出版社，2011.

[13] 冯浩，朱清江．混凝土外加剂工程应用手册［M］.2版．北京：中国建筑工业出版社，2005.

[14] 张雄．建筑功能外加剂［M］．北京：化学工业出版社，2003.

[15] 史才军，克利文科，罗伊．碱-激发水泥和混凝土［M］．史才军，郑克仁，译．北京：化学工业出版社，2008.

[16] 王子明．混凝土外加剂［M］.6版．北京：化学工业出版社，2016.

[17] 夏寿荣．高性能混凝土外加剂：性能、配方、制备、检测［M］．北京：化学工业出版社，2019.

[18] 田培．混凝土外加剂手册［M］.2版．北京：化学工业出版社，2015.

[19] 李嘉．混凝土外加剂配方与制备手册.3［M］．北京：化学工业出版社，2014.

[20] 刘冬梅．混凝土外加剂基础［M］．北京：化学工业出版社，2013.

[21] 马清浩，杭美艳．混凝土外加剂与防水材料［M］．北京：化学工业出版社，2015.

[22] 建筑材料工业技术监督研究中心，中国质检出版社第五编辑室．混凝土外加剂及相关标准汇编［M］.2版．北京：中国标准出版社，2012.

[23] 刘其城，等．混凝土外加剂［M］.2版．北京：化学工业出版社，2008.